こんなところにも化学製品が！

化学製品は、身の回りにあふれ、また産業活動でも重要な役割を果たしていますが、常に新しい用途を開発しています。

ウィッグ

人毛のほかに、
合成繊維のモダクリルや
塩ビ繊維がよく使われます。

メガネレンズ

今ではガラスよりも
プラスチックが圧倒的に
多く使われています。

2011年運航開始のボーイング787

機体の構造重量全体の50％を炭素繊維強化プラスチックが占め、機体の大幅な軽量化により燃費向上、航続距離の延長を実現しました。

炭素繊維強化プラスチックは、近い将来、自動車車体に本格的に採用されます。

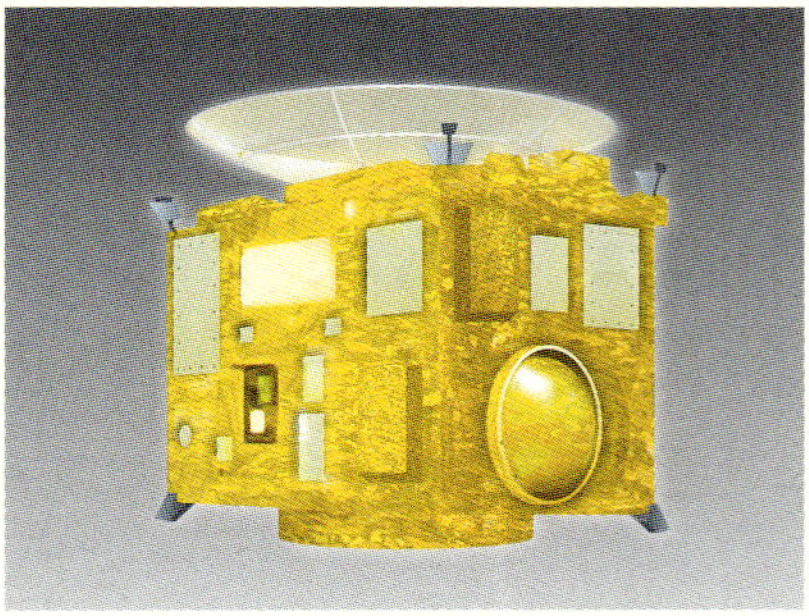

サーマルブランケット：人工衛星を覆う金色の毛布

高耐熱性のポリイミドフィルムの裏にアルミニウムを蒸着させたフィルムとポリエステルシートをサンドイッチ状に何枚も重ね合わせた断熱材です。苛酷な宇宙環境から人工衛星を守ります。

化学業界の構造（概要）

化学業界は大きく３段階（基礎・中間・最終）に分けられます。
最終化学品工業には様々な化学工業があります。

基礎化学品工業

- 石油化学基礎製品工業
- 無機化学品工業
- 産業ガス工業

▼

中間化学品工業

- 有機化学品工業
- 高分子工業（プラスチック、合成ゴム）

▼

最終化学品工業

- 塗料・接着剤工業
- 医薬品工業
- 化学肥料工業
- 農薬工業
- 染料工業
- 化粧品工業
- 香料工業
- 紙薬品工業
- 写真感光材料工業
- 洗剤・トイレタリー工業
- コンクリート用薬品工業
- 印刷用化学品工業
- 食品・飼料添加物工業
- 電子情報材料工業
- 水処理薬品・材料工業
- 高分子成形加工業（合成繊維　プラスチック成形品　ゴム成形品）

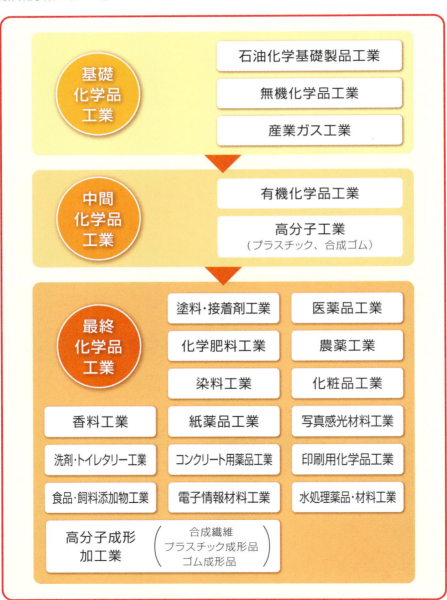

日本経済の隠れた主役

化学産業は、従業員数では製造業の中で第6位ですが、
付加価値額では自動車産業と首位を争う大きな産業です。

付加価値額

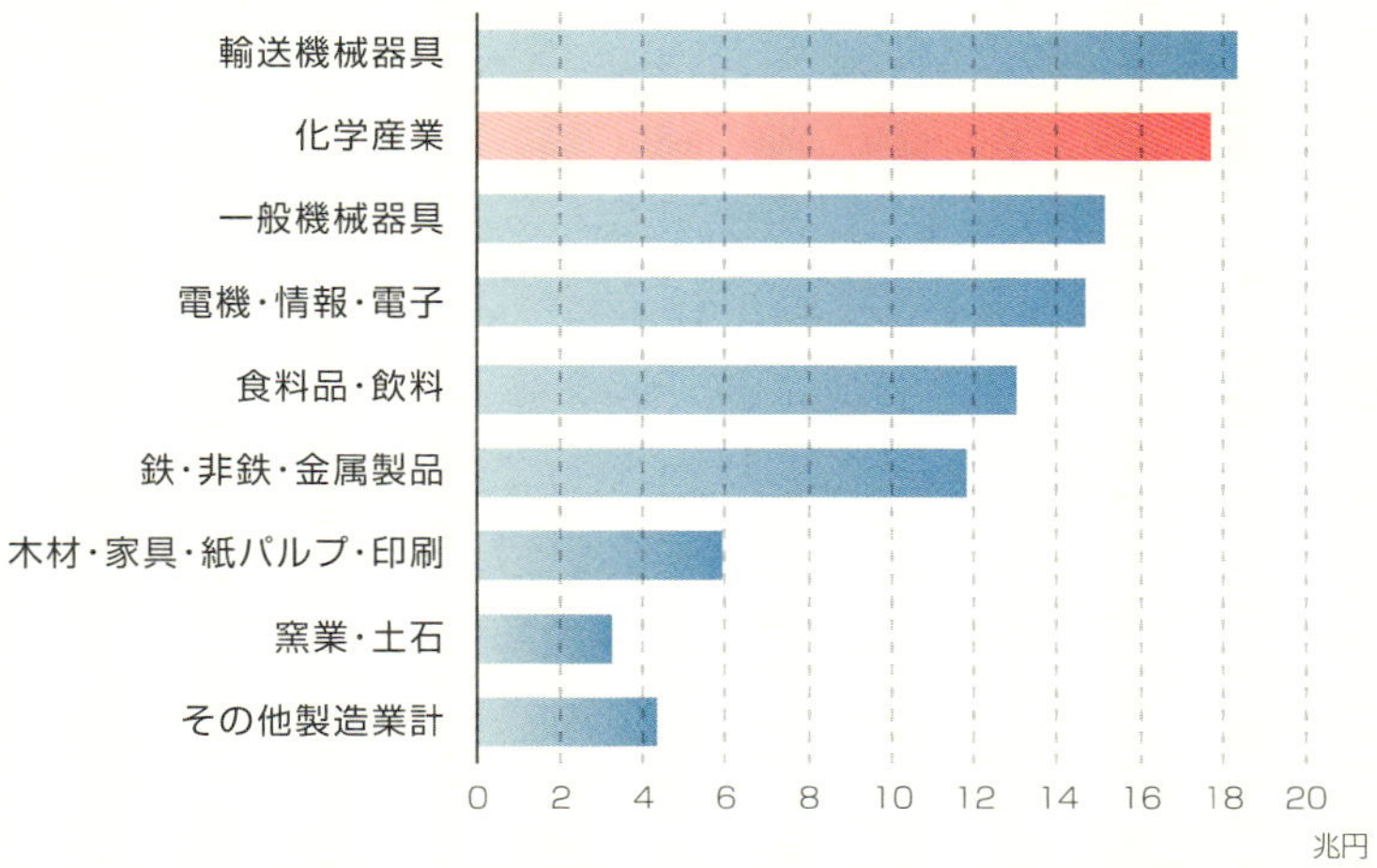

従業者数

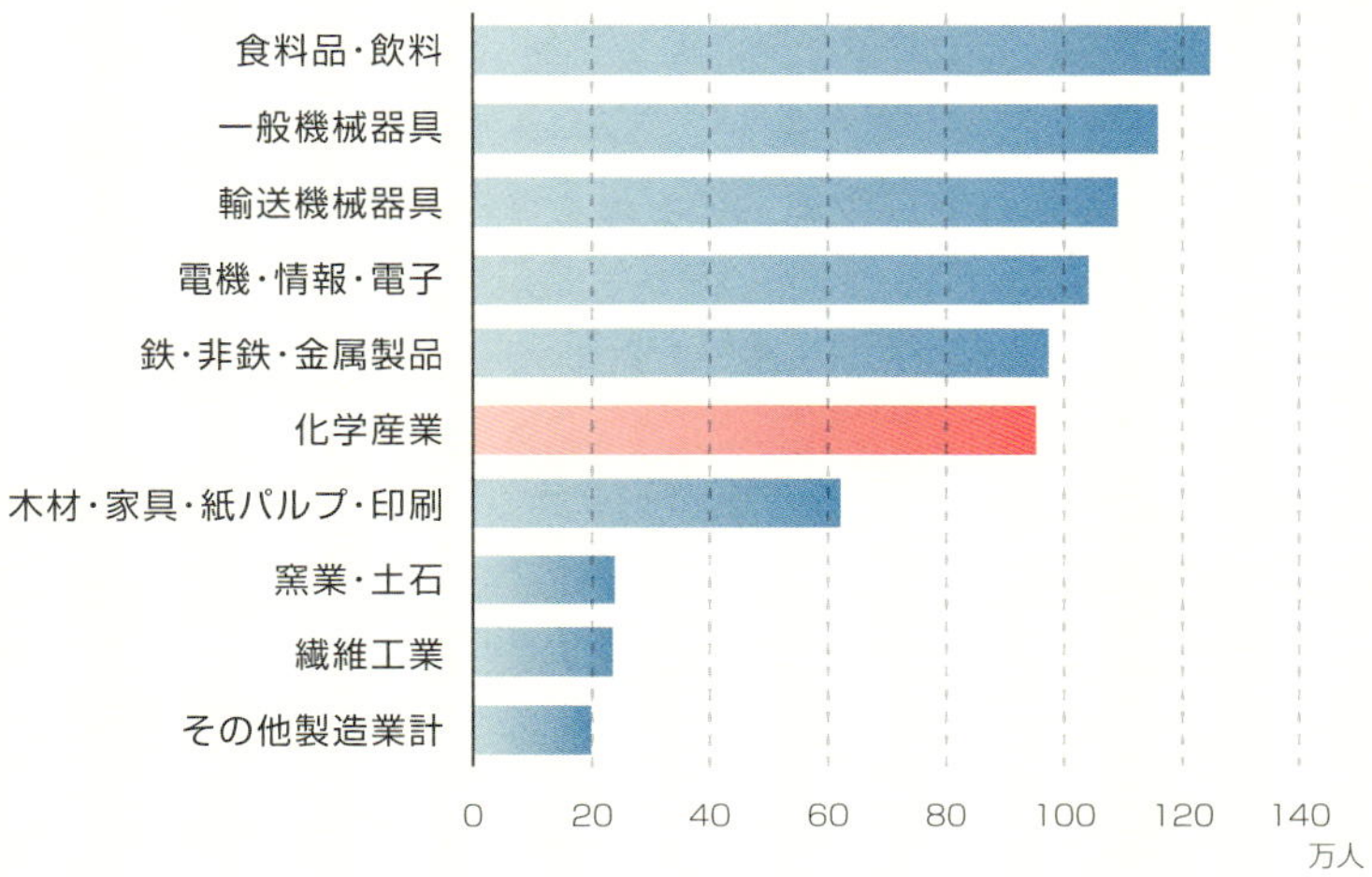

出典：経済産業省工業統計2018年数値

化学には、今後実現させたい夢がたくさんあります！

日本化学会の先生たちが描く、30年後の化学の夢ロードマップ。

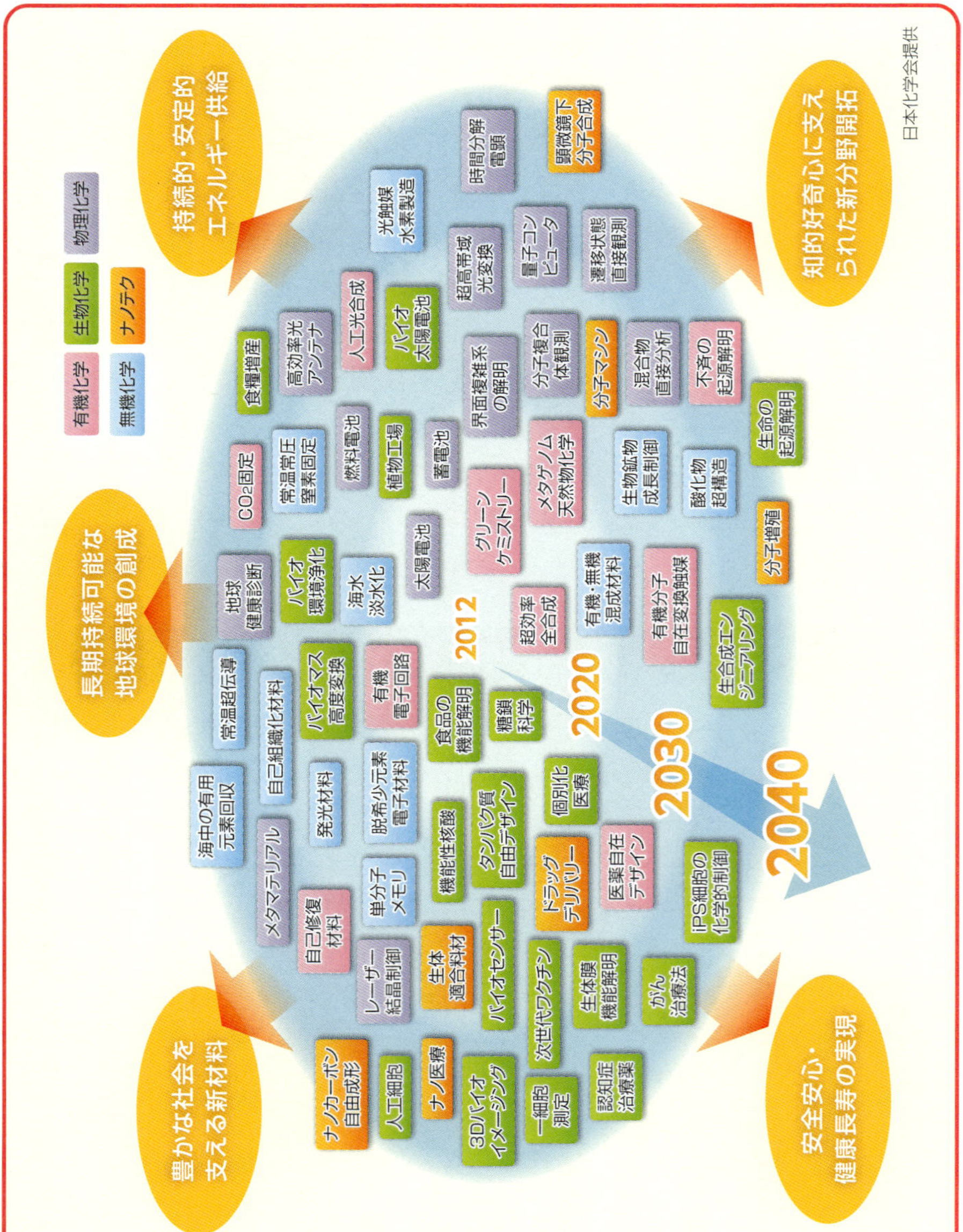

How-nual　Shuwasystem Industry Trend Guide Book

図解入門
業界研究

最新 化学業界の動向とカラクリがよ～くわかる本

業界人、就職、転職に役立つ情報満載

［第7版］

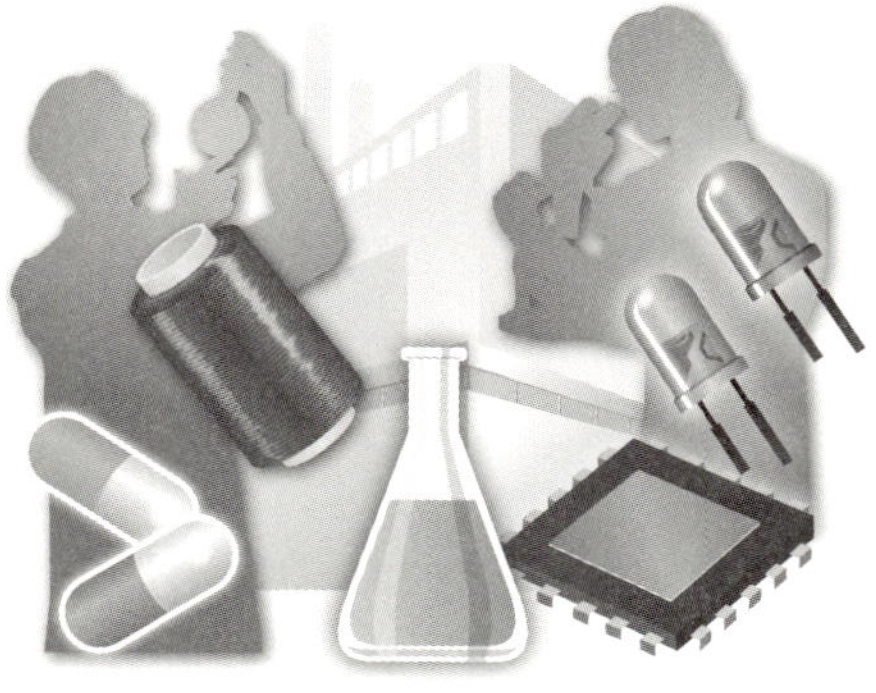

田島　慶三 著

秀和システム

はじめに

しばしば化学業界はわかりにくいといわれます。まず商品がよくわかりません。種類がやたらと多い上に、舌を噛みそうな化学用語が並びます。商品同士の関係も入り組んでいます。化学会社もたくさんありますが、会社名からは何を作っているのか、よくわかりません。どこまでが化学業界の範囲なのかも、よく見えません。

GDPに相当する付加価値額で測ると、化学業界は、実は自動車業界に肩を並べるほど大きな産業です。しかし、わかりにくい産業として敬遠され、大学で〝化学〟を研究する先生はたくさんいますが、化学産業を研究する先生は今ではほとんどいません。化学産業の実態をわかりやすく紹介する本も、最近はほとんどありません。石油化学や医薬品など化学産業のごく一部をつまみ食いして、日本の化学業界全体を述べるというやり方が多く取られてきました。

私は化学業界で働いている時に、そのような状態が長らく続いていることを懸念していました。化学業界が日本の社会によく理解されていないし、化学業界からも社会に十分な情報発信が行われていないと感じてきました。せっかく化学業界が縁の下で、自動車産業やエレクトロニクス産業の競争力の一端を支えていても、また、日本の食の安全を支えていても、まったく知られていません。

したがって、この本の執筆の話をいただいた時には喜んでお受けしました。私が働いた化学業界のごく一分野だけでなく、化学業界を広く見ていただけるように書きました。日本の化学業界は、この三〇年来急速に蓄積した研究開発力で事業構造の転換を図るとともに、グローバル化の大きな流れの中で、新たな生きる道、成長する道を模索してきました。若い方は目先の景気変動に一喜一憂せず、この本で大きなトレンドをつかんでいただければと思います。

第7版では近年の米中覇権争い、世界各国の中国への警戒感の強まりを反映して、この二〇年来ひたすら善と考えられてきたグローバル化に黄色信号を点すとともに、日本の化学業界が機能化学に続いて注目すべき国内成長分野として医療機器・再生医療等製品があることを書き加えました。二〇二〇年に日本ばかりでなく世界が苦しめられた新型コロナ禍を克服する過程で日本の化学業界が新たな成長の道を走り出してくれればと願っています。

なお、二〇一九年七月に経済産業省は化学製品三品目(フッ化水素、フッ化ポリイミド、レジスト)の韓国向け輸出及び技術移転を包括許可制度の対象から外し、安全保障輸出管理を適切に実施する観点から個別に輸出審査を行うこととしました。ハイテク産業として脚光をあびてきた半導体産業の陰にかくれて、地味な存在であった日本の化学業界の縁の下の力が初めて注目されました。

本書には、化学業界を変革した企業家の話がいくつも出てきます。本書を読まれた学生・院生が企業家魂を持って日本の化学業界に飛び込み、新しい歴史を築く一員となっていただくことを切望しています。

二〇二一年一月

田島　慶三

How-nual
図解入門
業界研究

最新化学業界の動向とカラクリがよ〜くわかる本［第7版］

●目次

第1章 化学業界の動向

第2章 私たちの生活を陰で支えている化学製品

第3章 世界の化学産業の歩みと今

第4章 日本の化学産業の歩みと今

第5章 化学会社内の仕事

第9章 日本の主な化学会社

第10章 化学業界の未来

第1章

化学業界の動向

化学業界をひと言でいえば、化学技術を利用して製品を作る会社の集合です。ただし、ここで述べる化学技術は、化学反応だけに限定されません。化学物質や化学材料の持つ性質、性能を十分に把握し、その知識を活用して製品を作る技術も含みます。

本章では、化学業界の範囲や日本経済の中での位置付け、最近の状況をお話しします。化学業界をまず大まかにつかんでください。

1

広範で多彩な化学業界

広告宣伝でおなじみの化粧品・洗剤会社だけが化学業界ではありません。身の回りのプラスチック、塗料、インキなどを製造する会社もプラスチック、ゴムの成形加工会社も化学業界の一員です。また、医薬品業界は化学業界の一分野であり、多くの〝化学会社〟が医薬品事業も行っています。

就職希望ランキング

毎年、学生の就職先希望調査が新聞に発表されます。その中で化学業界・医薬品業界を見ると、上位に化粧品会社、洗剤会社、医薬品会社がズラリと並びます。広告宣伝を活発に行っているごく一部の消費財化学製品メーカーだけしか学生の目には入ってこないようです。しかしながら、化学業界は**中間投入財**を中心に、大変に広く、深く、しかも多彩な製品を提供している業界なのです。

化学業界の定義

化学業界は、「化学反応を活用する産業」といわれます。しかし、化学反応が仕事の中心になっていない化学会社もたくさんあります。たとえば化粧品会社は、さまざまな化学物質を他の化学会社から購入し、混合して製品にすることが主な仕事です。その際に化学物質の性能、機能(安全性も含め)に関する知識を集約することが重要です。プラスチックの成形加工会社も、プラスチックの性質・性能に関する知識(技術)を活用して、所要の機能の成形品を作ることが主な仕事です。

本書では化学反応のみならず、化学知識を活用して化学製品を製造する産業を化学業界と捉えることにします。**日本標準産業分類***の言葉でいえば、狭義の「化学工業」のみならず、「プラスチック製品製造業」「ゴム製品製造業」まで含めて広く考えることにします。

用語解説

＊**日本標準産業分類**　総務省が統計の基礎として定めた産業分類。政府活動(不況業種への緊急融資等)の中で業種指定を行う必要があるときには、しばしば利用されるので重要です。

日経・マイナビ　2020年卒大学生就職企業人気ランキング

● 全学生・院生による業種別ランキング

順位	繊維・アパレル・化学	薬品・化粧品
1	ファーストリテイリング	資生堂
2	花王	コーセー
3	ワコール	カネボウ化粧品
4	旭化成	大塚製薬
5	富士フイルム	第一三共
6	東レ	ファンケル
7	ユニチャーム	アステラス製薬
8	住友化学	中外製薬
9	ライオン	ポーラ
10	エフピコ	アルビオン

● 理系学生・院生による化学・薬学系企業

順位	化学薬学系
1	味の素
2	資生堂
3	明治
4	旭化成
5	花王
6	コーセー
7	第一三共
8	大塚製薬
9	アステラス製薬
10	中外製薬

注：調査期間2019年12月1日〜2020年3月20日
2021年3月卒業予定大学3年生、大学院1年生が希望先5社連記
有効回答数　文系男子8016人、文系女子13,275人、理系男子5,410人、理系女子3,929人
出典：NIKKEI・マイナビ2021　日経新聞新卒採用広告特集

日本標準産業分類からみた化学業界の範囲

中分類	小分類	
11		繊維工業のうち
		化学繊維製造業
		炭素繊維製造業
16		化学工業（すべて）
	161	化学肥料製造業
	162	無機化学工業製品製造業
	163	有機化学工業製品製造業
		石油化学、プラスチック、合成ゴム、合成染料など
	164	油脂加工製品・石けん・合成洗剤・界面活性剤・塗料製造業
	165	医薬品製造業
	166	化粧品・歯磨・その他の化粧用調整品製造業
	169	その他の化学工業
		火薬類、農薬、香料、接着剤、写真感光材料、試薬など
18		プラスチック製品製造業（別掲を除く）（すべて）
	181	プラスチック板・棒・管・継手・異形押出製品製造業
	182	プラスチックフィルム・シート・床材・合成皮革製造業
	183	工業用プラスチック製品製造業
	184	発泡・強化プラスチック製品製造業
	185	プラスチック成形材料製造業（廃プラスチックを含む）
	189	その他のプラスチック製品製造業（日用雑貨、容器）
19		ゴム製品製造業（すべて）
	191	タイヤ・チューブ製造業
	192	ゴム製・プラスチック製履物・同附属品製造業
	193	ゴムベルト・ゴムホース・工業用ゴム製品製造業
	199	その他のゴム製品製造業

出典：平成25年改訂版日本標準産業分類

ワンポイントコラム

【アメーバみたいな化学業界】　CD－RやLEDは電子部品・デバイス・電子回路製造業に、シリコン結晶は非鉄金属製造業に、シリコンウエーハーは金属製品製造業に分類されます。化学業界の活動範囲は産業分類に収まり切れず、常に動いています。

2 日本経済の縁の下の力持ち

化学業界は日本の製造業の中では、華々しく目立つ存在ではありません。しかし実は、自動車産業、エレクトロニクス産業と並ぶ、日本最大級の付加価値額を誇る大産業なのです。

出荷額、従業員数

現代の日本経済を支えているのは製造業です。その中で最大の売上高（製造品**出荷額**）の産業は、いうまでもなく自動車産業です。左表では、オートバイ、船舶、飛行機、およびそれらの部品も含めた〝輸送用機械器具製造業〟として示されています。雇用吸収力を表す従業員数では、食料品・飲料産業が第一位です。これらの産業は、製品も目に見えてわかりやすく、しかも広告宣伝費も多いので、非常に目立ちます。一方、化学業界は、出荷額では製造業第二位、従業員数では第六位にとどまっています。

付加価値額

出荷額から原材料投入額、国内消費税、減価償却額を差し引いた額を**付加価値額***といいます。日本のすべての活動の付加価値額を合計したものが、みなさんご存知の**GDP**（国内総生産）になります。

付加価値額で見ると、化学業界は自動車産業と一、二位を争ってきた産業です。二〇一八年は二位になっています。化学業界は自動車産業やエレクトロニクス産業のように派手な産業ではありません。しかし、日本のGDPに大きく貢献している産業なのです。まさに〝縁の下の力持ち〟です。

日本の化学業界は、広範で多彩な化学製品のほとんどすべてを生産しています。それだけ、技術も、人材も、設備装置も、市場も、日本の中に蓄積された厚みのある大きな産業となっています。

用語解説

* **付加価値額**　上記差し引き方式のほか、積み上げ方式（人件費＋金融費用＋賃借料＋租税公課＋経常利益）でも求まります。

産業別ランキング（2018年出荷額、従業員数、付加価値額）

1）製造品出荷額

単位：兆円

順位	製造業	331.8	構成比
1	輸送用機械器具	70.1	21.1%
2	化学産業	46.5	14.0%
3	鉄・非鉄・金属製品	44.7	13.5%
4	電機・情報・電子	41.8	12.6%
5	一般機械器具	41.3	12.4%
6	食料品・飲料	39.6	11.9%

2) 従業員数

単位：千人

順位	製造業	7,778	構成比
1	食料品・飲料	1,249	16.1%
2	一般機械器具	1,161	14.9%
3	輸送用機械器具	1,093	14.1%
4	電機・情報・電子	1,043	13.4%
5	鉄・非鉄・金属製品	976	12.5%
6	化学産業	955	12.3%

3) 付加価値額

単位：兆円

順位	製造業	104.3	構成比
1	輸送用機械器具	18.3	17.6%
2	化学産業	17.7	17.0%
3	一般機械器具	15.1	14.5%
4	電機・情報・電子	14.7	14.1%
5	食料品・飲料	13.0	12.5%
6	鉄・非鉄・金属製品	11.8	11.3%

出典：経済産業省工業統計産業編

ワンポイントコラム

【付加価値額と利益】 利益は付加価値額の一部です。しかし、付加価値額が大きいこと＝利益が大きいことではありません。

産業内・産業間取引が大きい産業 3

消費財化学メーカーのみに目が行きがちですが、化学業界は消費財よりも、圧倒的に中間投入財が中心になっている産業です。

商品の大区分

商品は使われ方によって、**投資財**、**中間投入財**、**消費財**に大きく分けられます。投資財は、機械設備のような耐久資本財です。中間投入財は、原材料として他の財を作るために使われる非耐久資本財です。消費財は、家計で使われ切ってしまう商品です。

化学製品は中間投入財が主

化学製品には家庭で使われる化粧品や洗剤のような消費財もありますが、圧倒的に中間投入財が主体です。しかも、化学業界自身に中間投入される比率が非常に高いことが特徴です。つまり、化学業界の中で、何段階もの分業が行われているのです。

具体的に見ると

化学業界の原料は、輸入される石油(原油や**ナフサ**)、LPG、天然ガス、塩、リン鉱石、糖蜜*などです。また、空気も大切な原料です。これら原料から、エチレンや**ベンゼン**、硫酸、苛性ソーダ、塩素、リン酸、**アンモニア**、酸素など基礎化学品が作られます。そこからプラスチック、合成ゴム、溶剤、工業薬品、顔料などが作られ、さらにプラスチック成形品、塗料、合成繊維、医薬品、農薬、化粧品、接着剤、合成洗剤、タイヤなど、皆さんが日頃目にされる商品が作られます。しかし、これらもすべてが消費財になるわけではありません。プラスチック成形品の大部分は中間投入財になります。合成繊維も、繊維産業で使われる中間投入財です。

ワンポイントコラム

【塩】 日本に輸入される塩は、ほとんどがメキシコ、オーストラリアの天日製塩で、岩塩ではありません。メキシコ塩田は東京都23区の広さです。

化学業界　原料から製品への流れ図

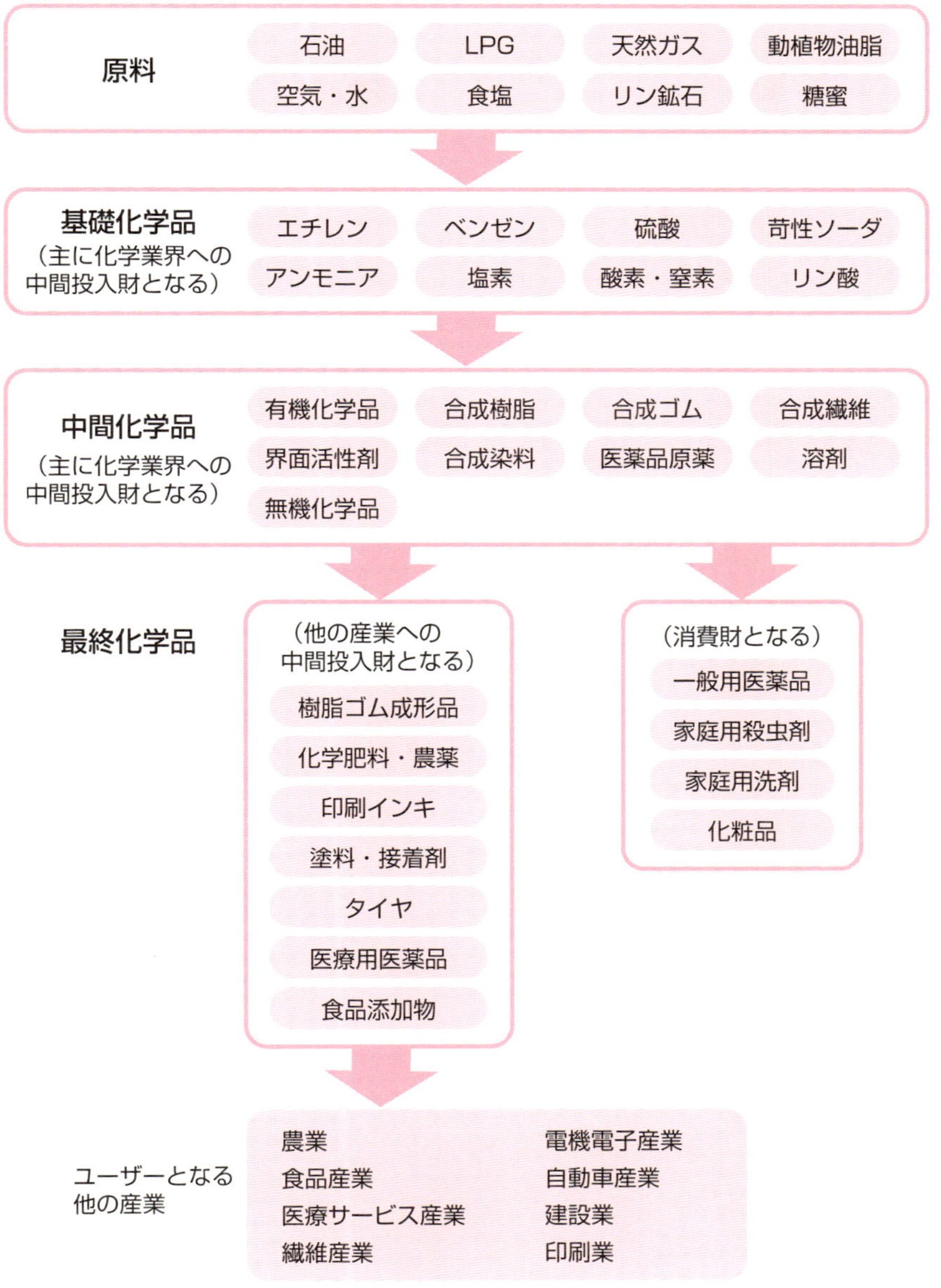

用語解説

＊**糖蜜**　さとうきびを絞った液に石灰を加えて煮詰め、黒砂糖を沈殿させて取り出します。残った液が糖蜜です。糖蜜はアルコール、グルタミン酸ソーダ、抗生物質など発酵化学工業の重要な原料です。

専門店の寄せ集め

総合化学会社といわれる会社があります。しかしその実体は、化学産業のさまざまな事業分野を総合的に行っているわけではありません。化学業界は、むしろその出身分野を中心とした専門店の寄せ集めと考えるべきです。自動車産業のような系列化もありません。

事業の拡散傾向

化学反応を伴う生産では、しばしば数種類の製品が連動してできてしまうことがあります。このすべてが順調に販売できればよいのですが、そうもいかず自社で活用の道を考えなければならないことも起こります。また、化学業界は何段階にもわたる中間投入が行われます。原料に遡及して自家生産したり、逆に川下製品に乗り出したりすることもあります。ある化学技術が、他の化学製品の生産に活用できることもよくあります。このため、化学会社は芋づる式に事業が拡散していく傾向があります。

事業の専門化の流れ

化学会社は、自社がどの事業範囲（**ドメイン**）で事業展開するのかを、しっかり決めることがとても重要です。とくに販売方法、販売ルートは、化学製品ごとにまったく異なります。日本の医薬品、化粧品、石けん洗剤工業では、問屋、輸入販売業、小売業から製造会社に転身した経歴を持つ会社が多く、歴史的に形成された強固な販売ルートがあります。技術の**シナジー効果**＊や原料と製品のつながりを生かして、芋づる式に生産品目を拡張しても、販売ルートが作れなかったり、事業ノウハウが習得できなかったりすると失敗します。

用語解説

＊**シナジー効果**　経営学用語で、一つの機能が多角的に利用されるときに生まれる相乗効果のことです。

専門化の強まり

小さな孤立した村で他に競争者がいない鍛冶屋ならば、農具用でも、荷車用でも、家具用でも、あらゆる金物加工を行うでしょう。しかし、道路が開通し、別の鍛冶屋がいる隣村と交通が頻繁になれば、各々が得意分野に専門化していくでしょう。

一九九〇年代から起っている経済のグローバル化は、化学業界にそのような作用をしています。自社の得意分野を見きわめて、そこに全資源を集中しなければ生き残れなくなったのです。日本国内だけで総花的に事業展開するよりも、得意分野に集中してグローバル展開を目指すことが必要になりました。これをさらに時間短縮して推し進める経営手法として、M&A*も盛んに採用されるようになりました。その一方で、新しい事業分野が生まれると期待される分野には、さまざまな専門店分野から多くの企業が参入して、激しい開発競争を繰り広げています。とくに最近は日本の会社だけでなく、韓国、台湾、中国の会社の成長分野への新規参入が増加しています。

専門店の寄せ集めの化学業界の構造

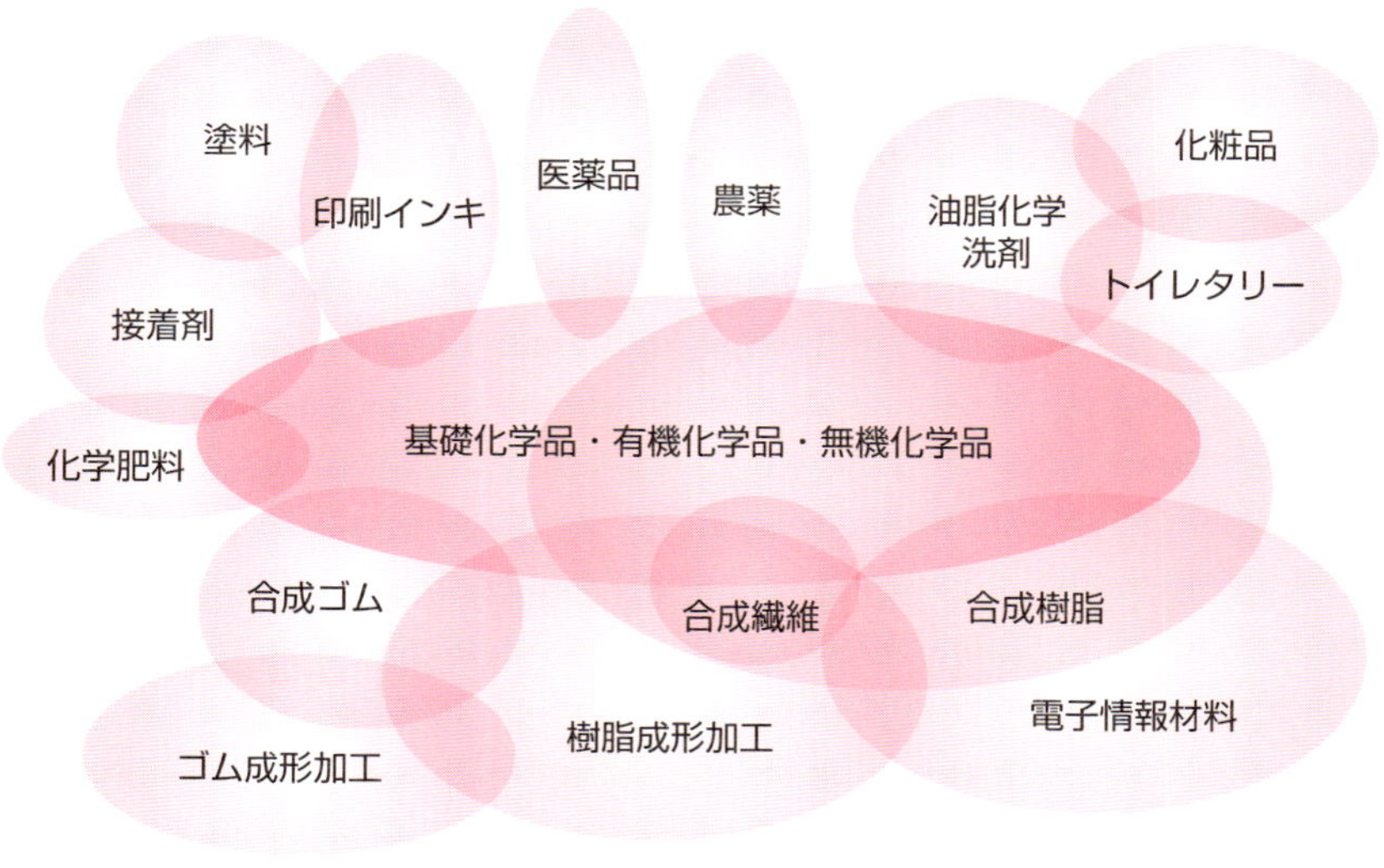

用語解説

*M&A　企業のmerger(合併) and acquisition(買収)の略称です。

5

研究集約型産業に転身

現在、日本の化学産業は、エレクトロニクス産業、自動車産業と並ぶ、日本の代表的な研究集約型産業になっています。しかし、これは産業の特性から自然にそうなったのではありません。一九八〇年代からの大きな経営方針の転換の結果なのです。

研究開発費では日本の三位

二〇一九年度日本の産業別研究開発費は、エレクトロニクス産業が三・三二兆円、次いで自動車産業三・一八兆円、化学産業二・六五兆円というレベルです。この三業種だけで日本の全産業の研究開発費の六割、大学なども含めた日本の全研究開発費のほぼ五割にも達するのです。

研究開発費の対売上高比率は二位

ある産業が研究集約型産業かどうかを見る指標として、研究開発費の対売上高比率がよく使われます。化学産業は二〇一〇年代にエレクトロニクス産業と第一位を競うレベルとなり、日本の中で代表的な研究集約型産業となっています。しかし一般機械産業や自動運転に取り組む自動車産業も肉薄しています。化学産業の中でも医薬品工業が一〇・八％と群を抜いて高く、狭義の化学工業四・三％、プラスチック製品工業三・〇％、ゴム製品工業四・〇％を大きく引き離しています。医薬品工業だけで化学産業の研究開発費の約五割を占めます。

技術導入からの脱却

日本の化学産業は、昔から研究集約型産業であったわけではありません。戦後、抗生物質などの生産を始めた医薬品工業も、新しいプラスチックの生産を始め

用語解説

＊**技術導入**　他から技術を購入すること。売る側から見れば技術供与。最も一般的な方法は特許ライセンス（実施許諾）契約です。支払方法も一括一時金払い（ランプサムペイメント）や頭金（ダウンペイメント、イニシャルペイメント）と生産高比例（ランニングロイヤリティ）の組み合わせなどいろいろあります。

た石油化学工業も、長い間もっぱら欧米からの**技術導入***に依存してきました。化学産業の研究開発費の対売上高比率は、一九七〇年二・一％、八〇年二・六％にすぎませんでした。技術輸出額の技術輸入額に対する比率で技術貿易の推移を見ると、一九七一年〇・二五倍、一九八〇年〇・七七倍と大幅な輸入超過でした。

しかし、一九八〇年代には欧米へのキャッチアップも終了し、技術導入からの脱却が始まりました。石油化学、合成繊維など戦後の高成長をもたらした技術が成熟し、新興国の追い上げも始まりました。日本の化学会社は、自社内技術開発によって新事業を起こそうとの経営戦略を取り、研究開発活動を急速に拡大しました。とくに医薬品会社が自社内で**医薬品原薬**の開発を行える力を蓄え、急速に研究開発費が増加しました。一九九〇年代からは、企業のグローバル展開も急速に進み、海外子会社への技術輸出額も増加しました。このため技術輸出額の輸入額に対する比率も一九九〇年に一・〇六倍となり、二〇一九年には四・三倍の輸出超過になっています。日本の化学産業は急速に研究集約型産業に転身しました。

日本の主要５大産業の売上高研究開発費比率推移

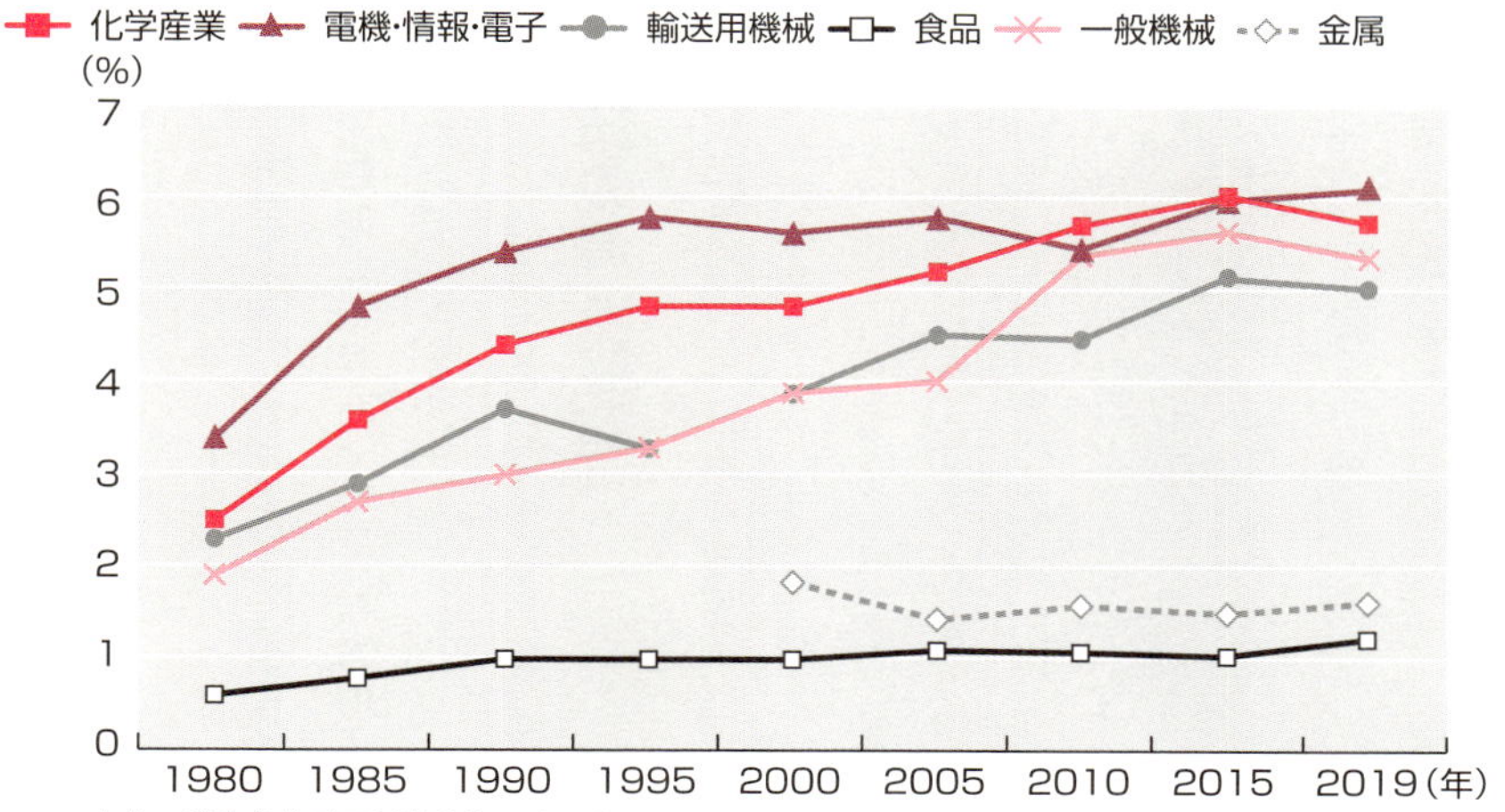

出典：総務省統計局科学技術研究調査

ワンポイントコラム

【自社研究だけが尊いわけではない】　企業が技術を入手する場合、技術導入か自社研究のいずれか、その組み合わせかを選択します。時間と費用を勘案した決断です。特許網で押さえられた技術をやみくもに自社研究してもムダになることもあります。

6

グローバル経営の見直しへ

化学産業はエレクトロニクス産業や自動車産業のような大輸出産業ではなく、円高進行に伴って一九八〇年代に急速に生産拠点を海外に移転せざるをえなくなったわけでもありません。しかし、不思議に思われるかもしれませんが、製造業平均並みの海外生産比率の高い産業になっています。

日本企業の海外展開

日本の製造企業の海外投資*は、一九六五年頃から始まりました。第一期（一九六五－七三年）は試行期です。第二期（一九七四－八四年）は資源確保を目的とした大型案件が現れました。第三期（一九八五－一九九五年）は**貿易摩擦**と**円高対応**のために、電機電子産業と自動車産業を中心に海外投資の規模も件数も飛躍的に拡大しました。日本の**生産空洞化**が心配されるほどでした。第四期（一九九六年以降）は日本企業のグローバル化が進み、**グローバル経営**の一環として日常的に海外投資が行われるようになりました。二〇二〇年代には見直しの第5期が予想されます。

化学産業の海外展開

化学産業の海外投資は、日本の製造業の中では最も早く、第一期から行われました。合成繊維会社によるアジア、南米を中心とした海外投資です。発展途上国が合成繊維を国産化しようとする動きへの対応でした。しかし、現地国での出資比率制限が厳しく、第二期時代に見直し、撤退が行われた案件も多数ありました。

第二期には、資源確保を目的として、当時としては大規模な海外投資が化学産業で行われました。**イラン革命**やその後の戦争で失敗に終わった三井の**イラン石油化学**、現在も順調に続いているサウジアラビアのメタノールや石油化学（三菱グループ）、シンガポールの

用語解説

***海外投資**　日本国外で工場や販売拠点を購入したり建設したり、会社を買収したりすること。

石油化学（住友化学）です。

グローバル経営

他業種と少し違って、化学産業では第二期からグローバル経営の観点からの投資が始まりました。信越化学工業の塩化ビニル樹脂（一九六三年ポルトガル、七三年アメリカ）や富士フイルムの販売拠点（六五年アメリカ、六六年欧州）です。第三期になると、一九八八年ブリヂストンによるファイアストンの大型買収を始めとして、ライヒホールド、アリスステックケミカル、バーベイタム買収など多くの買収が行われました。第四期には、M&Aはすべての化学部門において日常茶飯事になりました。

加工組立産業への対応

電機電子産業と自動車産業が、部品加工メーカーも引き連れて海外生産にシフトした第三期以後、日系加工組立メーカー向けに、日本の化学会社による海外生産が盛んになり盛んになり、グローバル経営の動きが強まりました。しかし、二〇二〇年代後半にピークを打ちました。

グローバル経営の進んだ産業と進んでいない産業

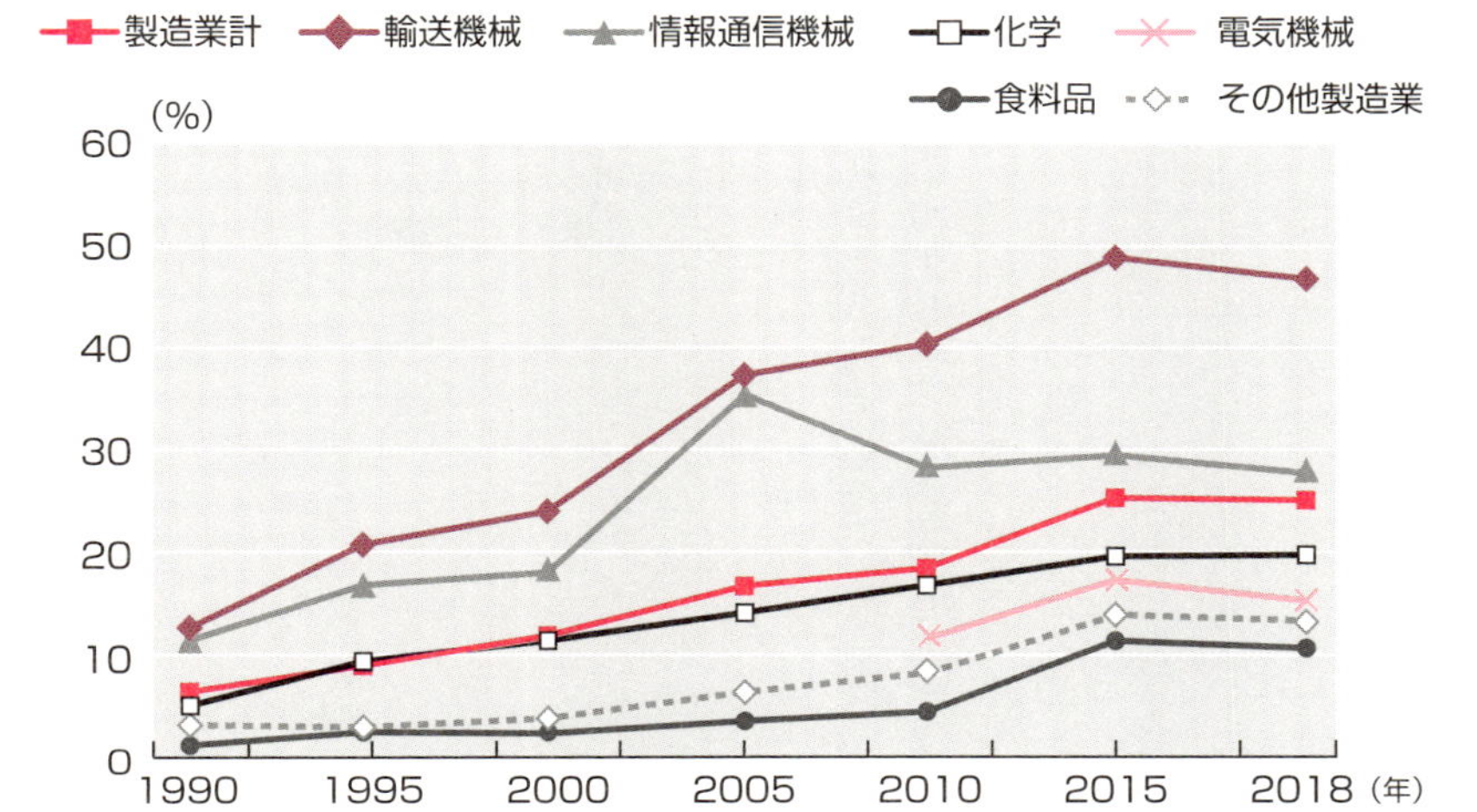

注1：電気機械は、2010年度から電気機械（白物家電等）と情報通信機械（テレビ、パソコン等）に分かれた
注2：化学は狭義の化学工業で、プラスチック加工、ゴム加工はその他製造業に集計されている
出典：経済産業省海外事業活動基本調査

ワンポイントコラム

【資源確保】　1970年代の石油危機後、産油国と良好な関係を築くため、産油国が希望する工業化計画に積極的に協力する外交政策が行われました。

機能化学への事業シフト

第二次大戦後、〝高分子材料革命〟と呼ばれる大きな変革をもたらした石油化学工業も、一九七〇年代には成熟化しました。日本の化学産業は一九八〇年代から機能化学への事業シフトを図り、この分野では一時世界のトップランナーになりました。しかし二〇一〇年代に状況が一変しました。

二つの戦略

日本の化学産業は一九六〇年代に欧州各国を追い抜いて、長らくアメリカに次ぐ世界第二位の生産国となっていました。しかし、二〇〇〇年代に中国にあっさりと追い抜かれて第三位になり、五位には韓国が迫っています。

これに対して、日本の化学会社は二つの戦略を進めています。一つは強みを持つ事業に力を集中し、その事業をグローバルに展開して新しい成長を求める方向です。これについては、すでに紹介しました。もう一つは、新しい化学産業分野を生み出すことにより成長を求める方向です。

電子情報材料

日本の化学会社は、**バイオテクノロジー**と**エレクトロニクス**に一九八〇年代から夢を託し、研究集約型産業に変身して、新しい化学産業の創造に努めてきました。しかし、前者からは期待した成果が得られませんでした。目標とした医薬品・医療産業と農業が、日本では規制が強すぎる上に、国際競争力のない産業であったためです。一方、エレクトロニクスからは、**電子情報材料**と呼ばれる新しい化学産業分野を生み出すことに成功しました。日本に強力な電機電子産業（製品から部品まで）が多数存在していたからです。

用語解説

＊**エンジニアリングプラスチック**　ポリエチレンなどの汎用樹脂に比べ、耐熱性、強度などが一段と優れた合成樹脂。ナイロン樹脂、ポリアセタール、ポリカーボネート、ポリブチレンテレフタレート、変性ポリフェニレンエーテルなど。当初歯車など機械部品に使われたので"エンジニアリング"といわれた。

機能化学工業

化学製品はそれぞれ独自の機能を持って使われているので、〝**機能化学**〟という言葉は理解しがたいと思います。「今までの化学製品の機能をはるかに超えた機能」とか、「今まで提供できなかった機能」を追求する化学と考えていただければよいと思います。その意味では、有機化学とか高分子化学のような、化学のある分野の学術体系を示す言葉ではありません。もともとプラスチックの耐熱性と強度の限界を追求して**スーパーエンジニアリングプラスチック**＊が続々生まれた一九八〇年代に、日本で機能化学のコンセプトが唱えられるようになりました。そのコンセプトの実現は、初めに半導体産業関連で、次いでディスプレイ産業関連で達成されました。現在は第一〇章で述べる電池、照明への展開が進んでいます。しかし、機能化学分野においても、二〇一〇年代には、韓国、台湾、中国などの追い上げ、追い越しが目立ってきており、日本の化学産業の戦略見直しが必要になっています。今後の有望な市場候補は医療機器等医療健康関連です。

代表的な機能化学製品と日本メーカー

製品	メーカー
フォトレジスト	JSR、信越化学工業、東京応化工業、住友化学、富士フイルム
シリコンウェハー	信越化学工業、SUMCO
液晶ブレンド	JNC(旧チッソ)、DIC
カラーフィルター	凸版印刷、大日本印刷、住友化学、東レ
液晶ディスプレイ用各種フィルムとその材料	富士フイルム、日東電工、日本ゼオン、クラレ、日産化学、JSR
人工腎臓	旭化成メディカル、東レ・メディカル、東洋紡
炭素繊維	東レ、三菱ケミカル、東邦テナックス、クレハほか
高輝度LED	日亜化学、豊田合成、昭和電工、三菱ケミカル

用語解説

＊**スーパーエンジニアリングプラスチック**　熱変形温度が、汎用樹脂で約100度以下、エンジニアリング樹脂で約150度以下に対して、200度以上300度にも達する樹脂。デュポンが最初に開発したポリイミド『カプトン』や全芳香族ポリエステル、ポリアミドイミド、ポリエーテルイミドなど。電子情報材料に不可欠。

8 地球環境問題の解決に貢献

日本の化学産業は加工型化学産業のウエイトが高まりましたが、それでも日本の中では代表的なエネルギー多消費産業です。しかし、化学産業自身が高い省エネ目標を掲げて努力しているばかりでなく、その製品を通じて地球環境問題の解決に大きく貢献しています。

エネルギー多消費産業

熱源用のみならず、原料用も含めたエネルギー消費に算出方法が変わった一九九〇年以後、化学産業は鉄鋼業に代わって第一位のエネルギー多消費産業になりました。また、炭酸ガス排出量では鉄鋼業に比べて大幅に少なくはなりますが、それでも第二位です。

省エネルギーの進展

しかし、化学産業は一九九九年から日本経済団体連合会が進める低炭素社会実行計画*に取り組み、さらに二〇二〇年から始まった「チャレンジゼロ」にも多くの化学会社が参加しています。また、**亜酸化窒素**、**フロン類**など炭酸ガス以外の**温室効果ガス**の排出削減にも大きな成果を上げています。

製品を通じて省エネに貢献

日本のエネルギー消費は省エネルギー努力や原油価格の高騰により二〇〇五年度をピークに減少傾向になりました。産業用のエネルギー消費が一九九五年度をピークにゆるやかな低下が続くのに対して、業務用（ビル冷暖房、スーパー・コンビニ）、民生用（家庭、自家用車）、運輸用（運送業務用車など）の増加が続きました。しかし運輸用が二〇〇一年度、業務用が〇五年度をピークに減少に転じ、最後まで増加傾向にあった家庭用も東日本大震災以後は減少傾向になりました。機器

用語解説

＊低炭素社会実行計画　1997年気候変動枠組条約京都議定書（2010年目標）に先駆けて、日本経団連は環境自主行動計画を策定・実行しました。それに続く、2020年目標、さらに2030年目標に向けての日本経団連の自主行動計画のことです。

や建物自体の省エネルギー化の効果がようやく現れたのです。

化学産業は、軽量で断熱性にすぐれたプラスチック素材を提供することにより、日本全体の省エネルギーに、さらには地球温暖化防止に大きな貢献をしています。日本の自動車の燃費がよいことには定評があります。これは一九七〇年代の石油危機後、プラスチックが自動車にたくさん使われるようになり、自動車が**軽量化**したためです。バンパーやインパネは、今ではプラスチックが当たり前になりました。ガソリンタンクも、プラスチック成形加工品によって、乗用車の複雑な形の空き空間を有効に活用しています。現在、自動車のさらなる軽量化に向けて、化学会社でも研究が進められています。住宅、ビルの断熱性能向上も、塩化ビニル樹脂製サッシや**ポリウレタン断熱材**の普及が待たれる状況にまで来ています。家庭で使われる電気電子機器の省エネルギーは、近年大きく進展しています。さらに、化学が生み出しつつある新しい照明（LEDや有機EL）による省エネも始まっています。普及段階にある**太陽電池**も、化学製品のかたまりです。

地球環境問題解決に貢献する化学製品

貢献段階	製品
すでに貢献中	自動車用プラスチック、塩化ビニルサッシ、家電用断熱材・住宅用断熱材、フロン代替品、液晶テレビ、タイヤ再資源化、省エネタイヤ
普及段階	太陽電池、プラスチック再資源化、照明用白色LED、航空機用炭素繊維複合材料、有機ELテレビ
技術開発中	燃料電池、自動車用蓄電池（全固体電池に注目大）、家庭用蓄電池、バイオマス燃料、照明用有機EL、自動車用炭素繊維複合材料

ワンポイントコラム

【亜酸化窒素】　麻酔剤として用いられてきたガス。ナイロン原料を製造する際に副生します。旭化成はこれを熱分解する技術を開発し、多くの賞を得ました。

column

プラスチック海洋ごみ問題

マイクロプラスチック問題は日本でも数年前から関心が高まっていました。マイクロプラスチックは海洋等環境に放出されたプラスチックが紫外線等によって微細に砕けたものを言います。概ね1〜5mmと研究者によって定義は様々ですが、これが海洋に漂って動物プランクトンに摂取され、さらに食物連鎖によって小魚、魚、鳥、動物、人間からも検出されています。

2015年にプラスチックストローが鼻に突き刺さったウミガメを救助する動画が世界中から関心を呼び、2018年には広く海洋に蓄積するプラスチックごみに対する関心が欧州を中心に世界的に高まりました。2019年6月末に開催されたG20大阪サミットでも主要議題となり、2050年までに新たな汚染をゼロとする目標が決められました。しかし、海洋プラごみの実態は明確に見えず、対策も各国に任されている段階です。

国際自然保護連合の2017年報告書によれば、プラスチック海洋ごみ流出量は中国が221万トン、インド・南アジアが199万トン、アフリカが153万トン、東アジア・東南アジア・オセアニアが130万トン、南米が58万トン、欧州・中央アジアが28万トン、北米が7万トンとなっています。米国ジョージア大学の2010年推計では1位から5位は、中国132〜353万トン、インドネシア48〜129万トン、フィリピン28〜75万トン、ベトナム28〜73万トン、スリランカ24〜64万トンで、20位の米国が4〜11万トン、30位の日本が2〜6万トンとなっています。プラスチック海洋ごみの主要発生源は川です。オランダNGOによる2017年発表によれば、1位から5位は長江（中国）31〜48万トン、ガンジス川（インド）11〜17万トン、黄河（中国）6.4〜11万トン、黄浦江（中国）3.3〜6.7万トン、クロス川（ナイジェリア）3.3〜6.5万トンです（日経新聞2019年7月26日）。近年、経済成長が高まっているが、その一方で廃棄物処理などの社会インフラの整備が遅れている国からの流出が多いと考えられます。これを止めさせることが地球規模の最優先課題です。

日本の化学業界では2018年9月に海洋プラスチック問題対応協議会を設立し、プラスチック廃棄物管理の社会インフラを整備して河川に流出させないことが第1としました。このため、情報の整理と発信、2018年6月成立の改正「海岸漂着物処理推進法」への対応、アジアへの働きかけ、科学的知見の蓄積を進めることとしました。

なお、飲食品小売業などで生分解プラスチックへの切り替えやカーボンニュートラルのプラスチックへの切り替えを強調し、宣伝する会社があります。前者は堆肥をつくる条件下（60〜70℃、多くの微生物）でなければ分解しないため無意味です。また後者は地球温暖化対策へのすり替えに過ぎません。問題の本質をとらえた対応が求められます。

第2章

私たちの生活を陰で支えている化学製品

「食品の残留農薬」「医薬品の副作用」「水道水の臭い」「メチル水銀による水俣病」「カドミウムによるイタイイタイ病」などのマスコミ報道から、化学製品は悪いイメージを持たれてしまいがちです。しかし、化学製品は多くの分野で私たちの生活、健康を陰で支えており、化学製品なしでは現代の生活がありえないことをぜひ知っていただきたいのです。化学製品を私たちに害を与えることなく、うまく使っていただくことが重要です。

1 農業と化学

最近は日本では食の安全への関心が高まり、無農薬栽培や有機質肥料が高く評価されています。しかし、増加する世界人口と食糧問題の中で、食糧の六割を輸入に依存する日本にとって、世界の農業と化学の関係をよく知っておくことはとても重要です。

化学肥料

学校で肥料の三要素として「窒素」「リン」「カリ」を習ったと思います。その中で、植物体を作る窒素が最も大量に使われる肥料です。

窒素は空気の八割を占め、世界中の誰でも無料で入手できます。しかし、窒素は非常に反応性の低いガスなので、人類は長い間空気中の窒素を使うことはできませんでした。

二〇世紀になって、人類は空気中の窒素を利用できるようになりました。高圧のもとで触媒を使って窒素と水素を反応させ、**アンモニア**を作る技術の開発です。アンモニアから**硫安**や**尿素**などの窒素系**化学肥料**が作られます。現在では、水素の原料となる天然ガスが大量に得られる地域と中国で、アンモニアは生産されています。世界のアンモニア生産量は一億五千万トンで、このうち八割が化学肥料になります。日本のアンモニア生産量は、今では八〇万トン程度にすぎません。

農薬

〝**農薬**〟と聞くと、「有毒」「怖い」というイメージを持つ方が多いと思います。現代の農薬開発においては、人間や環境生物への安全性(急性、慢性の各種毒性)、生体への蓄積性、環境中での分解性などが厳しくチェックされます。国が定めた基準に合格した物質だけが、農薬としての生産、使用が許可されるのです。現

ワンポイントコラム

【中国化工が農薬世界最大手を傘下に】 2017年6月、中国国有企業の中国化工集団が、世界1位の農薬会社シンジェンタの買収を完了したと発表しました。食糧問題に直結する農業化学製品の戦略的な重要性を実感させます。

代の農薬は、使用量、使用時期、使用方法を正しく守れば、決して怖いものではありません。

農薬は、**除草剤**、**殺虫剤**、**殺菌剤**、その他（植物生長調整剤など）に分けられます。〝農薬〟というと殺虫剤と思うかもしれませんが、世界の農薬の売上高の四割強を除草剤が占めます。除草剤は農業の省力化に貢献しています。最近は除草剤と遺伝子組み換え作物*を併用する**アグリビジネス**を、世界の大手化学企業は展開し、急成長しています。二〇一七、一八年には、三―七の表に示す大きなＭ＆Ａが起きました。

施設園芸資材

温室用の透明フィルムや保温、保湿のために地上に敷くマルチフィルム、塩化ビニル樹脂製の散水パイプなど、多くのプラスチック製品が施設園芸に使われています。現代の日本の農業では、化学産業が提供する**施設園芸**資材は不可欠のものになりました。この延長線上に植物工場が実現しています。今後はこのような技術、製品が世界に輸出され、食糧問題の解決に役立つことが期待されます。

世界の化学会社のアグリビジネス売上規模

単位：百億円

会社	国	売上高 2019年	農薬	種子	肥料
バイエル	ドイツ	242	145	97	
ニュートリエン	カナダ	218			218
コルテバ	アメリカ	151	68	83	
シンジェンタ	スイス	148	114	34	
ヤラ	ノルウェー	117			117
モザイク	アメリカ	97			97
BASF	ドイツ	95	78	18	
CFインダストリーズ	アメリカ	50			50
住友化学	日本	34	34		

注1：1ドル＝109.02円、1ユーロ＝122.04円
注2：世界最大のアグリビジネス会社であったモンサントは2018年8月にバイエルに買収された。
注3：2019年6月にコルテバ・アグリサイエンス社がダウ・デュポン社から分離独立した。
注4：住友化学は、農薬、肥料、防疫薬などを区分できないのですべて農薬に表示
出典：2019年各社決算報告

用語解説

＊**遺伝子組み換え作物**　除草剤との組み合わせの例でいえば、ある除草剤を分解する酵素を持つ植物（突然変異体でよい）を探して、その酵素を作り出す遺伝子（化学的には、決まった配列の核酸ポリマー）を取り出し、それを作物の遺伝子の中に組み込んで新たに分解酵素を作り出せるようにした作物。

2

食品と化学

食品と化学の関係というと、市販の化学調味料や食品保存料、着色料、香料(フレーバー)のような食品添加物を多くの方は思い浮かべると思います。しかし、食品の流通革命をもたらすような大きな影響を与えた化学製品は、プラスチック容器、フィルムなのです。

食品の流通革命

一九五〇―六〇年代に現れたスーパーマーケットは、それまでの食品の小売販売方法を大きく変えました。ほぼすべての食品をあらかじめプラスチック容器や**トレー・フィルム**で包装し、計量して値段をつけておいて販売する方法は、流通革命をもたらしました。

包装容器、包装フィルム

プラスチックの容器、フィルムが生まれる前は、生鮮食品、加工食品、飲料は、木、紙、ガラス、陶器などの容器に入れられたり、包装されたりしていました。しかし、これらは重かったり、水に弱かったり、中身が見えなかったりなど、さまざまな欠点がありました。プラスチック容器、フィルムは、問題点を一つ一つ解決しながら、用途を拡大していきました。炭酸飲料用のペットボトルには、**ガス透過性***を低くしたポリエステル樹脂が使われています。加工食品の包装に使われているフィルムは、何枚ものフィルムの貼り合わせで作られ、雑菌の侵入を防いで中身を腐らせないことはもちろん、湿気も空気中の酸素も通さないことで、中身の劣化を防いでいます。また、表面に鮮明な印刷ができることによって、商品価値を高めています。半面、使用後の包装容器がゴミ問題を引き起こしました。この問題解決のためにモノとしての**リサイクル**、エネルギー回収としての**サーマルリサイクル***が進んでいます。

用語解説

* **ガス透過性**　ゴム風船にガスを入れて膨らませておくと翌日にはしぼんでいます。ガスはプラスチックやゴムにいったん溶け、袋の外側で再びガスになっていくのです。これがプラスチックに対するガスの透過の仕方です。

容器包装リサイクル促進のための識別表示と材質表示の要点

区分	紙製	プラスチック製*	
	識別表示	識別表示	材質表示
目的	容器包装リサイクル法対象の容器・包装の内容を明示する		容器包装の素材を材質別に区分認識する
対象物	紙製／プラスチック製の容器包装		プラスチック製の容器包装
表示方法	識別マーク		JIS（ISO）に準拠する方法 （例示） ポリプロピレン：PP ポリスチレン：PS ポリエチレン：PE
法定	法定 資源有効利用促進法の指定表示製品		自主的表示 但し、識別マークと併せての表示を推奨
表示の事例	外箱	ポリエチレン、単一ならば 識別表示 材質表示 PE	ポリプロピレン・ナイロンの複合（積層）でポリプロピレンが主ならば PP, PA

注：*「飲料・しょうゆ・酒類用PETボトル」を除きます。
出典：日本プラスチック工業連盟ホームページから

用語解説

***サーマルリサイクル** ガラスびんなどを洗って使うことを"リユース"といいます。回収したプラスチックを溶融して再び製品に成形加工することを"マテリアルリサイクル"といいます。プラスチックや紙のように燃えるゴミを焼却して熱回収し、発電や温水プールなどに有効利用することが"サーマルリサイクル"です。

3 水と化学

上下水道が、私たちの生活基盤であることはいうまでもありません。化学は上下水道の運営を陰で支えるばかりでなく、海水淡水化など、さらに大きな水資源問題への対応にも貢献しています。また、半導体製造や原子力発電に不可欠な超純水も化学の力で作られています。

上水道と伝染病

江戸時代末期から明治初期には、日本でも死者が何と十万人を超える規模のコレラの流行が何回もありました。ちなみに、東日本大震災では死者・行方不明者は二万人でした。伝染病の恐ろしさが想像できます。近代水道は一八八七年(明治二〇年)横浜に初めて敷設されました。東京、大阪、神戸、広島など主要な都市への供給が行われるようになった一九一〇年でも、給水普及率は四%程度にすぎませんでした。しかし、これによってコレラの流行があっても、死者数は数千人規模にまで減りました。ところが、当時の上水道は**沈殿ろ過**のみの処理だったので、上水道を原因とする集団赤痢がしばしば起るようになりました。これを防いだのが、上水道への**塩素**添加です。東京、大阪では、一九二二年(大正一一年)から開始されました。日本で塩素を併産する電解法ソーダ工業が始まった直後です。

上下水道と化学

上水道の原水は、沈殿池、ろ過機を通ることにより浮遊物が除去されます。この際に、**凝集剤***として硫酸アルミニウムや**ポリ塩化アルミニウム**が使われます。続いて、塩素殺菌が行われます。大都市の大きな浄水場では液体塩素も使われますが、多くは次亜塩素酸ナトリウム*を使っています。最近は上水道の味、臭い(かび臭など)を改善するために、オゾン殺菌の導入が拡大

用語解説

＊**凝集剤**　水に分散した泥などの浮遊物は電荷を持っています。これに逆の電荷を持つ凝集剤を加えると、打ち消しあって電荷がなくなり、浮遊物が集まって沈殿しやすくなります。代表的な高分子凝集剤はポリアクリルアミドです。

しています。その後、もう一度ろ過され、圧力をかけて配水されます。配水中に雑菌が増殖しないよう、塩素が添加されます。

一方、都市の下水道や工場排水処理では、**高分子凝集剤**を使って浮遊物の除去を行います。家庭用の下水道配管に塩化ビニル樹脂が使われているのは、皆さんも見かけていると思います。一方、上水道パイプは圧力がかかるので、プラスチックパイプはあまり使われていません。

逆浸透膜装置

水は透過させるけれども、水に溶けている物質は透過させない半透膜をご存知と思います。この膜の溶液側に圧力をかけると、逆側に純水が得られます。これが逆浸透膜装置の原理です。一九七〇―八〇年代に、透過性を高める非対称膜製造技術、膜モジュール化技術などの開発が行われたことによって、**逆浸透膜**は工業化の壁を乗り越えました。現在では、**海水淡水化**、排水の再利用、半導体製造や注射薬製造工程などでの**超純水**の製造に大規模に使われています。

逆浸透膜エレメントの構造

逆浸透膜エレメントは、逆浸透膜、流路材、スペーサー等を組合せ、のり巻き状に成形したスパイラル型のものです。
逆浸透膜は、基材の上に支持材、半透膜の各層を重ねて製膜したポリアミド系の合成複合膜です。

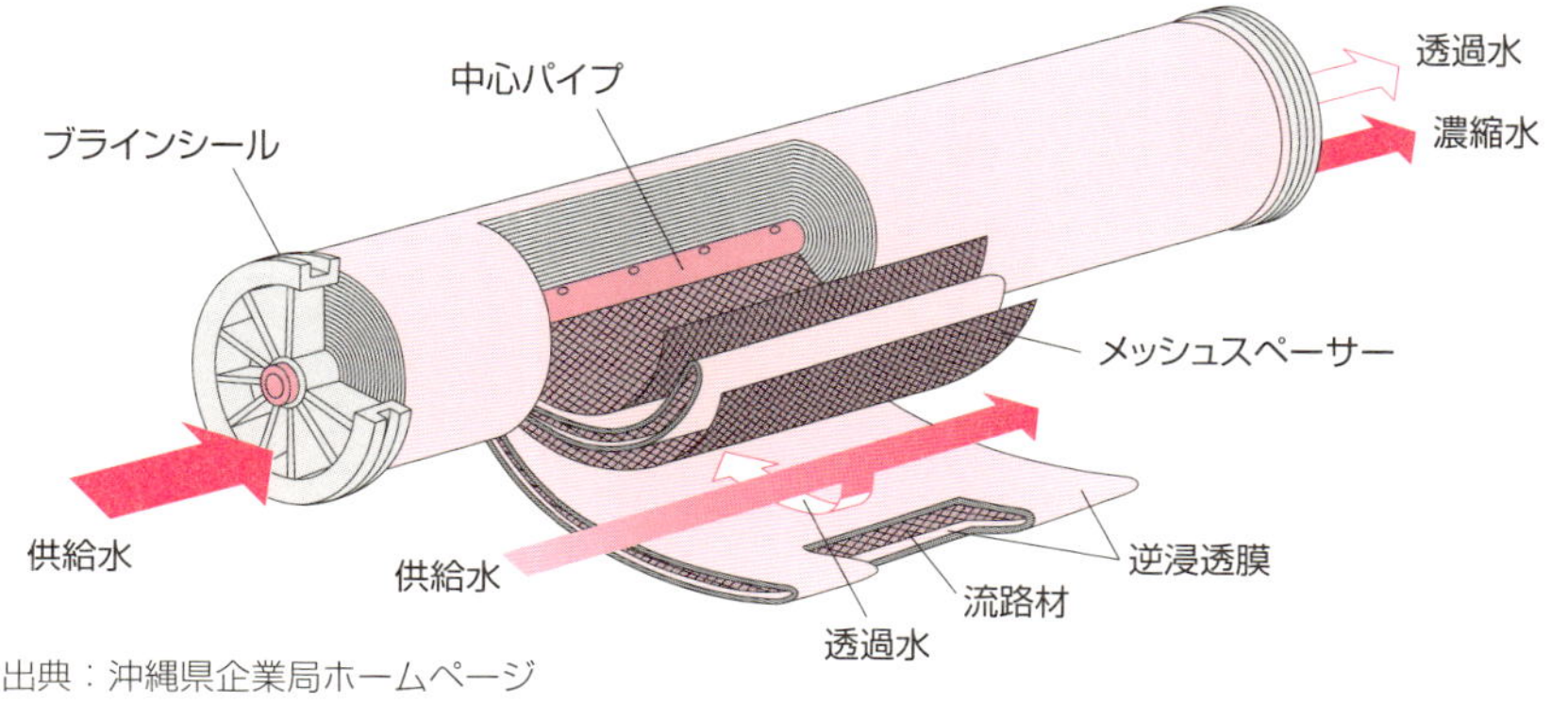

出典：沖縄県企業局ホームページ

用語解説

＊**次亜塩素酸ナトリウム**　塩素と苛性ソーダを反応させて作ります。"塩素系漂白剤"と書いてある衣料用漂白剤、台所用漂白殺菌剤の主成分です。"酸素系漂白剤"に比べて、常温で殺菌、漂白効果を十分に発揮します。

健康と化学

健康と化学といえば、すぐに医薬品と思うでしょうが、それだけではありません。医薬品の前に、健康をもたらすもっと重要なことがあります。明治時代に現在の花王を創業した長瀬《ながせ》富郎《とみろう》は「清潔な国民は栄える」を唱えました。清潔こそが健康への第一歩なのです。

石けん、洗剤

石けん、洗剤は、手や顔、髪、身体、衣服、家屋など身の回りを清潔に保つためになくてはならないものです。石けんは、動植物油脂と苛性ソーダのようなアルカリを反応させた**高級脂肪酸***塩です。一方、合成洗剤には、さまざまな種類があります。動植物油脂を原料にスルホネートやサルフェートにした陰イオン系と、**ポリオキシエチレン基**をベースとした非イオン系の合成洗剤が、現在は多く使用されています。一方、四級アミン塩をベースとしたカチオン系は、洗剤よりも抗菌剤、リンス剤・柔軟剤に使われています。合成洗剤は、河川の泡公害、琵琶湖など湖沼の富栄養化、肌荒れ健康被害など、多くの問題の焦点にされてきました。しかし、そのたびに、化学の力によって一つ一つ問題を解決し、製品内容を大きく変えてきました。

医薬品

昔は草根木皮を薬としていました。その中で、柳の皮に解熱作用があることが知られていました。一九世紀前半に、その主成分がサリチル酸であることがわかりました。しかし、これを柳の皮から得ていたのでは大変高価なものになります。しかも、副作用の強い物質でした。ドイツのバイエル社は、サリチル酸を化学合成するとともに、無水酢酸を反応させてアセチルサリチル酸を作りました。これによって、価格低下と副作用

用語解説

＊**高級脂肪酸**　化学用語で“高級”とは、「炭素のつながりが長い」という意味です。酢酸は炭素一つのメチル基にカルボン酸がついた低級脂肪酸です。動物脂肪に多いステアリン酸は炭素17のアルキル基にカルボン酸がついた代表的な高級脂肪酸です。

低下を同時に実現しました。これが現在も広く使われているアスピリンです。アスピリンは現在、多彩に展開している合成医薬品の始まりとなりました。

医療資材

病院に入るとすぐに臭いでわかる消毒用**クレゾール**、**消毒用アルコール**をはじめとして、医薬品以外にも多くの化学品が医療に使われています。最近は注射器、**輸液パック**、**カテーテル**はもちろん、**人工腎臓**や**人工心臓**、人工血管、人工関節などの**人工臓器**にまで、プラスチック製品の活用分野が広がっています。

人工腎臓は、現在ではポリエーテルスルホンと親水化剤ポリビニルピロリドンから成る**中空糸**透析膜が多く使われています。**透析膜**の微小な孔の制御によって、尿素、リン分のような小分子から、分子量一万程度の低分子量タンパク質までを除きます。その一方で、分子量七万程度のアルブミンや、一五万以上の免疫グロブリンのような有用タンパク質は残します。二〇一八年に世界の腎臓病患者は八億五千万人、そのうち透析患者は約二〇〇万人に、日本では三四万人になりました。

医薬品の薬効大分類別生産金額順位（2018年）

単位：%

順位	薬効大分類	構成割合	順位	薬効大分類	構成割合
1	その他の代謝性医薬品	12.4	11	感覚器官用薬	3.9
2	循環器官用薬	11.6	12	漢方製剤	2.6
3	中枢神経系用薬	11.4	13	ビタミン剤	2.5
4	腫瘍用薬	8.9	14	泌尿生殖器官及び肛門用薬	2.3
5	血液・体液用薬	6.8	15	ホルモン剤（抗ホルモン剤を含む。）	2.3
6	外皮用薬	5.6	16	アレルギー用薬	2.1
7	消化器官用薬	5.4	17	滋養強壮薬	2.0
8	生物学的製剤	5.2	18	抗生物質製剤	1.8
8	化学療法剤	4.0	19	呼吸器官用薬	1.6
10	体外診断用医薬品	3.9	20	放射性医薬品	0.7

注：高価格の新型抗癌薬出現により腫瘍用薬が近年大躍進
出典：厚生労働省薬事生産動態統計調査

ワンポイントコラム

【透析膜】 プラスチックをガスが透過する場合は、ガスがいったんプラスチックに溶けて逆側で再びガスになっていきます。一方、透析膜を尿素や低分子量のタンパク質が透過する場合は、膜にある微小な孔を通過して透過します。原理が違います。

5 建築と化学

建築にも多くの化学製品が使われています。塗料は昔から建築に使われてきました。プラスチックは、材木や鉄骨のような主要構造材にはまだなりませんが、床材、壁材、樋《とい》などの建築材料としてすでに大量に使われています。今後は、建築の断熱性能向上のために、化学製品の活用はますます進むでしょう。

塗料

ペンキは家屋や塀《へい》の保護に不可欠なものです。現代のビルや橋のような大型建造物にも塗装が必要です。しかし、塗り直しや清掃に多額の費用がかかるので、フッ素樹脂系の長寿命の塗料とか、**光触媒**を含んで雨水によって汚れを落とす塗料など、さまざまな高機能の塗料が開発され、高層ビルや大型橋梁の塗装に使われています。塗料の塗替え寿命は、通常の**アクリル樹脂塗料**で四～七年、アクリルシリコーン樹脂塗料で一〇～一五年に対して、フッ素樹脂系塗料では三〇～四〇年になるものも開発されています。

接着剤

接着剤というと、お店で売っている工作用、補修用の少量のチューブ入りを思い出すかもしれません。しかし、皆さんの気付かないところで接着剤は大量に使われています。合板や集成木材*を作るためです。合板や集成木材は、木材を有効に、しかも木材の欠点を修正して使いやすくしています。

プラスチック建材

塩化ビニル樹脂は、プラスチックの中では燃えにくく、しかも耐候性に優れているために、早くから建材に利用されてきました。パイプ、床材、壁紙、樋《とい》などで

用語解説

*集成木材　厚さ5cm以下の小幅板を繊維方向を平行にして積層し、接着剤で接合した木材をいいます。天然木材にない湾曲材や断面の大きな部材を作ることができます。

す。また、浴室のような大型建材には**FRP**が使われています。FRPは、ガラス繊維と**不飽和ポリエステル樹脂**から成る強度を高めたプラスチックです。

近年は、透明でしかも、耐候性、耐衝撃性、自己消火性に優れた**ポリカーボネート**が建築用途に注目されています。住宅用駐車エリアの屋根に使われているのをよく目にするでしょう。海外ではすでに防犯のために窓ガラスにも使われるようになっています。とくに学校のガラスなどは、ガラス破損による大事故防止の観点から使われています。しかし、日本ではまだ消防法の規制で普及していません。

断熱材

地球温暖化対策として、建物の断熱性能の向上が求められています。ウレタン断熱材は冷蔵庫の断熱材として大量に使われており、建物への活用も始まりました。窓は建物から失われる熱の最大の出口です。日本では熱伝導性の高いアルミサッシが普及しているので、冬には窓に大量の結露が生じます。断熱性能の優れた塩化ビニル樹脂製の**塩ビサッシ**の普及が望まれます。

建築土木関連化学製品の市場規模（2018年）

単位：億円

化学製品	出荷金額	備考
塗料	9,931	自動車、船舶、缶用なども含む
接着剤	3,912	工業用、家庭用も含む
プラスチック波板	148	主に屋根材
プラスチック硬質管	1,553	主に配水管、排水管、下水管
プラスチック継手	762	
プラスチック異形押出製品	1,878	樋、サッシなど
プラスチック床材	746	塩ビタイル、塩ビシートなど
FRP製板・管・容器・浴槽等	1,788	タンク、浴槽、トイレ、板など

注：塗料は、産業編塗料工業出荷額から品目編無溶剤塗料、電気絶縁塗料を除く
出典：経済産業省工業統計　産業編、品目編

ワンポイントコラム

【熱線反射フィルム】　ビルの窓ガラスに貼ってある熱線反射フィルムは、フィルムに金属を蒸着したり、スパッタリングして作ります。省エネルギーのための建築材料の一つといえるでしょう。

自動車と化学

6

自動車は一九世紀末に誕生し、二〇世紀初めに大量生産工業品となりました。その誕生以来、自動車と化学は密接に結びついてきました。今後は、電気自動車、燃料電池自動車の実用化・普及によって、化学は自動車のキーテクノロジーになっていくでしょう。

タイヤと塗装

ガソリンエンジン搭載の自動車は、一八八五年にドイツのダイムラーとベンツによって別々に発明されました。ほぼ同じ頃の一八八八年、アイルランドのダンロップが、息子の自転車用に**ゴムチューブ**入りゴムタイヤを発明し、これが間もなく自動車に不可欠な自動車用タイヤになりました。最近はS-SBRやホワイトカーボンを活用した低燃費タイヤが普及しています。

また、二〇世紀早々、アメリカで自動車の大量生産が始まるとともに、効率的で美しい塗装が求められるようになりました。このため、塗料用の有機溶剤が大量に必要になり、アメリカで石油化学工業が誕生するに至ったのです。アメリカのデュポン社は、創業間もないGM社の株を三割保有する大株主となり、GMにペンキを大量供給することによって、火薬会社から総合化学会社に変わっていきました。

自動車軽量化に貢献

一九七〇年代の二度にわたる石油危機は、世界の自動車産業を大きくゆるがしました。**燃費向上**が求められ、自動車の**軽量化**が追求されました。これに応えたのがプラスチックでした。大型の部品としては、まずバンパーが、続いてインパネが金属からプラスチックに変わりました。ドアノブなどの小型部品は、表面に金属メッキを施したプラスチックに変わったので利用者に

用語解説

* **ABS樹脂**　アクリロニトリル、ブタジエン、スチレンの3成分から成る耐衝撃性に優れた樹脂です。3成分の頭文字から命名されました。スチレン、アクリロニトリルの共重合物AS樹脂相とゴム相から成るポリマーアロイです。

は気付かれません。プラスチックの間でも、各種の**エンジニアリングプラスチック**同士や**ABS樹脂***との激しい競合がありました。その後、自動車産業側からのコストダウンと**リサイクル**要求の強まりによって、現在では**ポリプロピレン**が多く使われるようになっています。

また、自動車排気ガス中の大気汚染物質（炭化水素、窒素酸化物、一酸化炭素）を減らすため**三元触媒**（Pt、Rh、Pd）が広く使われています。

自動車の本丸へ

エンジンは高温になるので、プラスチックは進出できませんでした。しかし、資源・環境問題から**電気自動車**、**燃料電池**自動車への期待が高まるとともに、化学がいよいよ自動車産業の中核部分に関与する時代が近くなってきました。

電気自動車には軽量で小型、大容量の蓄電池が必要です。長らくガソリン自動車のバッテリーに使われてきている鉛蓄電池では、まったく不十分です。**リチウムイオン二次電池**のような新しい蓄電池の登場によって、電気自動車の実用化が急速に近づいてきました。

自動車に広く使われているポリプロピレン部材

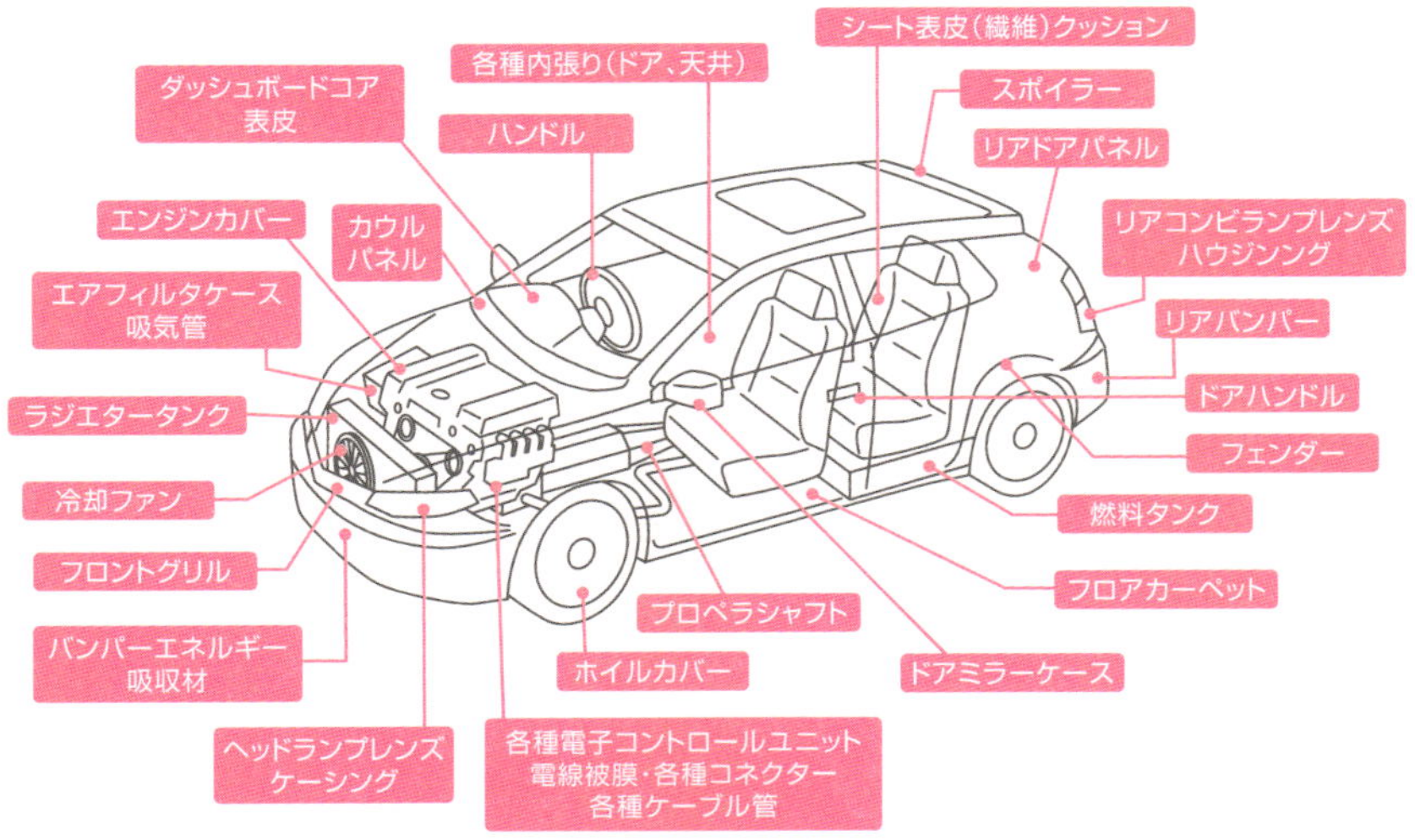

出典：日本プラスチック連盟ホームページ

ワンポイントコラム

【ポリプロピレン】　1938年に工業化されたポリエチレンは戦後、石油化学を代表する生産量第1位の合成樹脂でした。しかし近年日本では、1957年に工業化されたポリプロピレンの生産が伸び、ポリエチレンを追い上げています。

7 電気電子機器と化学

学校でボルタの電池*を習ったことを覚えているでしょうか。化学と電気は、切っても切れない関係にあります。最近は、電気電子機器の性能を発揮させる重要部分に化学の力が不可欠になっています。

絶縁材料として

ゴム、プラスチックは、一般に電気伝導性が悪い材料なので、昔から電線被覆や電球ソケットのような**電気絶縁材料**として使われてきました。現在でもプリント配線基板など多くの絶縁材料に利用されています。

ケーシング材料として

現在、身の回りの電気電子機器の**ケーシング**（外側の箱部分）は、大型の電気冷蔵庫を除くとほとんどがプラスチックです。主にポリプロピレン、ABS樹脂、ポリカーボネートなどが使われています。

機能材料として

パソコン、平面型テレビ、携帯電話画面に使われている**液晶**パネルは、化学製品のかたまりといえます。液晶材料はもちろん、偏光フィルム、**カラーフィルタ**、**導光板**など多くの機能をもった化学製品が使われています。電池も最近はリチウムイオン二次電池をはじめとして、ズバリ化学名がついた、さまざまな種類（一二五ページ参照）が出回っています。CD、DVDや**光ケーブル配線**などでも透明で加工しやすいという機能を生かしたプラスチック材料が活躍しています。

現代の産業のコメといわれる半導体集積回路は年々集積度が高まっています。**フォトレジスト**と呼ばれる光反応性プラスチックの開発がそのカギを握っています。半導体を保護する**半導体封止材料**としては、**エポキシ樹脂**などのプラスチックが使われます。

用語解説

***ボルタの電池**　亜鉛と銅を希硫酸液に浸し両者をつないでできる約1ボルトの電池です。この発明により初めて安定した直流電流が得られるようになり、金属ナトリウムをはじめとして多くの金属が単離され発見されました。亜鉛板、希硫酸をしみ込ませた布、銅板を何層にも直列させて電圧を上げました。

フォトリソグラフィーの原理

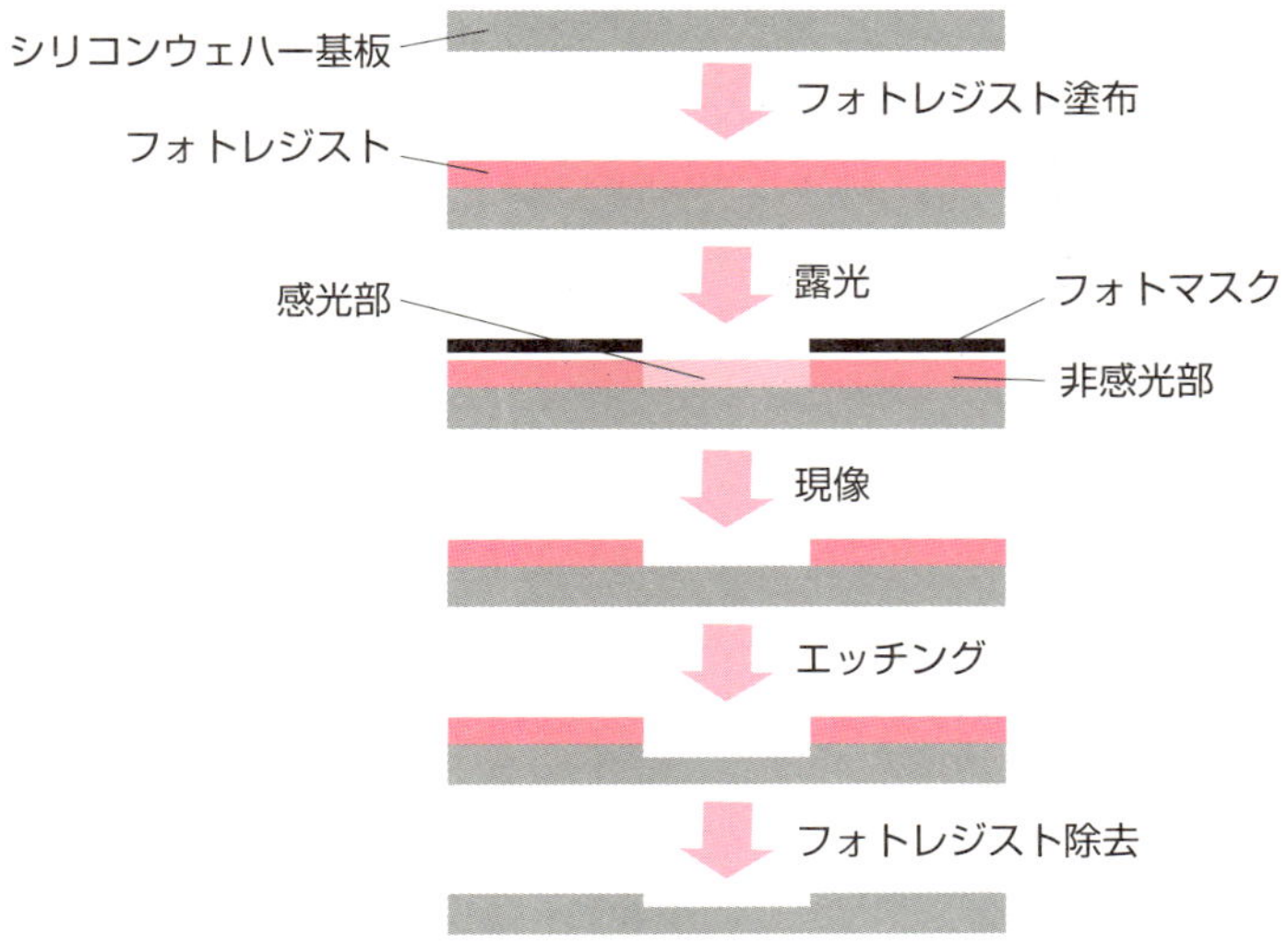

フォトリソグラフィー微細加工技術の応用分野

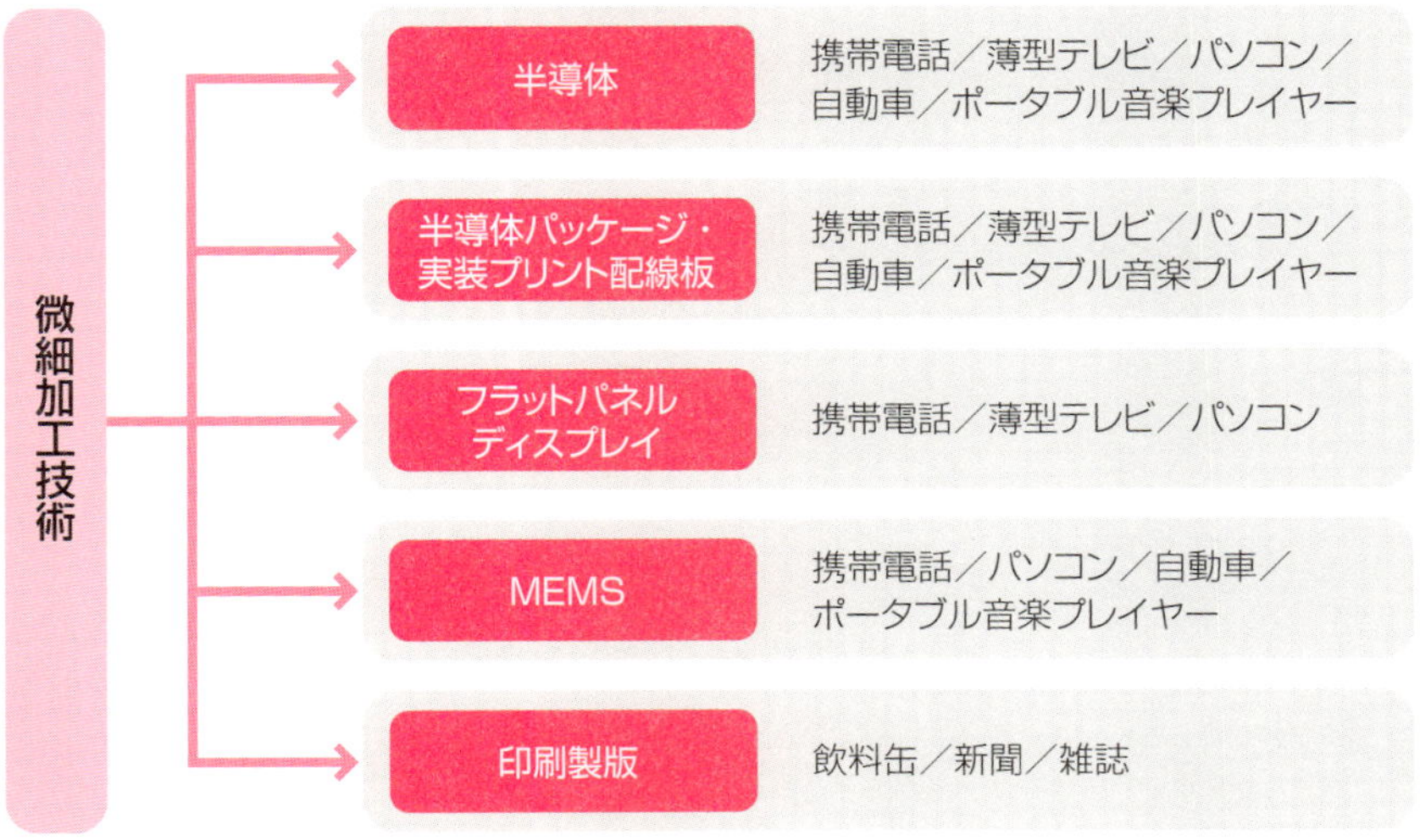

出典：東京応化工業ホームページから

ワンポイントコラム

【パナソニックの発祥】　2019年度売上高約7.5兆円のパナソニックは、1918年に松下幸之助が二又電球ソケットの製造を始めたことが発祥といわれます。まさに電気絶縁材料としての利用です。2008年10月に松下電器産業から社名を変更しました。

8 衣料と化学

衣服を作っている合成繊維、それをカラフルに彩る合成染料など、化学製品は天然素材と調和しながら衣料を支えています。また、毎日行っている洗濯に使われる合成洗剤や仕上げ剤も化学製品です。

合成染料

一九世紀末、ジーンズを青色に染めている天然の藍とまったく同じ物質**インディゴ**を石炭から合成する工場ができました。これは合成化学の力を世の中に示した最初の機会でした。その後、化学の理論の進展とともに、色合いはもちろん、各種繊維素材にしっかり染まる**合成染料**が開発されるようになりました。現代では、**DVD-R**に代表されるように、衣料用染料の範囲を超えた**機能性色素**として広く活用されています。

合成繊維

日本は江戸末期の開国以来、約百年間にわたって生《き》糸《いと》(絹)の大輸出国でした。このため、一九四〇年にアメリカデュポン社が合成繊維**ナイロン**を発表した時には、日本の輸出産業への打撃が心配されました。第二次大戦後、その心配は現実のものとなりましたが、日本も合成繊維**ビニロン***を開発し、また、ナイロン、**ポリエステル**、**アクリル**などの**合成繊維**の大生産国になりました。一九七〇年代から、合成繊維の生産は、韓国、台湾、ASEAN諸国へと移り、さらに現在では中国が世界の生産量の七割を占めるまでに至っています。

もし仮に、合成繊維をやめて綿花や羊毛のような天然繊維だけで現在の世界の繊維需要をまかなおうとすると、小麦や大豆の畑の相当部分を綿花畑や牧場に切り替えなければならなくなり、深刻な食糧不足が起こるといわれています。合成繊維はそれほど世界の衣料になくてはならないものとなっています。

用語解説

* **ビニロン**　桜田一郎教授を中心とする京都大学グループが1940年頃開発し、戦後現在のクラレやユニチカによって工業化された合成繊維です。石炭と水力発電を基礎原料とする国産合成繊維として期待されました。しかし、ポリエステルに負けて伸び悩み、1970年代早々から衣料用は縮小しましたが、産業用に使われています。

染料の染色法による分類

種類	特徴
直接染料	水溶性、中性またはアルカリ浴で木綿を直接染める
酸性染料	水溶性、酸性浴で絹、羊毛を直接染める
塩基性染料	水溶性、アルカリ浴で絹、羊毛、アクリルを直接染める
媒染染料	水溶性、重クロム酸カリなどの媒染剤を繊維に付着した後、染める
硫化染料	水に不溶、硫化ソーダ液に溶けて木綿を堅牢度高く染める
建染染料	ハイドロサルファイト還元で水溶性にして染めた後、空気酸化で発色
ナフトール染料	下漬け剤ナフトールを繊維に付け芳香族アミンでジアゾ化発色
反応性染料	繊維のOH基やアミン基と反応し共有結合して染める
分散染料	水に不溶、高温高圧下、分散懸濁状態で合成繊維を染める

繊維の種類

大分類		種類	化学成分
天然繊維		綿 羊毛 絹 麻	セルロース タンパク質 タンパク質 セルロース
化学繊維			
	再生繊維	レーヨン	セルロース
	半合成繊維	アセテート	酢酸セルロース
	合成繊維	ナイロン ポリエステル アクリル ビニロン ポリウレタン ポリ塩化ビニル ポリエチレン ポリプロピレン アラミド	ポリアミド ポリエチレンテレフタレート ポリアクリロニトリル ポリビニルアルコール 全芳香族ポリアミド
炭素繊維			炭素

ワンポイントコラム

【天然繊維と合成繊維の対応関係】　1970年代までは、ナイロンが絹、ポリエステルが綿と麻、アクリルが羊毛という対応関係を持って合成繊維全体として成長しました。しかし、1980年代に"新合繊"といわれた、さまざまな加工技術開発の時代の中で、ポリエステルの一人勝ちとなりました。

9

文化と化学

化学は文化とは無関係と思われるかもしれませんが、そんなことはありません。出版物の基盤ともいうべき紙の生産には化学の力が必要ですし、印刷インキは化学製品そのものです。写真や映像・音楽の記録メディアも化学製品です。文化財の保存、修復にも化学が役立っています。

紙と化学

紙は木材からパルプを経て作られます。**パルプ**の製造工程では、苛性ソーダ、塩素、**過酸化水素**などの化学薬品が大量に使われます。パルプから紙を作る際には、紙を強くしたり、印刷が裏に抜けたり、にじんだりすることを防ぐために、さまざまな**紙薬品**といわれる化学薬品が使われます。

紙は**リサイクル**の優等生です。リサイクル工程でも、**脱墨剤**をはじめとする紙薬品が使われます。

印刷インキ

印刷インキは、新聞、ポスター、出版物など紙への印刷ばかりでなく、プラスチックフィルムや容器、金属缶などへの印刷にも使われます。印刷インキは、色を出している**顔料***が主成分であることはもちろんですが、さまざまな素材に印刷したり、多様な印刷法に適合したりするように、**ビヒクル**（展色料）と呼ばれる**ワニス**成分が、隠れたもう一つの重要な主成分なのです。さらに、有機溶剤が使われますが、最近は環境問題への対応のため脱溶剤化へ向けて製品開発が進められています。

記録メディア

写真は、一九世紀前半に銀塩反応を使って開発されました。その後、二〇世紀初頭には、有機色素を使った

用語解説

***顔料**　昔は水に溶けて繊維を染めることができる物質が染料、水に溶けない色のある物質が顔料という程度の区別でした。しかし、水に不溶性でありながら合成繊維をよく染める分散染料や多彩な有機顔料が生まれて区別が難しくなり、色素材料と総称することもあります。

カラー写真も生まれました。また、写真・映画のフィルムには、当初は**ニトロセルロース**が、後に**酢酸セルロース**が使われ、最近はPET（ポリエチレンテレフタレート）も一部に使われるようになりました。

エジソンは、一八七七年に蓄音機を開発しました。円盤式レコードは一九世紀末に開発され、**エボナイト**、シェラックなどさまざまな材料が使われましたが、一九五〇年代にもっぱら**塩化ビニル樹脂**になりました。

一九四〇年代に実用化されたテープレコーダーの記録媒体は磁気テープです。テープ素材は、当初はアセテート樹脂（酢酸セルロース）、後にはもっぱらPETが使われています。

一九八〇年代に市場に現れ、たちまちにレコード盤に取って代わったコンパクトディスク（CD）は、**ポリカーボネート**の透明性が不可欠です。精密成形加工によって、デジタル記録メディアが大量に安価に作られています。パソコンを使って自分で書き込める**CD-R**、**DVD-R**には、強いレーザー光線によって反応する**機能性色素**材料が使われています。

さまざまな紙薬品

紙の製造工程	紙薬品	成分
パルプ化工程	苛性ソーダ、亜硫酸ソーダ	
漂白工程	塩素、過酸化水素	
抄紙工程	歩留まり向上剤	硫酸アルミ、デンプン、ポリアクリルアミド
	濾水性向上剤	ポリエチレンイミン、ポリアクリルアミド
	紙力向上剤（引張強度等）	カチオン化デンプン、ポリアクリルアミド
	サイズ剤（にじみ止め）	ロジン誘導体、AKD、ASA
	填料（白度向上、裏抜け防止）	白土、炭酸カルシウム
	染料・顔料	
古紙処理工程	脱墨剤（印刷インキ除去）	界面活性剤
	苛性ソーダ	

ワンポイントコラム

【合成紙】 ポリエチレンから作られる紙です。印刷できるし、風雨に耐えるので選挙用ポスターに愛用されます。2015年には石灰石を主体とし、ポリエチレンやポリプロピレンを加えた紙が工業化され、話題になっています。

column

日本化学業界の著名な企業家たち①

化学産業は、日々変身しつつ無限の広がりを持つ産業です。日本でも明治初期から次々と新しい化学工業分野が生まれてきました。それを生み出したのは、事業意欲と日本国民の生活向上のためにという使命感にあふれた多くの企業家たちです。

コラムでは3回にわたって戦前ばかりでなく、戦後も含めて著名な企業家を紹介します。

●二人の島津源蔵

ノーベル化学賞受賞者田中耕一さんが勤められる島津製作所は、1875年に仏具製造業を営んでいた初代島津源蔵が教育用理化学器械製造業に転進して始まりました。京都に設置された京都舎密局《せいみきょく》(工業技術の普及指導と理化学教育を行う施設)に足繁く通ったことが転進のきっかけといわれます。

1894年26歳で事業を継いだ2代目源蔵は、後に日本の十大発明家(1930年)に選ばれるほどの発明家であり、また企業家でもありました。後にGSバッテリーと自分の頭文字の商標をつける鉛蓄電池を1895年に開発し製造を開始しました。現在の㈱ジーエス・ユアサバッテリーの始まりです。

ドイツでレントゲンがX線を発見すると、第三高等学校(後の京都大学)の先生と発表された論文を勉強し、それだけを参考に10ヵ月後の1896年にはX線装置を製作し、日本での医療への応用普及を始めました。1912年には島津レントゲン技術講習所(現在の京都医療科学大学)を作り、レントゲン技師の養成も始めました。島津製作所は、分光光度計、電子顕微鏡、ガスクロマトグラフなど多くの理化学器械を日本で最初に国産化してきました。京都に行かれたら、木屋町2条の島津創業記念館に立ち寄ってください。近くに京都舎密局跡(現在は市立銅駝《どうだ》美術工芸学校)があります。

2 代目島津源蔵

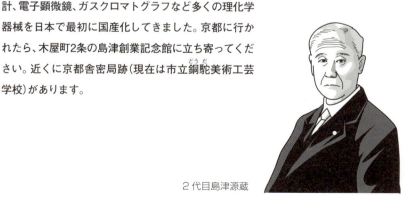

第3章

世界の化学産業の歩みと今

18世紀後半、イギリスで始まった鉛室法硫酸の生産が、近代化学産業の始まりといえます。これは科学ではなく、技術の成果でした。科学としての〝化学〟は、少し遅れて18世紀末フランスのラボアジェによって確立されました。19世紀にはイギリスで電気化学が、ドイツで有機化学、物理化学が大きく花開きました。

このような科学としての〝化学〟の成果を取り入れて、19世紀後半、ドイツの合成染料工業が大成功したことから、化学と化学産業は密接に結びつくようになりました。そこから20世紀のアンモニア工業、石油化学工業、合成繊維工業、医薬品工業が生まれてきました。20世紀末には、バイオテクノロジーや機能化学など、次世代の化学の芽が生まれました。21世紀の化学産業は、さらなる大きな変身が予感されます。

1 一八世紀後半―イギリス近代化学産業

産業革命の典型、イギリス綿織物工業の誕生・発展とともに、硫酸、ソーダ、さらし粉を主体とする近代化学産業がイギリスで始まりました。

産業革命

産業革命の技術というと、ジェームス・**ワットの蒸気機関**（一七六五年）が有名です。繊維産業では、蒸気機関で駆動される機械と工場制度が産業全体に普及し、それまでの生産形態をまったく変えて安価な製品の大量生産が始まりました。まさに産業革命と呼ぶにふさわしい変化でした。とくに綿糸、**綿織物工業**の革新・発展には目ざましいものがありました。

イギリス化学産業の始まり

大量生産されるようになった綿織物は、プリント加工（捺染《なっせん》）で美しく染色されました。その際、プリント前の織物を真っ白にするために、アルカリ処理（灰洗い）、日光漂白、酸処理（すっぱくした牛乳で洗う）を繰り返す必要があり、その作業には数ヶ月と広大な野原が必要でした。織物の漂白工程が繊維産業の大きな生産ネックとなりました。

硫黄と硝石を壷の中で焼き、水に吸収させて**硫酸**を小規模に作る方法は、数世紀前から経験的に知られていました。ローバックは、イギリスのバーミンガムで一七四六年に壷の代わりに鉛の室を使い、大規模な硫酸製造を開始しました。一方、塩素ガスは一七七四年スエーデンのシェーレが発見しましたが、一七八五年にフランスのベルトレは塩素に漂白作用があることを見出しました。これらの情報は綿織物工業が盛んになっていたイギリスにすぐに伝わり、実施されました。さらに一七九八年スコットランドの漂白業者テナントは

ワンポイントコラム

【ルブラン法】 食塩に硫酸を反応させて硫酸ソーダを作ります。この際、塩酸が副生します。硫酸ソーダをコークスと石灰石に混ぜて約1000度に加熱すると黒灰ができます。これを水で抽出してソーダ灰を得ます。しかし、硫化石灰を主成分とする残渣が残り、この処分がやっかいでした。

塩素を石灰に吸収させてさらし粉の製造を開始し、広くイギリスの漂白業者に販売しました。

代表的なアルカリである**ソーダ**も、フランスのルブランが食塩と硫酸から、塩酸とソーダを併産する製法を一七八七年に発明しました。しかし、一七八九年から始まったフランス革命の混乱もあって、**ルブラン法**＊の工場生産はもっぱらイギリスで行われました。こうして、一九世紀前半には、ソーダ、さらし粉、硫酸を使った綿織物漂白作業が、工場内で一週間で行われるようになりました。需要家である漂白業者の近隣に立地したため、繊維と同じくランカシャー地方（リバプールなど）にイギリス化学産業は集中するようになりました。近代化学産業の誕生です。

しかし、ルブラン法で副生する**塩酸**は大気放出されたり、水に吸収して河川に捨てられたりしました。このためイギリス政府は一八六三年に**アルカリ条例**を制定して規制しました。最初の公害規制法です。一八六六年に塩酸から塩素を製造する技術が開発され、硫酸、ソーダ、さらし粉という連続した生産体系が完成しました。

イギリス産業革命のエポックと化学産業

年	主要事項	化学産業
1712	ニューコメン機関、炭坑に設置	
1741	ワイアット＝ポールの綿紡績工場	
1746		ローバック、鉛室法硫酸製造
1765	ワット、蒸気機関	
1769	アークライト、ウォーターフレーム（紡績機）	
1770	ハーグリーブズ、ジェニー紡績機	
1780	クロンプトン、ミュール紡績機	
1783	ベル、キャリコ連続捺染機	
1785		（仏）ベルトレ　塩素漂白
1787		（仏）ルブラン　ソーダ製法
1787	カートライト、力織機	
1798		テナント　さらし粉製造
1823	ロバーツ、力織機	

出典：産業革命の技術（内田星美ら、有斐閣1981）

ワンポイントコラム

【ルブラン法の公害対策技術】　やっかいものの黒灰抽出残渣は、1887年に処理技術が完成しました。残渣スラリーに炭酸ガスを通じ、発生する硫化水素ガスを回収します。残渣は無害の炭酸カルシウムになります。硫化水素からは、ルブラン法の原料である硫酸を作ることができます。

2 一九世紀後半ードイツ染料工業の発展

一八世紀末にラボアジェによって確立した科学としての〝化学〟は、一九世紀にイギリスで合成染料工業を生み、さらにドイツでの大発展によって天然染料産業を駆逐し、合成医薬品工業も生み出しました。

錬金術を脱却した化学の発展

一八世紀末に**ラボアジェ**によって確立した科学としての〝化学〟は、一九世紀に入ると、イギリス、スエーデン、フランス、ドイツなどで大きく発展しました。とくにドイツでは、**リービッヒ**、**ヴェーラー**、**ケクレ**などにより有機化学が拓かれ、多くの化学者を輩出しました。

パーキンによる合成染料工業の開始

一八四〇年代にドイツからイギリス王立化学院院長に招かれたホフマンは、リービッヒの弟子で著名な有機化学者でした。ホフマンの助手に採用されたイギリス人**パーキン**は、マラリアの特効薬キニーネの合成を目指してコールタールから得られるアニリンを原料に実験を進めていると、一八五六年に紫色の物質が得られました。パーキンは染料ができたと考え、学校をやめ、父親とともに財産をつぎ込んで合成染料工場を建設しました。この染料は**モーブ**と名づけられ、新事業として成功しました。こうして硫酸、ソーダに続いて合成染料工場もイギリスで誕生しました。

科学と技術の結びつき

しかし、ホフマンがドイツに帰ると、合成染料の研究もドイツに移っていきました。ドイツでは天然染料の化学構造の研究、それを人工的に合成する研究、さらに工業的に製造する研究、天然にない染料を発明する研究が行われました。まさに科学と技術の結びつきです。その最初の成果が一八六八年**アリザリン**の合成・工

用語解説

＊**ドイツ染料会社**　1862年ヘキスト、1863年バイエル、カレ、1865年BASF、1867年アグファ、1870年カッセラ、1877年ヴァイラー・テル・メールなど。

業化でした。さらに、日本を含めた世界の天然染料産業に大きな打撃を与えたのが、一八九七年の**インディゴ**の工業的製造でした。ドイツでは、多くの染料会社が生まれ、大学のみならず、企業内でも研究が行われるようになりました。大学で科学者が研究するか、または発明家が個人的に研究を行っていた時代に、早くも企業での組織立った研究開発が始まったのです。

　こうして、ドイツ染料工業は、世界の染料市場を完全に押さえるまでに至りました。合成染料で磨かれた有機合成化学は、一九世紀には各種**解熱鎮痛薬**、**睡眠薬**を生み出しました。二〇世紀に梅毒治療薬**サルバルサン**や、肺炎などの抗菌薬**サルファ剤**、合成**抗生物質**、合成**ビタミン剤**などの多彩な合成医薬品の開発にまで発展して行きました。

　第一次大戦によって染料工業の独占的地位が崩れたので、危機感を強めたドイツ染料会社*は、一九二五年に大合同して、**IG**《イーゲー》**ファルベンインドゥストリー**を設立しました。これに対抗してイギリスでは、アルカリ、染料、火薬会社が大合同し、一九二六年に**ICI**《アイシーアイ》が設立されました。巨大化学会社の時代の始まりです。

染料・医薬品のエポック

年	国	主要事項	備考
1856	イギリス	紫色の染料モーブの発見	最初の合成染料
1868	ドイツ	アリザリン合成	アカネからの天然染料
1869	ドイツ	抱水クロラールの催眠作用発見	最初の睡眠薬
1897	ドイツ	アセチルサリチル酸（アスピリン）合成	消炎解熱鎮痛薬
1897	ドイツ	インディゴの工業的製造法	藍からの天然染料
1910	ドイツ	サルバルサンの合成	最初の化学療法薬
1928	イギリス	ペニシリンの発見	最初の抗生物質
1939	ドイツ	最初のサルファ剤開発	最初の抗菌薬

ワンポイントコラム

【初期の合成医薬品の製造販売会社】 バイエルのアスピリンの他、カレの解熱剤アンチフェブリン（アセトアニリド）、バイエルの解熱鎮痛剤フェナセチン、ヘキストのサルバルサンなどが有名です。

3 二〇世紀前半ードイツアンモニア工業

一九一三年ドイツのＢＡＳＦ社オッパウ工場で、世界最初のアンモニア設備が完成しました。これは物理化学、触媒化学などの基礎的な化学の研究と、高温高圧でしかも水素の侵食に耐えうる材料、装置を開発する工学が見事に組み合った成果でした。

食糧危機のおそれ

一九世紀までは、化合物の形での窒素は、**硝石**から得るか、石炭乾留の際に生成するガス液から得る**アンモニア**しかありませんでした。しかし、これでは人口増加と農業近代化に伴う窒素肥料増大による窒素需要の増加にまったく追いつけるものではありませんでした。一方、マメ科植物と共生する**根粒バクテリア**は、空気の中の窒素ガスを、化合物としての窒素に固定しています。ところが窒素ガスは反応性に乏しく、酸化や水素化による固定が人類にはなかなかできませんでした。窒素肥料不足による食糧危機が懸念されていました。

空中窒素の固定

一九〇五年、ノルウェーのビルケランは、電孤(アーク)法空中窒素固定装置を完成し、大規模に硝酸カルシウム(ノルウェー硝石)の生産を始めました。一方、一八九二年、フランスの**モアッサン**は電気炉で石灰と炭素から炭化カルシウム(**カーバイド**)を作り、さらに一八九八年、ドイツのフランクとカローが加熱したカーバイドに窒素を通じて、カルシウムシアナミド(**石灰窒素**)ができることを見出しました。アーク法も、カーバイド法も、空中窒素の固定ではありましたが、多額の電力費がかかりました。

用語解説

＊**水素脆性**　純粋な鉄は比較的軟らかい金属です。炭素が0.1%～1.5%加わると鋼となって硬く強い材料になります。燃料電池用に水素が注目される時代になってきましたが、水素脆性の問題は水素を扱う場合、常に注意しなければなりません。

アンモニア合成法

窒素と**水素**からアンモニアを直接合成しようとする研究は、一九世紀半ばから始まりました。化学平衡、反応速度のような物理化学の研究、固体触媒の研究などから二五〇気圧、五〇〇度で合成できることはわかりました。しかし過酷な条件に耐える装置はそれまでに存在しなかったので、BASF社は装置材料の開発から連続生産プロセスの開発まで行いました。とくに高温高圧下で水素が鋼鉄中の炭素と反応することによって起る水素脆性*の問題解決は、工学上画期的な成果でした。また、固体触媒を使った連続プロセスは、石油化学、石油精製技術への道を拓いた重要な技術開発でした。このような成果の上に、一九一三年に**ハーバー・ボッシュ法**による工業生産が始まりました。

アンモニアは酸化して**硝酸**に、さらに火薬になることから、合成技術の完成がドイツ皇帝に第一次世界大戦への決断をさせたともいわれます。この真偽は定かではありませんが、ドイツの敗戦後アンモニア合成技術は戦勝国に流出しました。

高圧化学工業の進展

製品	年	国	会社・発明者
空気の液化（液体酸素、液体窒素）	1895	ドイツ	リンデ
アンモニア	1913	ドイツ	BASF ハーバー、ボッシュ
石炭液化（水素添加）	1913	ドイツ	ベルギウス
尿素	1924	ドイツ	BASF
メタノール	1925	ドイツ	BASF
高級アルコール	1928	ドイツ	ベーメ
高圧法ポリエチレン	1938	イギリス	ICI

ワンポイントコラム

【ハーバーへの評価】　ハーバーはアンモニア合成で1918年に、ノーベル化学賞を受けました。しかし彼は、第1次世界大戦で本格的に使われた毒ガス戦を推進した化学者でした。その一方でナチスによるユダヤ系研究者追放に対しては、カイザー・ウィルヘルム研究所を辞職してまでも反対し、スイスで客死しました。

4 二〇世紀半ばーアメリカ石油化学工業

二〇世紀は石油の世紀でした。それをもたらしたのが、アメリカでの石油産業と自動車・航空機産業の大発展でした。石油化学工業は、そこから生まれた申し子といえるでしょう。

石炭、電力からの化学産業

一九世紀後半ドイツ染料工業、医薬品工業以後、二〇世紀のアンモニア工業も、また**酢酸**製造などで始まった有機化学工業も、石炭か電力を原料とした化学産業でした。たとえばアンモニアの原料の水素は、水の電気分解か、石炭の**乾留ガス**か、**コークス**（石炭の乾留物）と水蒸気による**水性ガス**反応で得ていました。

アメリカ石油精製業

一八五九年、ドレイクがアメリカ・ペンシルバニア州で、世界初の石油機械掘りに成功しました。一九世紀の石油需要はもっぱら照明用の**灯油**でした。しかし二〇世紀に入ると、自動車用**ガソリン**需要が急速に伸び、石油精製業は原油を単純に蒸留分離するだけでは済まなくなりました。**高オクタン価**のガソリンをできるだけ多く得るために、**軽油**や**重油**を**熱分解**したり、**触媒分解**したりすることが必要になったのです。

石油化学工業の始まり

ガソリンを多く得ようと石油を分解すると、ガソリンよりさらに分解が進んでガスになってしまう分も増加します。一九二〇年、スタンダードオイル社は、この廃ガス（プロピレンを含有）と水を反応させてイソプロピルアルコール*の生産を始めました。これが石油化学工業の始まりです。イソプロピルアルコールは酸化されて、自動車用塗料の溶剤アセトンになりました。それまでアセトンは木材乾留工業から得ていたのです。

用語解説

***イソプロピルアルコール**　お酒の成分エチルアルコールより炭素が1つ多いアルコールです。アルコールの水酸基が炭素3つの端についているとノルマルプロピルアルコール、真ん中の炭素についているとイソプロピルアルコールになります。

しかし、アメリカ石油化学工業が大きく発展するのは、一九四〇年代に入ってからでした。

石油化学の技術と製品

石油の分解、改質を含む石油精製プロセス技術は、アメリカで〝**化学工学**〟として体系化され、石油化学技術の大きな柱になりました。また、ドイツでアンモニア、メタノール、尿素の生産、**石炭液化**などで培われた高圧ガス技術、**触媒化学**も、石油化学技術の大きな柱です。さらに、第二次大戦後に発展した高分子化学技術も、石油化学技術体系に加わりました。石油化学工業は、このような技術体系の整備とともに大発展を始めました。

石油化学製品は、単に石油を原料とする化学製品という意味しかありません。石炭からでも、天然ガスからでも作ることは可能です。しかし、石炭を原料とするならば、**アセチレン**か、**一酸化炭素**から出発する製品体系ができるのに対して、石油を原料とすると、エチレン、プロピレンから出発する製品体系になり、ポリエチレン、ポリプロピレンが中核的な製品となります。

現代の代表的石油化学製品の流れ

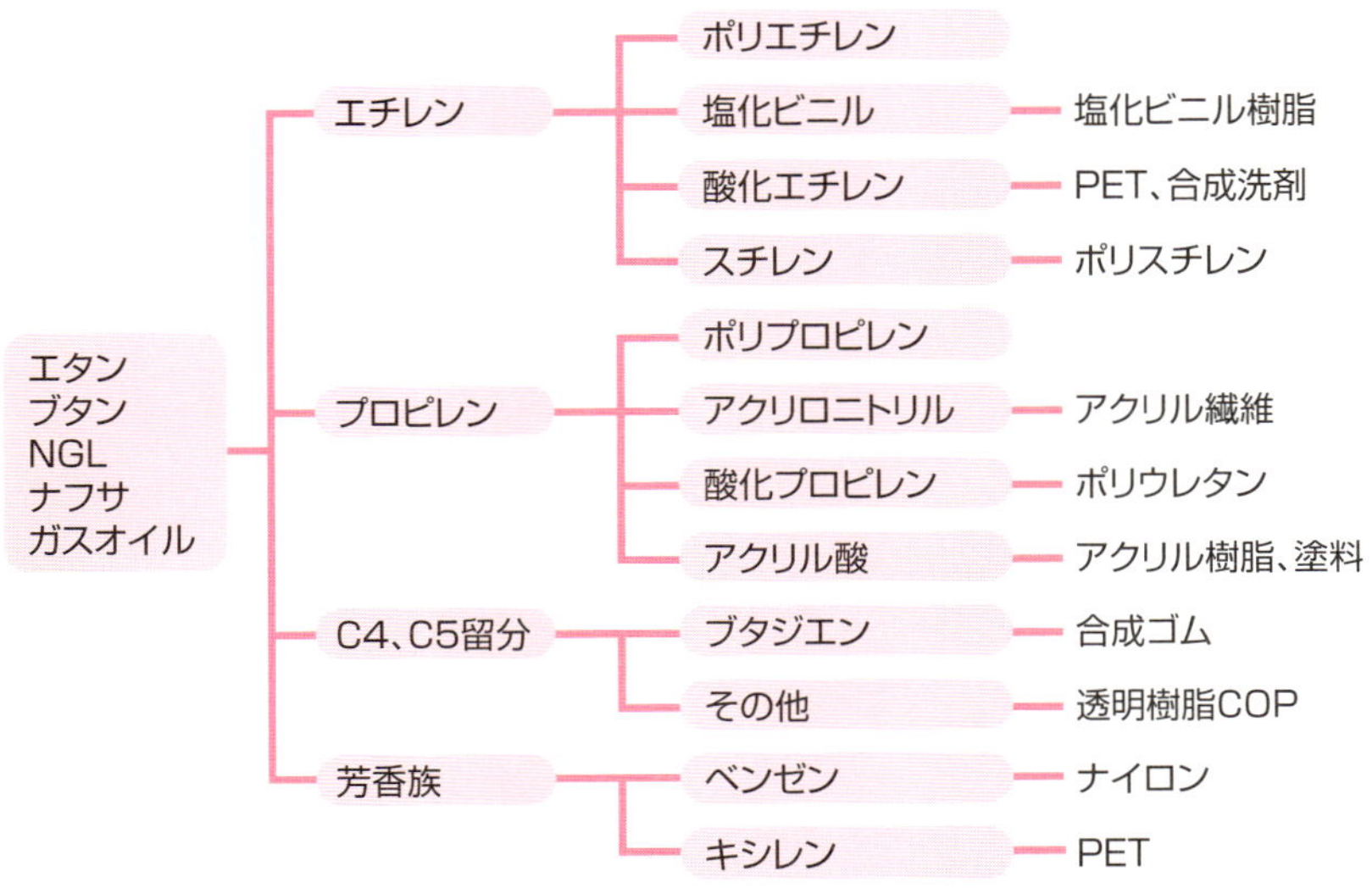

ワンポイントコラム

【アセチレン化学】 触媒を使ってアセチレンからアセトアルデヒド、塩化ビニル、酢酸ビニル、ブタジエンなどさまざまな有機化合物を合成する反応はドイツのレッペが体系化しました。日本でも1930～50年代に工業化されました。

5 二〇世紀半ば―アメリカ合成繊維工業

アメリカのデュポン社による合成繊維ナイロンの大成功は、さまざまな合成繊維、合成ゴム、合成樹脂（プラスチック）の発明をもたらし、高分子材料革命として第二次大戦後、化学産業の市場拡大と産業構造の変化を引き起こしました。

合成繊維ナイロンの発明

一九四〇年**デュポン**社は、**ナイロン**を「水と空気と石炭より作られ、鋼のように強く、クモの糸のように繊細な」というキャッチフレーズをかかげて発表しました。最初にねらいとした市場は、絹の婦人用ストッキングスであり、販売開始とともに供給が需要に追いつかないほどの大成功を収めました。

中央研究所の時代

ナイロンの発明者**カロザース**は、一九二〇年代半ばに**ハーバード大学**からデュポン社の研究所有機合成化学部門のリーダーに迎えられました。カロザースには研究テーマ選択の自由が与えられ、大学在籍中から興味を持っていた**縮合反応**の基礎反応を選びました。この研究から偶然に合成繊維を見出し、一九三五年ナイロンを発明したのです。企業の中で行う基礎的な研究から大きな新事業が生まれたことは、欧米企業に大変な衝撃を与えました。ドイツ染料会社が始めた企業内研究という経営法を、さらにもう一歩進めた新しい経営法の開発でした。第二次大戦後、さまざまな業種の大企業が**中央研究所**を設置するブームを起こすきっかけになりました。

高分子材料革命

ナイロンはさらに大きな衝撃を世の中に与えまし

用語解説

＊**エボナイト**　ゴムは硫黄を加えて加熱反応させるとはじめてゴム弾性が得られます。しかし、大量の硫黄を加え圧力をかけて加熱すると、真っ黒で弾性のない材料になります。これがエボナイトです。黒檀《こくたん》（エボニー）から命名されました。

た。合成高分子による**材料革命**です。人類はセルロース、タンパク質、天然ゴムなどの高分子をそれまでも使ってきました。**セルロイド**、エボナイト*、**レーヨン**など天然高分子を化学修飾して、加工性をよくした高分子も使っていました。さらに、**フェノール樹脂（ベークライト）**のような合成高分子も、すでに開発して使っていたのです。しかし、ナイロンの開発の意義は、高分子の存在自体をはっきりと認識し、それを分子設計*して合成し、材料として利用することになったことです。

合成高分子からなる合成繊維、合成ゴム、合成樹脂がナイロンに続いて続々と作られ、第二次大戦後、天然繊維、天然ゴム、紙、木材、金属などそれまで使われていた材料に取って代わっていきました。

高分子材料の普及による市場拡大によって、化学産業もそれまでの酸アルカリ、化学肥料、火薬、合成染料を中心とした産業から、高分子材料とその原料となる有機化学品を中心とした産業に変っていきました。石油化学工業は、このような変化をすっかり取り込んで第二次大戦後、日米欧各国で大きく発展しました。

代表的な高分子材料の工業化年

高分子	世界初の工業化年	国	日本での工業化年
セルロイド	1870	アメリカ	1908
フェノール樹脂	1909	アメリカ	1914
メタクリル樹脂	1930	米、独	1938
ポリスチレン	1930	ドイツ	1941
塩化ビニル樹脂	1931	ドイツ	1941
ポリエチレン	1938	イギリス	1958
ポリアミド（ナイロン）	1941	アメリカ	1943
シリコーン	1942～43	アメリカ	1952
ポリプロピレン	1957	伊、独、米	1962
ポリカーボネート	1958	ドイツ	1961

用語解説

＊**分子設計**　期待する性能が得られるように、エステル結合をアミド結合に変えてみたり、メチレン鎖をフェニレンにしてみたりして、机上で分子構造を改変してみること。コンピュータケミストリが発展した現代では、実験前の検討にも、実験・測定後の解析にも必ず行います。

6 二〇世紀末―新しい化学の萌芽

一九五〇―六〇年代に日米欧で大発展した石油化学工業は、一九七〇年代には日米欧での市場の高成長も終わり、技術も成熟化しました。これに代わって、一九八〇年代に新しい化学の芽として、バイオテクノロジーと機能化学が生まれています。

石油化学技術の成熟

石油化学・高分子化学工業は、一九五〇―六〇年代に、日米欧化学産業に大発展をもたらしました。しかし、一九七〇年代になると、石油化学製品も身の回りに行き届き、需要の飽和によって高成長は終了しました。また、石油化学技術によって、次々と生まれた新製品による新市場の開拓、大幅コストダウンをもたらした新プロセスの開発、**原料転換**による**イノベーション**もペースダウンし、技術の成熟化が現れてきました。

新しい化学の芽

一九八〇年代には、次世代の化学産業を作ることが期待される新しい化学の芽が明確になってきました。**バイオテクノロジー**と**機能化学***です。

一九五〇年代に生物の遺伝情報であるDNA、RNAの構造と機能を化学の言葉で解明することが進みました。一九八〇年代には遺伝情報を化学的に操作する技術が生まれました。バイオテクノロジーです。バイオテクノロジーによる新産業の創造は、まずアメリカで大成功を収めました。一つは遺伝子組み換え微生物を使った医薬品工業です。糖尿病の治療に使われる**インシュリン**は、タンパク質系ホルモン剤です。従来は家畜から抽出したウシインシュリン、ブタインシュリンが使われていました。遺伝子組み換え技術によって、大腸菌にヒトインシュリンを作らせることが可能にな

用語解説

＊**機能化学**　農薬、医薬品、香料、染料のように複雑な分子構造の物質を扱う化学を“精密化学”（**ファインケミカル**）と呼んできました。機能化学は、物質や材料の機能を追求する化学のことなので、精密化学とはまったく別の切り口です。パフォーマンスケミカルとか、**スペシャリティケミカル**と呼ばれます。

り、一九八二年に商品化されました。さらに**ヒト成長ホルモン**、**インターフェロン**、B型肝炎ワクチンなどの**バイオ医薬品***が一九八〇年代に続々と工業化されました。二〇〇〇年代には**分子標的薬**と呼ばれる**抗体医薬品**が続々と工業化され、難病のリウマチ、特定の癌治療に使われています。

もう一つは**遺伝子組み換え作物**による種子産業です。これは、除草剤などの農薬工業と結びついて**アグリビジネス**となっています。強力な除草剤をも分解する酵素を作る遺伝子を見出し、これを組み込んだ大豆やトウモロコシが代表的な遺伝子組み換え作物です。

機能化学は、培ってきた化学技術を使って、求められる機能を発揮する材料・部品を作り上げようとする化学です。それまでの高分子材料も、強度とか弾性などの構造材料としての機能は、当然のことながら持っていました。機能化学が目指す機能は、今までにないものです。たとえば、偏光フィルタの機能とか、特定の波長の光で反応するような機能です。機能化学から**電子情報材料**市場が生まれました。この分野は、世界の中でも日本の化学会社の活躍が目立っています。

1980年代新化学運動の歴史観

	新しい化学技術	生まれてきた化学産業
18世紀後半	酸アルカリ化学	ガラス工業、石けん工業
19世紀前半	ハロゲン化学	写真感光材料工業
19世紀後半	有機化学	染料工業、合成医薬品工業
20世紀前半	電気化学	電解ソーダ工業、化学繊維工業
	高圧化学	化学肥料工業
	触媒化学	有機薬品工業
	発酵化学	化学調味料工業、抗生物質工業
20世紀後半	高分子化学	合成樹脂・合成ゴム・合成繊維工業
	化学工学	石油化学工業
21世紀前半	分子原子レベル制御	新素材工業、電子情報材料工業
	バイオテクノロジー	バイオ製品工業、再生医療工業

用語解説

***バイオ医薬品** 化学合成によってつくられる低分子医薬品に対して、細胞、ウイルスなどの生物によってつくられる物質やタンパク質や核酸に由来する医薬品をバイオ医薬品と呼びます。

7

二一世紀初頭ー再編成の嵐

一九九〇年代から経済のグローバル化が進む中で、新興国、産油国で石油化学工業が起りました。バイオテクノロジーと機能化学が次世代の化学産業を拓くと思われますが、まだ確固たる産業の姿が見えません。このような事業環境の大きな変化の中で、世界の化学産業は再編成の嵐に突入しています。

新興国での高分子材料革命

一九四〇年代にアメリカで始まり、一九六〇年代日欧で起った**高分子材料革命**は、一九七〇年代にはNIES、八〇年代にはASEANに波及し、さらに九〇年代には中国、二〇〇〇年代にはインドへと広まっていきました。しかも石油化学技術が成熟し、**プラントエンジニアリングメーカー**に発注すれば、石油化学プラントの建設、試運転、運転指導も行ってもらえるようになったので、国内・地域内需要が一定規模に達すると、発展途上国でも**輸入代替**を目指して石油化学の工業化を行うようになりました。現在は、中国で石油化学の投資ラッシュが起きています。

産油国石油化学工業の誕生

中東産油国では、**石油依存型経済**からの脱却を目指して工業振興政策を進めています。中東の原油は、メタン、エタン、プロパンなどの炭化水素ガスを多量に含みます。これらのガスは、かつては輸送方法も活用方法もなかったので、巨大な**フレアスタック***で燃やしていました。一九八〇年代になると、石油危機で得た豊富な資金と石油化学技術の移転容易化という好条件が揃ったので、産油国政府は豊富な廃ガスを原料とした大規模な石油化学工業を起しました。産油国の人口は少なく、国内石油化学製品需要が小さいため、原料安によるコスト競争力の強さを生かした輸出専業の石

用語解説

***フレアスタック**　石油精製工場や石油化学工場では、炎が出ている煙突が夜見えることがあります。これがフレアスタックです。たとえば、ガソリンを入れたタンクが空《から》になっても、タンク内にはガソリン蒸気が残っており危険です。これを窒素ガスで置換し、押出したガスをフレアスタックで安全に燃やします。

油化学工業として、急速に成長しています。**ポリエチレン**、**エチレングリコール**、**スチレン**モノマー、**二塩化エチレン**のようにエチレンに近い基礎石油化学製品が、アジア、中国市場に大量に輸出されています。

先進国化学産業の再編成

先進国では化学産業の高成長の終わりに加え、一九九〇年代以後の経済のグローバル化の中で、新興国、産油国に続々と競合企業が生まれてきました。そのため、余剰設備の廃棄、事業の売却、企業買収などの再編成の嵐が起きました。再編成の嵐は、一九八〇年代にアメリカで起き、次いで九〇年代後半から欧州で吹き荒れました。日本では基礎化学品、医薬品などの分野で少しだけ再編成が起きました。

再編成の一方で、先進国の化学会社は、バイオテクノロジーや機能化学に事業を大きくシフトしたり、化学産業が発展しつつある地域への投資を進めたりして、企業成長を図っています。その一方で二〇一〇年代にアメリカでシェールガス革命（一五四ページコラム）が起き、石油化学投資ラッシュが始まっています。

1990年代からの欧州化学工業の再編成の嵐の一端

年	国	会社	再編成内容
1993	イギリス	ICI	医農薬分離（ゼネカ、99年合併アストラゼネカ）
1994	オランダ	アクゾ	ｽｴｰﾃﾞﾝのﾉｰﾍﾞﾙと合併（ｱｸｿﾞﾉｰﾍﾞﾙ）
1995	イタリア	ハイモント	シェルのPE,PPと統合（ﾓﾝﾃﾙ）
1997	スイス	サンド	ﾁﾊﾞｶﾞｲｷﾞｰと合併（医薬品会社ﾉﾊﾞﾙﾃｨｽ）
1998	イギリス	イネオス	設立、ICI,BP,BASFなどの事業買収で成長
1999	フランス	ローヌプーラン	ﾄﾞｲﾂのヘキストと合併（医薬品会社ｱﾍﾞﾝﾃｨｽ）
2000	オランダ	シェル	BASFと石化会社バセル設立（ﾓﾝﾃﾙ吸収）
2000	スイス	ノバルティス	ｱｽﾄﾗｾﾞﾈｶとｱｸﾞﾘﾋﾞｼﾞﾈｽを合併（ｼﾝｼﾞｪﾝﾀ）
2002	オランダ	DSM	ｻｳｼﾞｱﾗﾋﾞｱSABICに石化事業売却
2004	ドイツ	バイエル	化学事業分離（ランクサス、15年コベストロ）
2007	イギリス	ICI	ｱｸｿﾞﾉｰﾍﾞﾙに塗料部門売却で完全に消滅
2009	スイス	ロシュ	米国医薬品会社ジェネンテックを完全買収
2017	中国	中国化工	アグリビジネス会社シンジェンタを買収
2018	ドイツ	バイエル	米国アグリビジネス会社モンサントを買収
2018	ドイツ	リンデ	米国産業ガス会社プラクスエアを買収
2019	日本	武田薬品工業	アイルランド医薬品会社シャイアーを買収

ワンポイントコラム

【覚えきれない会社名】　欧米の激しい再編成の嵐の中で、次々と新しい会社が生まれ、また消えています。本当に覚えきれないほどです。

column

アンモニア合成法——100年ぶりに大きく変わるか？

3-3で紹介したようにハーバー・ボッシュ法が1913年に開発され、世界人類の食糧危機の懸念は払拭されました。それに続いて触媒、反応条件、反応プロセスなどを少し変えた様々な製法が開発されました。いずれの製法も圧力150～900気圧、温度300～700℃という過酷な条件で、しかも反応器出口のアンモニア濃度が10～20%と低いために未反応ガスを分離精製して循環させなければなりません。この工業はエネルギー多消費産業で、しかも大規模生産でなければ成立できないことが大きな欠点です。

一方、アンモニアには従来の化学肥料、硝酸、火薬、窒素を含む有機薬品などに加えて新たな大きな用途が期待されています。それは天然ガスや水素の輸送手段と燃料です。

石油に代わって天然ガスに1次エネルギーの主役としての期待が高まっています。しかし天然ガスの主成分メタンを大量に海上輸送するには、液化天然ガスLNGにする必要があります。水素はもちろん、メタンも非常に液化しにくいガスなので、LNGを製造する際に多量のエネルギーが必要になります。さらにLNGの製造、貯蔵、輸送に多額の設備費が必要です。世界には貯蔵量がそれほど大きくなく、しかもパイプラインを敷くには費用が掛かりすぎる小規模な天然ガス産地が多数存在します。LNGに頼る技術では大規模な天然ガス産地しか利用できず、小規模な遠隔産地はまったく利用できないできました。低温低圧で反応効率の高いアンモニア合成の新技術が望まれてきました。

ところが最近、日本で立て続けに注目される研究が発表されています。一つは早稲田大学ー日本触媒による研究です。半導体触媒に数ワットの電圧をかけ、9気圧、200℃の条件下で世界最高レベルのアンモニア合成速度を実現できたという内容です。

もう一つは東京工業大学の細野秀雄教授らの研究です。セメントの構成成分に電子を閉じ込めたC12A7エレクトライドを触媒にして常圧、350℃でアンモニアを合成できるという内容です。実用化を目指して2017年に味の素と新会社を設立しました。

3つ目は物質・材料研究機構が2017年9月に発表した液体ナトリウムに窒素、水素の混合ガスを通すだけでアンモニアの合成可能という内容です。さらに4つ目は2019年4月に東京大学工学部西林仁昭教授らが発表した窒素ガスと水からモリブデン触媒、ヨウ化サマリウム溶媒を使って常温常圧で合成というものです。

第4章

日本の化学産業の歩みと今

日本の化学産業は、イギリスに約100年遅れて、明治初期に始まりました。それからほぼ半世紀経った1930年代に、レーヨンとセルロイドの生産が一時的ではありますが、世界一位を記録するまでに至りました。しかし、第二次大戦でいったんすべてが失われ、戦後は化学肥料、レーヨンの復興を経て、技術導入により新しい化学工業分野が次々と生まれました。高分子材料革命により、日本でも化学製品は身の回りから切り離すことができないものとなりました。そして21世紀に入って、日本の化学産業は機能化学を軸に次の変身を始めています。

1 一八七〇年代―官営工場と官営学校

明治早々、日本では化学品の需要はほとんどありませんでした。その中で、大蔵省造幣局や印刷局は、硫酸、ソーダなどを必要としたので、一八七〇年代に官営工場として化学産業を始めました。一方、政府は明治早々から化学や化学産業の人材育成には大変に熱心で、外国人教師を招いて化学教育が始まりました。

日本の近代化学産業の始まり

日本が江戸末期に開国した頃は、イギリスで近代化学産業が始まって約百年経ち、ドイツ染料工業が誕生する直前でした。明治政府は一八七一年大阪の**造幣局**＊にイギリス人の指導監督の下で鉛室法硫酸工場を建設しました。これが日本の近代化学産業の始まりです。

造幣局では、貨幣を作るのに使われる金銀地金の分析、精製に硫酸が必要で、高価なガラスビン入りの硫酸をドイツから輸入していました。これを自家生産に切り替えたのです。しかし、造幣局内需要だけでは生産過剰になったので、硫酸は中国などに輸出されました。一方、ソーダは一八八〇年東京の**印刷局**に**ルブラン法**工場が建設されました。印刷局で使用する製紙用パルプの製造原料であるソーダの自給化を図ったのです。印刷局では一八七七年から、顔料、ワニス、印刷インキの製造も始め、逐次拡大していきました。硫酸を大量に使うのでルブラン法ソーダの開始は、硫酸工場にとっては大きな新需要を生み出しました。

官営工場はその後、民営事業が始まる際に技術移転の指導的役割を果たし、一八八〇年代には民間に払い下げられて役割を終えました。

官営学校

明治政府は一八六九年大阪に**舎密局**《せいみきょく》を設置し、オランダ人ハラタマを教師として招きました。舎密局は**第**

＊**大阪の造幣局**　毎年4月中旬に行われる桜の通り抜けで有名です。大阪天満にあり交通便利なので、ぜひ一度行って下さい。造幣博物館の中には日本の近代化学産業の始まりに関係ある展示もあります。ルブラン法ソーダの模型は貴重です。

三高等学校などを経て現在の京都大学につながっていきます。

一方、江戸幕府の昌平校、**開成所**、医学所は、一八六九年に大学校（現在の**東京大学**）となります。大学校では外国人教師により化学が教えられました。一八八〇年代になると、卒業生が海外留学を終えて帰国し、外国人教師に代わって大学教師に就くようになりました。このような理学部化学教育とともに、世界を見渡しても早くから日本では工学教育が行われました。一八八一年東京職工学校（現在の**東京工業大学**）が、一八八四年現在の東京大学に応用化学科が設立され、工業化学の専門教育も行われるようになりました。

さらに私立学校でも、超一流の講師陣によって、早くから化学、工業化学の教育が行われました。たとえば、一八八八年創立の工手学校（現在の**工学院大学**）では、製造舎密学科が設けられました。その講師の名簿には、喜多《きた》源逸《げんいつ》の名前が残っています。喜多は、東京帝国大学応用化学科卒で、後に**京都大学**の工業化学を育て、桜田一郎や福井謙一など多くの逸材を生んだ著名な研究者・教育者です。

日本で化学を教えた学校の広がり

創立時名称		化学教育開始		現在
大学校		1869	官立	東京大学
舎密局		1869	官立	京都大学
東京職工学校		1881	官立	東京工業大学
東京物理学校		1883	私立	東京理科大学
工部大学校	応用化学	1884	官立	東京大学
工手学校	製造舎密	1888	私立	工学院大学
大阪工業学校		1896	官立	大阪大学
京都帝国大学		1898	官立	京都大学
京都高等工芸学校		1902	官立	京都工芸繊維大学
早稲田大学		1908	私立	早稲田大学
明治専門学校		1909	私立	九州工業大学

注：東京物理学校で化学の教育を開始した年は正確には不明
　　物理のみならず、自然科学を広く教えたので設立時とした

ワンポイントコラム

【工手学校】　『武蔵野』で有名な明治の小説家国木田独歩に、『非凡なる凡人』という小品があります。工業化学でなく電気出身者の話なので残念ですが、工手学校を卒業して“技手”として働く姿を描いた名品です。

2 一八八〇年代─消費財化学工業

江戸末期の開国とともに、新商品として消費財化学品が欧米から輸入され、新しい需要が生まれました。一八八〇年代になると、これらの国産化を図ろうとする企業家が続々と生まれ、大変な苦労の末に徐々に化学産業として定着していきました。

消費財化学工業

石けん、**マッチ***、塗料、医薬品(洋薬)、化粧品などの**消費財**の需要は、明治に入って輸入品によって掘り起こされました。まず、輸入品を販売する商店が続々と創業されました。この中には、現在の化学会社や化学専門商社につながるものがいくつかあります。

一八八〇年代頃から、輸入品の国産化を企てる企業家が生まれてきました。彼らには政府の後押しもありませんでしたし、官営工場で始まった基礎化学品工業とのつながりもありませんでした。石けん工業では一八七〇年代からこのような挑戦が次々と行われてきましたが、なかなか輸入品に品質面で太刀打ちできませんでした。しかし、そのような技術レベルでも、企業家たちは早くから中国、東南アジアへの輸出も志向し、ついに一八八〇年代には生産高が輸入品をしのぐようになって、産業として確立する工業も生まれました。消費財化学工業が早くから生まれ、多様な中間投入財の化学品需要を生み出した効果は、従来の日本化学産業史ではほとんど無視されてきました。しかし、これを見落としてはなりません。

過リン酸石灰工業

基礎化学品工業は、**化学肥料**の生産にまず活路を見出しました。日本の化学産業が農業を最大需要産業とする構造は、これから一九五〇年代まで続きます。

用語解説

***マッチ**　現在はほとんど使われなくなりましたが、明治20年代から大正年代にマッチは日本の主要輸出品でした。頭薬の付いた軸木(マッチ棒)と側薬の付いたマッチ箱から成り、頭薬は塩素酸カリウムと硫黄、側薬は赤リンが主成分です。

一八八七年、高峰譲吉《たかみねじょうきち》は**リン鉱石**と硫酸を反応させて、**過リン酸石灰**の生産を始めました。高峰が設立した東京人造肥料は、現在の**日産化学**につながります。明治期には、多くの硫酸会社、過リン酸石灰肥料会社が生まれました。このように硫酸会社は、まず過リン酸石灰肥料を大きな需要先として成長できました。さらに一九一〇年代以後は、硫安肥料によって支えられました。

一方、硫酸とは対照的に、ソーダは苦難の道が続きました。**ルブラン法**ソーダは東西に2つの大手ソーダ会社ができ、塩と硫酸を原料にソーダ、さらし粉を生産しました。しかし、欧米ではすでにルブラン法の時代が終わって**ソルベー法**＊に移っており、安価なソーダが大量に輸入されたので、明治期を通じて市場は輸入品に支配され続けました。

絹、綿を中心とする繊維産業が明治期の日本では大発展し、染色加工も行われました。しかし、染色加工に使われる合成染料は明治早々から輸入され、**藍産業**は駆逐されました。輸入合成染料は、明治末まで完全に日本市場を押さえていました。

明治前期の化学事業創業

製品名	西暦年	明治年	会社	創業者	備考
洋風調剤	1872	5	資生堂	福原有信	1897年化粧水に進出
硫酸	1872	5	大蔵省造幣局		
ガラス	1873	6	品川興業社硝子製造所		1877年工部省買上げ
写真	1873	6	小西屋六兵衛店	杉浦六三郎	販売業、1902感光材料生産
石鹸	1873	6	堤石鹸製造所	堤磯右衛門	横浜・三吉町
マッチ	1876	9	新燧社	清水誠	
化粧品	1878	11	平尾賛平商店	平尾賛平	化粧水「小町水」
ソーダ・塩酸	1880	13	大蔵省印刷局		東京大手町、のちに王子移転
ペンキ	1881	14	光明社	茂木春太、重次郎	海軍用船体塗料、現・日本ペイント
セメント	1881	14	小野田セメント	笠井順八	現・太平洋セメント
人造肥料	1885	18	多木製肥所	多木久米次郎	骨粉肥料、現・多木化学
ゴム加工	1886	19	土屋護謨製造所	土屋（田崎）4兄弟	
人造肥料	1887	20	東京人造肥料	渋沢栄一、高峰譲吉ら	過燐酸石灰、現・日産化学
石鹸	1887	20	長瀬商店	長瀬富郎	販売業、1923生産、現・花王
歯磨き	1888	21	資生堂	福原有信	固形練り歯磨き
セルロイド	1890	23		千種稔	1919年大日本セルロイド

用語解説

＊**ソルベー法**　塩、水、炭酸ガス、アンモニアからソーダ灰を得る製造法でアンモニア・ソーダ法ともいいます。ベルギーのソルベーが1861年に開発し、ルブラン法に取って代わりました。ソルベー社は大化学会社になりました。

3 一九〇〇年代─電気化学工業

一九〇〇年代になると、日本にも起業意欲に溢れた大学卒業技術者が生まれてきました。彼らは欧米新技術にいち早く挑戦し、新事業を起こしました。化学産業では余剰電力を使ったカーバイド工業がその始まりです。

水力電源開発ブーム

日本の電気事業は一八八七年の東京電灯による電灯用火力発電で始まりました。アメリカのエジソンが発電機と電線、電球システムの販売を始めたのが一八八〇年ですから、明治二〇年代になると日本も世界の産業や技術革新にだいぶん追いついてきました。

一八九〇年代には、日本では水力発電への関心が高まり、電源開発ブームが起きました。

カーバイド工業

水力発電と聞くと、ダムを思い出すかもしれません。

当時の水力発電は、急流河川が多い日本の国土の特徴と比較的少ない投資で済むという利点を生かした**流下式発電**でした。しかしこの方法では、電力需要と電力生産のタイミングがうまく合わず、細切れの余剰電力が常に生まれます。これを活用して生まれた電気化学工業がカーバイド工業でした。

一九〇一年、**藤山常一**《ふじやまつねいち》は仙台郊外の**三居沢**でカーバイドの試験生産に成功し、一九〇六年、**野口遵**《のぐちしたがう》は水俣に工場を作りました。フランスのモアッサンがカーバイドを見出したのが一八九二年ですから、日本の化学産業も世界のトップグループにいよいよ追いついてきました。

大学卒の企業家たち

藤山も野口も、明治政府が設立した大学の卒業生で

用語解説

＊**アセチレン灯**　缶に水を入れ、カーバイドを放り込んで発生するアセチレンガスを燃やした灯りです。昔、縁日などで使われ、独特のイヤな臭いがしたといいます。

す。しかも、卒業早々の無一文でも、欧米からの断片的な新技術情報をもとに果敢に新事業を起こそうとした企業家でした。藤山は現在のデンカ、野口は現在の**旭化成**やチッソ・JNCの創始者です。

カーバイドは灯火用(アセチレン灯*)では需要が少ないので、一九〇六年ドイツで工業化されたばかりの石灰窒素技術を導入して、一九一〇年に石灰窒素の生産を始めました。しかし、石灰窒素は肥料としての使い方が難しいので、石灰窒素に過熱蒸気を作用させて発生するアンモニアを硫酸と反応させて変成硫安を作りました。これによって、化学肥料に大きな需要先を見出すことに成功しました。

一九〇〇年代からのカーバイド・石灰窒素ばかりでなく、一九一〇年代からの**電解苛性ソーダ**、一九二〇年代からのアンモニア、一九三〇年代からの**アルミニウム**と、日本では多くの電気化学工業が花開きました。電気化学工業から始まった化学会社には、すでに述べた三社以外にも**保土谷化学工業**(磯村音介《いそむらおとすけ》)、**昭和電工**(森《もり》矗昶《のぶてる》)、**信越化学工業**(小坂順造《こさかじゅんぞう》)、**日本曹達**(中野友礼《なかのとものり》)など意欲に溢れた創業者がいました。

電気化学工業の展開

原料	通電の意味	製品
石灰、コークス	高温	カーバイド(化学肥料原料、アセチレン原料)
リン鉱石、ケイ砂、コークス	高温	黄リン、赤リン(マッチ原料)
塩化カリ、水	電気分解	塩素酸カリ(マッチ原料)
水	電気分解	水素(アンモニア原料)
食塩、水	電気分解	苛性ソーダ、塩素
食塩	溶融・電気分解	金属ナトリウム
ケイ石、木炭	高温	金属ケイ素
アルミナ	電気分解	金属アルミニウム
粗銅、硫酸銅液	メッキ	精製銅

ワンポイントコラム

【電気化学工業】 明治末期から水力発電地域で創業した多くの電気化学会社は、自社で流下式発電所も所有していました。しかし、第2次大戦直前、電力の国家管理が進められ半強制的に買い上げられて、戦後は9電力体制から高価格で電気を買う立場になったため山間地や日本海側の電気化学工業は衰退しました。地域振興の上から残念です。

一九一〇年代―輸入途絶の衝撃

4

欧米に遅れてスタートした日本の化学産業にとって、欧米からの輸入品は明治期以後五〇年間を通じて生産を押さえつける圧力でした。しかし、第一次大戦による欧米からの化学品の輸入途絶と大好況は、日本の化学産業を一変させることになりました。

第一次世界大戦

一九一四年に欧州を主戦場として始まった第一次大戦によって、合成染料、医薬品、硫安、ソーダなどの輸入が一挙に途絶してしまいました。日本の化学業界にとっては、大きな市場が一夜にして開けた状況でした。多くの新興企業家が、さまざまな化学産業を始めました。すでに大資本を蓄積していた三井、三菱、住友などの既存企業家も、この好機を捉えて化学産業に参入しました。政府も一九一五年、**染料医薬品製造奨励法**を公布し、**日本染料製造**を設立したり、一九一八年に**臨時窒素研究所**を設立して、アンモニア合成の研究を行うなど、化学産業の育成政策を実施しました。

一九一三年、三井鉱山は、北九州三池のコークス工場から得られる**コールタール**を原料に**アリザリン**を生産しました。日本の合成染料工業の始まりです。これに続いて、大戦中に約二〇〇社の染料生産会社が起りました。**武田薬品工業**、**塩野義製薬**、藤沢薬品（現在の**アステラス製薬**）なども、この頃に医薬品問屋から製薬会社に変っていきました。

ルブラン法ソーダに代わる新技術の電解ソーダ工業も、一九一五年、程谷曹達《ほどがやソーダ》工場（現在の**保土谷化学工業**）が隔膜法電解*を、一九一六年、大阪曹達（現在の**大阪ソーダ**）が水銀法電解*の生産を開始したのを筆頭に、一九二〇年までに二一社が企業化しました。マッチ原料の塩素酸カリは四七社、染色業で必要な重クロム酸

用語解説

***隔膜法電解**　食塩水の電気分解を行う際に、両極液が混合しないように、陽極と陰極の間にアスベスト隔膜を設ける方法。電解槽陰極側から食塩、苛性ソーダ半々の混合液が得られるので、加熱濃縮して食塩を沈殿させ、苛性ソーダ45%の水溶液を得ます。しかし、食塩が約1%残るため低品質です。

カリが約二〇社と、**輸入途絶**による化学品の価格高騰によって新規参入が続出しました。

大戦終了後の大不況

しかし、一九一九年の大戦終了とともに、反動不況が日本を襲いました。加えて欧州化学産業が復活したので、日本は激しい輸入攻勢に見舞われました。**旭硝子**（現在のＡＧＣ）は一九一四年北九州の牧山で円筒式板ガラスの生産を開始したところ、原料の**ソーダ灰**が輸入途絶になったので、一九一七年日本で初めてアンモニア法によるソーダ灰の生産を始めました。ところが終戦後、アフリカの**マガジ湖**の**天然ソーダ**とイギリスからのアンモニア法ソーダの値下げ競争が日本市場で繰りひろげられたために、事業存亡の危機に見舞われましたが、からくも生き延びました。

日本経済はその後、一九三〇年の昭和恐慌まで慢性的な不況が続き、大戦中に生まれた多くの企業が消えていきました。それでも、いったん花開いた日本の化学産業は逆境の中でも枯れることなく定着していきました。

第１次世界大戦前後の日本の合成染料の生産・輸入・輸出量推移

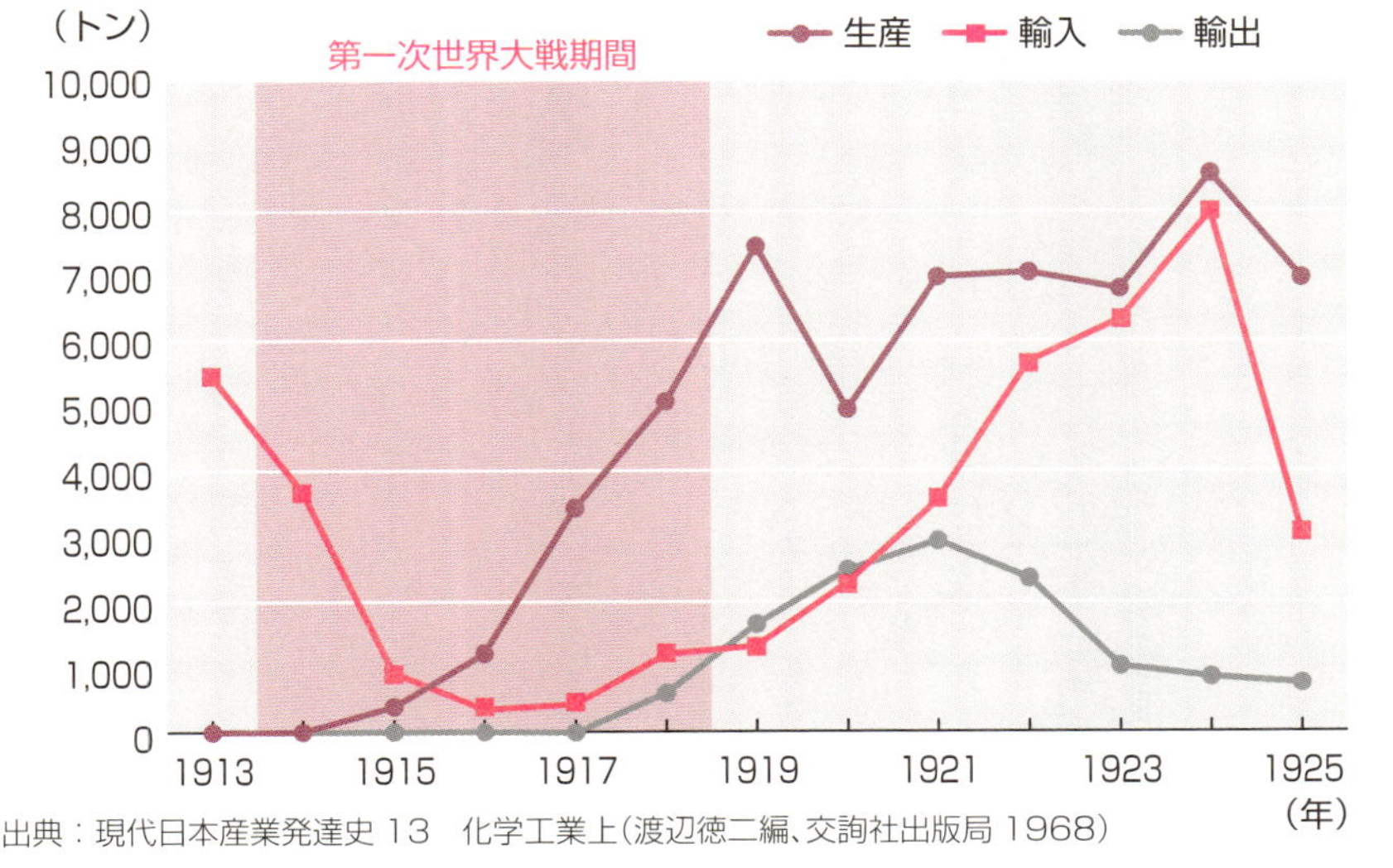

出典：現代日本産業発達史 13　化学工業上（渡辺徳二編、交詢社出版局 1968）

用語解説

＊**水銀法電解**　水銀が金属ナトリウムとは合金（アマルガム）を作るが、食塩は溶かさないことを利用して、陰極に水銀を使う食塩水の電気分解法。生成したナトリウムアマルガムを電解槽から取り出し、水と反応させて高品質高濃度の苛性ソーダを直接得ます。

5 一九二〇年代―アンモニア工業

合成アンモニア工業は、硫安肥料という大きな市場をもたらしただけでなく、触媒技術、高圧ガス技術、化学プロセス技術によって二〇世紀の石油精製・石油化学技術への道を拓くものでした。この産業から、現在の化学会社が多数生まれています。

再び企業家たちの挑戦

ドイツのアンモニア合成成功にいち早く反応したのが、またもや企業家**野口遵**の設立した日本窒素肥料でした。大戦後の不況の中、多くの肥料会社がカーバイドからの変成硫安に固執したのに対して、野口は合成アンモニアによる合成硫安の製造を企てました。

イタリアでカザレーが行っていた小規模な合成実験を見学して特許を購入し、一九二四年九州延岡で世界最初の**カザレー法**アンモニア合成の工業生産を成功させました。その後、野口は、水俣、朝鮮へと電解水素原料によるアンモニア合成事業を急速に拡大させました。現在の新興国化学会社の企業家のようにエネルギッシュです。

一方、**森矗昶**《もりのぶてる》は政府の東京工業試験所（旧臨時窒素研究所を吸収、現在の産業技術総合研究所）で研究開発された製造技術を採用し、一九二八年、昭和肥料（現在の**昭和電工**）を設立して、合成アンモニアの生産を開始しました。

三井、三菱、住友の後続参入

神戸の貿易商から大きく成長した鈴木商店も、積極的な企業でした。フランスの**クロード***法技術を導入し、一九二二年、山口県下関彦島に合成アンモニア工場を作りました。しかし、操業開始時のトラブルから、販売開始は一九二四年になり、日本窒素肥料に遅れをと

用語解説

***クロード**　ジョルジュ・クロード（1870－1960年）はフランス生まれの発明家。1892年にアセチレンをアセトンに溶解させて安全に貯蔵・運搬する方法、1902年に空気分離装置（8-12節参照）、1921年に上記のアンモニア合成法を発明しました。

りました。さらに悪いことに、鈴木商店は一九二七年、金融恐慌の中で倒産し、彦島の工場は三井鉱山が買収しました。三井鉱山は一九三三年、北九州大牟田に東洋高圧工業（現在の**三井化学**）を設立し、コークス炉ガスからの水素を原料に大規模な合成アンモニア事業を開始しました。一方、住友肥料製造所（現在の**住友化学**）は、NEC法技術を導入して、愛媛県新居浜でコークスからの水性ガス法水素を原料に、一九三〇年にアンモニア合成を始めました。日本タール工業（現在の**三菱ケミカル**）は一九三七年、北九州黒崎でハーバー・ボッシュ法技術によりアンモニア生産を始めました。

各社のアンモニア原料基盤の違い

アンモニア原料は窒素と水素です。このうち水素をどのように得るかが競争力を決めます。当時は、水の電気分解から水素を得る方法と、石炭から得る方法が競合していました。後者も、石炭を乾留してコークスを得る際の副生ガスから水素を得る方法と、赤熱コークスと水蒸気による水性ガス反応*から得る方法がありました。

アンモニア工業から生まれた多数の基礎化学品会社

生産開始	設立時会社名	工場	現在の会社名
1922	クロード窒素工業	彦島	下関三井化学
1923	日本窒素肥料	延岡	旭化成
1926	日本窒素肥料	水俣	チッソ
1928	大日本人造肥料	富山	日産化学
1931	朝鮮窒素肥料	興南	－
1931	住友肥料製造所	新居浜	住友化学
1931	昭和肥料	川崎	昭和電工
1931	三池窒素工業	大牟田	三井化学
1934	矢作工業	名古屋	東亜合成
1934	宇部窒素工業	宇部	宇部興産
1935	東洋高圧工業	大牟田	三井化学
1937	日本タール工業	黒崎	三菱ケミカル
1939	特許肥料	横浜	三菱ケミカル

注：現在、アンモニアの生産を行っていない場合も多い
出典：現代日本産業発達史13　化学工業上（渡辺徳二編、交詢社出版局1968）を修正

用語解説

***水性ガス反応**　高温のコークスと水蒸気を反応させて、水素と一酸化炭素の混合ガス（水性ガス）を得る反応です。大量に水素を得る方法として重要な反応です。一酸化炭素は、さらに水蒸気と反応させて、水素と二酸化炭素を得ます。

6 一九三〇年代ーレーヨン工業の隆盛

一九〇〇年代に欧州で始まったレーヨン工業は、日本では一九一八年に始まりました。その後、当時日本で最大最強の産業だった繊維産業（紡績・織物）に結びついてレーヨン工業は大発展し、一九三七年には日本の化学産業の製品として初めて、生産量世界一位を記録するほど隆盛をきわめました。

世界のレーヨン工業

「美しいが高価な絹に代わる長繊維を作りたい」との夢は欧州に根強く、一九世紀後半にセルロース（綿花、パルプ）を原料にさまざまな方法が試みられました。このうち大規模な工業として発展したのが**ビスコース法レーヨン***と**アセテート**でした。前者は、一九〇五年イギリスのコートルズ社で生産が開始され、ドイツのVGF社、オランダのエンカ社、イタリアのスニア社が続きました。一方、無水酢酸とセルロースから作られるアセテートは、一九一八年イギリスのセラニーズ社、翌年フランスの**ローヌプーラン**社で工業化されました。両工業とも大規模な化学工業になるとともに、苛性ソーダ、無水酢酸などの基礎化学品工業、さらには後の合成繊維工業誕生の基盤になりました。世界の多くのレーヨン会社、アセテート会社は、後に大手合成繊維会社に変わっていきました。

日本のレーヨン工業

レーヨン工業も、新興の企業家たちがまず始めました。鈴木商店は一九一八年、帝国人造絹糸（現在の**帝人**）を設立し、ビスコース法レーヨンの生産を始めました。久村清太《くむらせいた》は、大学在籍中から、町工場でビスコースからレザー（合成皮革）や糸を作る研究を行ってきました。そして一九一〇年代初頭に、米沢高等工業学校（現在の山形大学工学部）の講師となった学友の秦逸三《はたいつぞう》と

用語解説

***レーヨン**　コットンリンターやパルプからのセルロースを銅アンモニア溶液に溶かし、紡糸しながらセルロースを再生させるのが銅アンモニア法レーヨン（キュプラ、ベンベルグ）、苛性ソーダと二硫化炭素に溶かした後にセルロースを再生させるのがビスコース法レーヨンです。

レーヨン糸の製造に成功しました。鈴木商店はこれに資金援助し、工業化研究を経て帝国人造絹糸の設立に至ったのです。

一方、**野口遵**は旭絹織を設立し、ドイツＶＧＦ社から技術導入して、一九二四年からビスコース法レーヨンを生産し、さらに日本ベンベルグ絹糸を設立して、一九三一年に**キュプラ法レーヨン**の生産も開始しました。

日本レーヨン工業の大発展

レーヨン工業はその後、短繊維のレーヨン綿（**スフ**）の生産も始まり、新規企業や当時大企業であった紡績会社からの参入が相次ぎました。国内市場が拡大したばかりでなく、絹業、綿業で蓄積された産業の強みを生かして、レーヨン糸、レーヨン織物の輸出でも世界首位に立ちました。一九三七年には一時的でしたが、レーヨンの生産量が世界一位になりました。明治初期の日本の化学産業開始以来、大規模な製品分野で初めて世界トップに立つことができました。ほぼ同時期に同じくセルロースを原料とするセルロイド生地の生産量も世界一位になりました。

レーヨン工業から生まれた合成繊維会社

設立年	設立時会社名	工場	現在の会社名
1918	帝国人造絹糸	米沢	帝人
1922	旭絹織	大津	旭化成
1926	東洋レーヨン	大津	東レ
1926	日本レイヨン	宇治	ユニチカ
1926	堅田人絹工場	堅田	東洋紡
1926	倉敷絹織	倉敷	クラレ
1933	新興人絹	大竹	三菱ケミカル

注：現在、上記会社は旭化成（キュプラ）を除いていずれもレーヨンの生産は行っていない
出典：日本化学繊維産業史（日本化学繊維協会 1974）

ワンポイントコラム

【アセテート工業】　日本でレーヨン工業が大発展したころ、欧米ではアセテートが主力になっていました。アセテートは、ようやく1950年代半ばに日本で始まりました。戦前の日本の化学産業は原料の無水酢酸など有機化学工業が未発達で、まだ底の浅い産業でした。

7 一九四〇年代後半——戦後復興

化学肥料とレーヨンによって、一九三〇年代に大きく成長した日本の化学産業は、第二次大戦に向けて進められた「工業の軍事化」の中で急速に縮小しました。同時期に欧米では新しい化学産業が生まれたので、再び大きく水を開けられることになりました。戦後は、まず化学肥料、続いてレーヨンが復興しました。

第二次世界大戦

第二次大戦に入る前の日本の化学産業は、国内農業を需要先とするアンモニア・硫安肥料工業と、国内及び輸出市場を持つ強力なレーヨン工業の二部門に支えられていました。しかし、戦争に向けて資材、原料の供給割当が厳しく管理される中で、**人造石油***や**火薬**の生産などへの集中「化学産業の軍事化」が政府によって進められたため、レーヨンや化学肥料の設備は急速に老朽化し、輸入原料の入手難も加わって生産は急減しました。これに加えて空爆被害もあり、敗戦時には極度の低レベルにまで生産が落ち込みました。

新しい化学の誕生

欧米でも「化学産業の軍事化」は進みました。しかしその中から、合成ゴム（入手難になった天然ゴムの代替品）、ポリエチレン（レーダー機器用などの高性能絶縁材料）、ナイロン（落下傘に利用）、人造石油、**アセチレン化学**、有機合成農薬、抗生物質系医薬品など、新しい化学産業の芽が続々と生まれてきました。日本でも同様な試みはありましたが、原料、資材、技術情報交流不足のためほとんど育ちませんでした。

傾斜生産政策

戦後、政府は経済立て直しのために、石炭産業と鉄

用語解説

＊**人造石油**　石炭を原料にした液体炭化水素燃料です。炭化水素に限定せず、メタノールやエーテル類などの液体燃料となりうる物質まで含めて呼ぶこともあります。産油国から原油の禁輸を受けた南アフリカでは、1970年代から生産しています。

鋼産業に集中的に資金、資材を投入する**傾斜生産政策**を一九四六年から実施しました。そうは言っても、食糧不足が深刻だったので、化学肥料の増産も急速に行う必要がありました。そこで、傾斜生産の対象に、**化学肥料**工業も加えられることになりました。日本の化学産業はここから復活しました。硫安の生産は、早くも一九四九年に戦前レベルに回復しました。その一方で、敗戦により電解法ソーダ一八工場をはじめとして、多くの化学工場が**賠償指定**にされたので、なかなか復興できない分野もありました。

三白景気

一九五〇年に勃発した**朝鮮戦争**により、前線への補給基地となった日本は、**三白景気**(砂糖、セメント、硫安または繊維)を迎え、経済全体が復活しました。化学肥料に続いて、**レーヨン**工業もこの流れの中で急速に復活しました。レーヨンの原料となる苛性ソーダを供給する電解法ソーダ工業も、一九五〇年賠償指定解除によって、一九五四年にようやく戦前の生産水準にまで回復しました。

第２次大戦による産業への被害状況

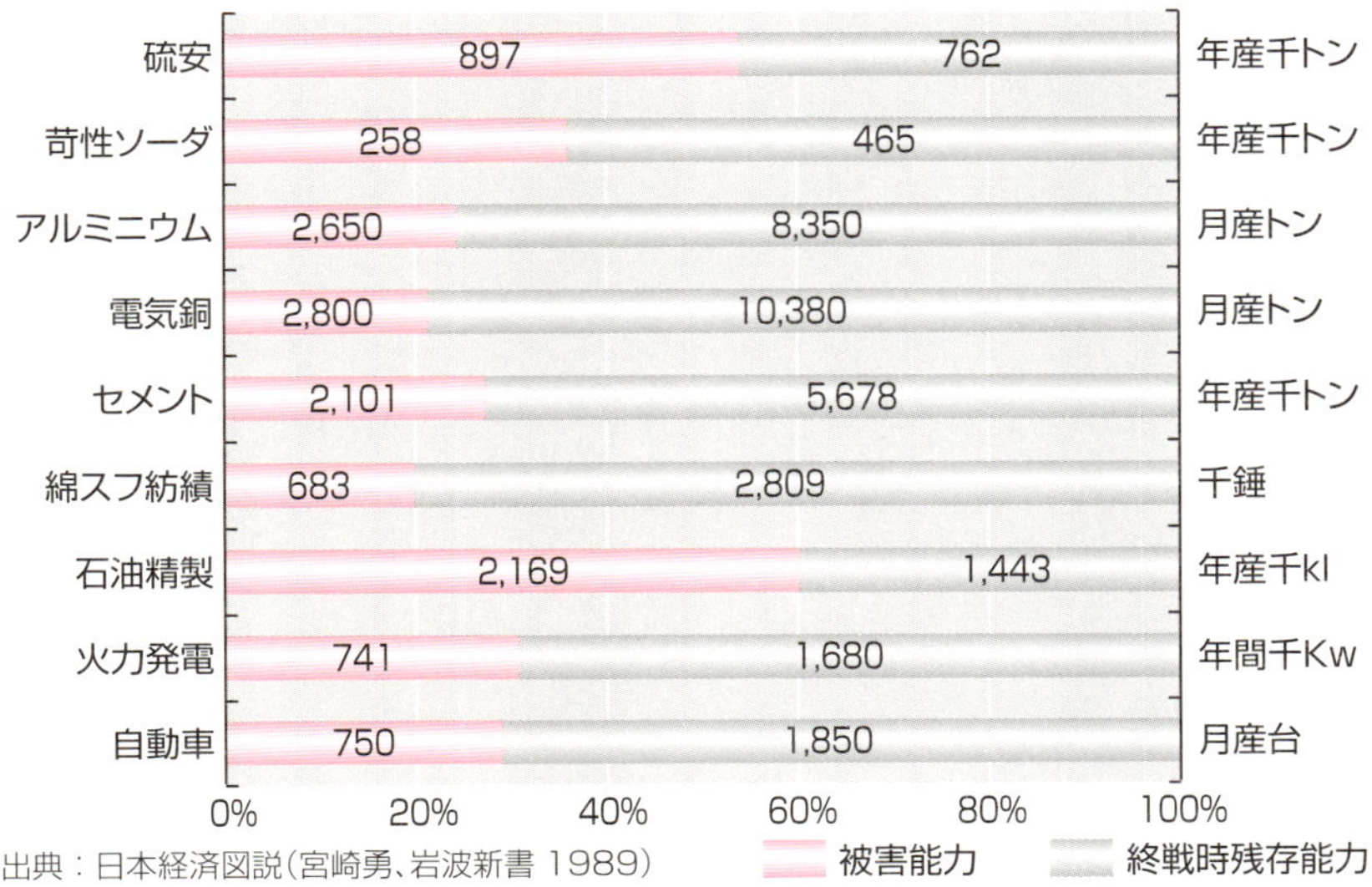

出典：日本経済図説(宮崎勇、岩波新書 1989)

ワンポイントコラム　**【傾斜生産政策】**　東大教授有沢広巳が提案した政策です。有沢はその後30年以上にわたり、化学産業を含め広く産業界、官界を指導しました。

8 一九五〇年代—新しい化学の企業化

戦後早々に復活した化学産業は、朝鮮戦争後の不況期に、合理化によって基盤を固めました。それとともに、合成樹脂、合成繊維、有機化学品、農薬、抗生物質など、新しい化学産業も始まりました。

合理化の苦しみ

三白景気で復活した日本の化学産業は、朝鮮戦争休戦とともに不況に陥りました。化学肥料工業では硫安から尿素への製品転換、石炭から石油精製廃ガスや重油、天然ガスへの水素ガス源転換が進められました。メタノール工業も、ガス源転換が図られました。これらの合理化は、次世代の化学産業を生み出す基礎体力を作り出しました。

新しい化学の企業化

一九三〇—四〇年代に欧米で大きく発展した新しい化学産業が、日本でも自主技術開発や技術導入によって、一〇—二〇年遅れで企業化されるようになりました。

一九〇〇年代から日本で行われてきたカーバイド・石灰窒素肥料工業は、カーバイド・アセチレン工業に変り、**アセチレン**から多種多様な有機化学品や塩化ビニル樹脂、酢酸ビニル樹脂が生産されるようになりました。これら合成樹脂は、その原料モノマー*ばかりでなく、**可塑剤**なども含めた関連有機化学工業やプラスチック成形加工業を生み出し、化学産業の範囲、規模を大きく拡大していきました。

ナイロンも戦時中から研究を続けてきた東洋レーヨン(現在の**東レ**)が、まず漁網用**テグス**で工業化し、さらに特許係争も考慮して、デュポン社から技術導入をして衣料用も開始しました。主要原料は、石炭から得られる**ベンゼン**でした。カーバイド法アセチレンを原料

用語解説

*** モノマー** 合成樹脂、合成繊維、合成ゴムを作っている高分子は、一種類から数種類の原料が反応して、ある単位が順番に繰り返し並んだ分子構造をしています。この原料をモノマーと呼び、高分子をポリマーと呼びます。

とする、日本で開発された合成繊維ビニロンも、一九五〇年に倉敷レイヨン（現在の**クラレ**）が生産を開始しました。（四二ページ用語解説参照）

抗生物質系医薬品工業は、戦時中からの研究蓄積もあって、終戦直後から**ペニシリン**の生産が始まりました。医薬品メーカーはもちろん、肥料、食品、レーヨン等多くの産業から参入がありましたが、営業力の差から結局は医薬品メーカーに絞られていきました。

農薬・**公衆衛生薬**は、戦前までは無機化合物（硫酸銅、**石灰硫黄**など）が中心でした。一九四八年には技術導入によって**DDT**原体の生産が始まりました。その後、さまざまな有機塩素系、**有機リン系農薬**が生産され、有機合成農薬に中心が移りました。

戦後の化学産業というと、いきなり石油化学工業が発展したように思われるかも知れません。しかし、その前に戦前からの石炭化学工業、電気化学工業の基盤の上に、合成繊維、合成樹脂などの新しい化学産業がすでに生まれていたのです。半面、**水俣病**の悲劇はアセチレン化学工業の発展の中から生まれたことも忘れてはなりません。

アセチレンからの塩化ビニル樹脂生産会社

生産開始	当時の会社名	工場	現在の会社名
1949	新日本窒素肥料	水俣	チッソ、JNC
1950	鐘淵化学	大阪	カネカ
1950	鉄興社	酒田	東ソー
1951	三菱モンサント化成	四日市	三菱ケミカル
1951	三井化学工業	名古屋	三井化学
1951	電気化学工業	渋川、青海	デンカ
1952	日本ゼオン	蒲原	日本ゼオン

注：上記会社のうち、現在も塩化ビニル樹脂（石油化学原料であるが）の生産を直接行っている会社は、東ソー、カネカだけである。
出典：戦後日本化学工業史（渡辺徳二編、化学工業日報社 1973）

ワンポイントコラム

【ペニシリン】　イギリスのフレミングが1928年、偶然に青かびから発見した話は有名です。約10年後にフローリーとチェインがペニシリンを単離し、臨床実験による検証を行い、アメリカの多数の医薬会社が工業生産法を完成しました。

9 一九六〇年代―石油化学工業の発展

石油化学工業は、日本でも社会に広く高分子材料革命を起こすとともに、化学産業全体に大きな変化と高度成長をもたらしました。

日本の石油化学工業の始まり

アメリカと同様に、日本の石油化学工業も石油精製廃ガスの利用から始まりました。一九五七年、丸善石油（現在のコスモ石油）下津での第二ブタノール、日本石油化学（現在のＥＮＥＯＳ）川崎でのイソプロピルアルコール、アセトンの生産開始です。ナフサの熱分解*により、エチレン、プロピレン、ベンゼンなどを得て、そこからさらに有機化学品、合成樹脂、合成ゴムなどを大規模に生産する**石油化学コンビナート**は、一九五八年に三井石油化学工業（現在の**三井化学**）岩国、住友化学工業（現在の**住友化学**）新居浜で始まりました。

高分子材料革命

合成繊維、合成ゴム、合成樹脂などの材料を作っているのは合成高分子です。人類はさまざまな材料を使ってきました。このうち、木材、紙、綿は**セルロース**、羊毛、絹は**タンパク質**という天然高分子からなります。化学産業はすでに一九世紀以来、天然高分子を使って、セルロイド、**セロファン**、レーヨン、アセテートなどの化学材料を生産してきました。合成高分子は、このような従来からの材料の性能限界を大きく超えた材料を提供し、**高分子材料革命**を起こしました。

前節で述べたように、ナイロン、塩化ビニル樹脂など合成高分子工業は、石炭を原料にすでに始まっていました。しかし、石油化学工業の始まりとともに、安価な輸入石油の利用、コンビナート形成による輸送費削減、次々と開発される新規反応プロセスによって、大幅な

用語解説

*ナフサの熱分解　ナフサは高温高圧水蒸気と混合後、約800度の分解炉内のパイプを数ミリ秒で通過して分解されます。分解ガスは急冷・熱回収され、圧縮後、低温蒸留によって多くの留分に分離されます。

日本の石油化学コンビナートの中核エチレン生産会社

開始時の会社名	生産開始年	工場	現在の会社名	18年エチレン生産能力 千トン／年
三井石油化学工業	1958.2	岩国	―	―
住友化学工業	1958.3	新居浜	―	―
三菱油化	1959.5	四日市	―	―
日本石油化学	1959.7	川崎	ENEOS	404
東燃石油化学	1962.3	川崎	東燃化学（ENEOS傘下）	491
大協和石油化学	1963.7	四日市	東ソー	493
丸善石油化学	1964.7	市原	丸善石油化学	480
			京葉エチレン	690
化成水島	1964.8	水島	三菱ケミカル旭化成エチレン	496
山陽石油化学	1972.4	水島		
出光石油化学	1964.10	徳山	出光興産	623
三井石油化学工業	1967.3	市原	三井化学	553
住友千葉化学	1967.7	姉ヶ崎・袖ヶ浦	住友化学	―
鶴崎油化	1969.4	大分	昭和電工	618
大阪石油化学	1970.4	泉北	大阪石油化学（三井化学傘下）	455
三菱油化	1971.1	鹿島	三菱ケミカル	485
出光石油化学	1985.6	市原	出光興産	374

出典：石油化学工業協会

ワンポイントコラム

【エチレンプラントの寿命】　1958、59年に稼動開始した4つのコンビナートのうち、3つはすでにエチレンプラントを廃止しています。他にもエチレンプラント第一号機はすでに廃止したところはありますが、全面的なリニューアル、増設で現在でも稼動している1号機もあります。

コスト削減が図られました。それに加えて、石油化学工業の中では、**ポリスチレン**、**ポリプロピレン**、**SBR**、**ポリエステル**繊維、**アクリル**繊維など多種多様な新製品が生み出され、社会に大きな変化を与えました。

化学産業の変化

石油化学工業は、化学産業全体にも「**石油化学化**」といわれる大きな構造変化を与えました。フィルム、ボトル、カップ、バケツ、機械部品などを作るプラスチック成形加工業、タイヤ、ベルトを作るゴム加工工業が大発展しました。石けん洗剤工業も、合成洗剤、シャンプーが中心になりました。化学肥料、合成染料、塗料、医薬品など、既存の化学産業も、原料が石油化学工業から供給されるようになりました。塩化ビニル樹脂の原料生産プロセスが石油化学原料法に切り替わるとともに、石油化学コンビナートの中に大規模な電解ソーダ工場が建設されるようになりました。アクリロニトリルなどの生産が石油化学法に変わるとともに、アンモニア工場も石油化学コンビナートの中に作られるようになりました。アンモニアの原料転換（四―八参照）もこれを促しました。

かつては、日本の基礎化学品工業は、水力発電地域（日本海側の大雪地域）と石炭産地を中心に立地してきました。石油化学工業の発展とともに、大きな**石油タンカー**が入港可能な太平洋側の臨海埋立地に移ったのです。

技術導入

石油化学工業は華々しく展開し、化学産業全体を大きく成長させました。しかし、第二次大戦中や戦後早々に欧米で石油化学の技術基盤が作られたために、日本との技術格差が大きく、日本での企業化に当っては、もっぱら**技術導入**によることになりました。しかしその中には、特許網で抑えてあるだけで、工業化は未熟なため、日本で初めて工業化された技術も多数ありました。このような経験と蓄積を経て、徐々に日本での技術開発も進み、世界に技術輸出される**国産技術**も生まれてきました。今では国産技術開発が当たり前のことになりました。

ワンポイントコラム

【石油化学技術の体系】　石油化学技術は石油化学基礎製品製造技術、有機工業薬品製造技術、高分子製造技術の3つから成り立っています。

石油化学コンビナートの構造

コンビナート内が有利なので立地

ポリスチレン、ABS樹脂、塩化ビニル樹脂

酢酸ビニル、酢酸

ソーダ電解

酸素、窒素

コンビナート中核

エチレン、ポリエチレン、
酸化エチレン、スチレン、
塩化ビニル、アセトアルデヒド

プロピレン、ポリプロピレン、
アクリロニトリル、アセトン、
アクリル酸、酸化プロピレン

石油精製からも

ベンゼン
キシレン
プロピレン

カプロラクタム
フェノール
ビスフェノールA

水素、アンモニア
化学肥料

ブタジエン、合成ゴム
C4、C5留分、石油樹脂、MMA
ブタノール、MEK

パラキシレン
オルソキシレン

テレフタル酸
無水フタル酸
DOP

現在も生きている石油化学初期の日本で開発された技術

開発時期	開発会社（現在名）	製品
昭和30年代	日本触媒	酸化エチレン
	三菱ケミカル	オキソ法オクタノール
	東レ	PNC法カプロラクタム
	ブリヂストン、JSR	ポリブタジエン
昭和40年代	日本ゼオン	ブタジエン抽出法
	東ソー	オキシクロリネーション法塩化ビニルモノマー
	三菱ガス化学	メタキシレン抽出異性化
	日本触媒	プロピレン酸化法アクリル酸エステル
	旭化成	電解二量化法アジポニトリル
	三菱ケミカル	C4留分から無水マレイン酸

出典：石油化学工業30年のあゆみ（石油化学工業協会 1989）

ワンポイントコラム

【石油化学技術の本質】 石油化学技術誕生以前の石炭化学技術などとの対比から、石油化学技術の本質は、オレフィン製造技術、オレフィン化学、オレフィン重合の3つから成ると考えられます。

10 一九八〇年代―加工型化学工業

石油化学のような素材型化学工業の高度成長は一九七〇年代に終わり、一九八〇年代には生産の停滞から縮小に転じる工業も現れました。一方、医薬品を中心とする加工型化学工業は、堅調な内需の伸びに支えられて、一九八〇年代も順調に生産を伸ばし、素材型を抜いて日本の化学産業の中心に躍り出ました。

石油化学工業の成熟

一九六〇年代以来、イノベーションをもたらし、高度成長を続けた石油化学工業も、需要の飽和化に加えて、二度にわたる石油危機でかつてのような継続的なコストダウンも望めなくなり、一九七〇年代後半から著しく成長率が低下しました。次々と生まれた新製品も、一九八〇年代初頭に工業化された**直鎖状低密度ポリエチレン***が最後の大型新製品となりました。化学肥料、合成繊維に続いて石油化学技術も成熟化が進み、一定型化しました。このため技術移転が容易になり、一九七〇年代からNIESで、一九八〇年代にASEAN、中東産油国、一九九〇年代に中国で石油化学工業が始まりました。

加工型化学工業の伸長

化学肥料、合成繊維、石油化学などの素材型化学工業の成長が鈍化したのに対して、基礎化学品を原料にさまざまな中間投入財や消費財を生産する加工型化学工業は、内需の伸びに支えられて成長を続けました。医薬品、洗剤、化粧品、写真感光材料、プラスチック機械部品などです。この結果、明治期に日本で化学産業が始まって以来、生産高で中心を占めてきた**素材型化学工業**に**加工型化学工業**が追いつき、拮抗するようになりました。しかし、二〇〇〇年代からの輸入急増により日本の医薬品工業の伸びが悪く、化学産業の大変

用語解説

***直鎖状低密度ポリエチレン**　エチレンと枝となるモノマーを原料に、中低圧法で作った低密度のポリエチレンです。高圧法でしか作れなかった低密度ポリエチレンを中低圧法で作ることにより、省エネルギーと設備費削減を実現しました。

革は停滞しています。

輸入増加と構造改善

日本の化学製品の輸出入バランスは、石油化学工業が国際競争力をつけた一九六〇年代半ば以後、一九七〇年代まで黒字を続けてきました。欧米からの**医薬品原薬**の大きな輸入超過分を、アジア向けプラスチック輸出の大きな輸出超過で打ち消す構造でした。しかし、化学肥料の輸入超過への転落、有機化学品の輸入増加によって、一九八〇年代には化学製品全体が一時輸入超過に陥りました。内需低迷と輸出減少によって、素材型化学工業では稼働率の低下が続き、**余剰設備**が発生しました。一九七〇年代には化学肥料と合成繊維、さらに一九八〇年代には石油化学工業でも、設備廃棄などの**構造改善**が実施されました。

石油化学工業では、構造改善と並行して、原料**ナフサ**の輸入自由化など、大きな政策転換・規制緩和も行われました。これにより、一九九〇年代には近隣アジア向け輸出が大幅に伸びて、設備過剰を解消するほどに復活しました。

狭義の化学工業のうち、素材型、加工型の出荷額構成比の推移

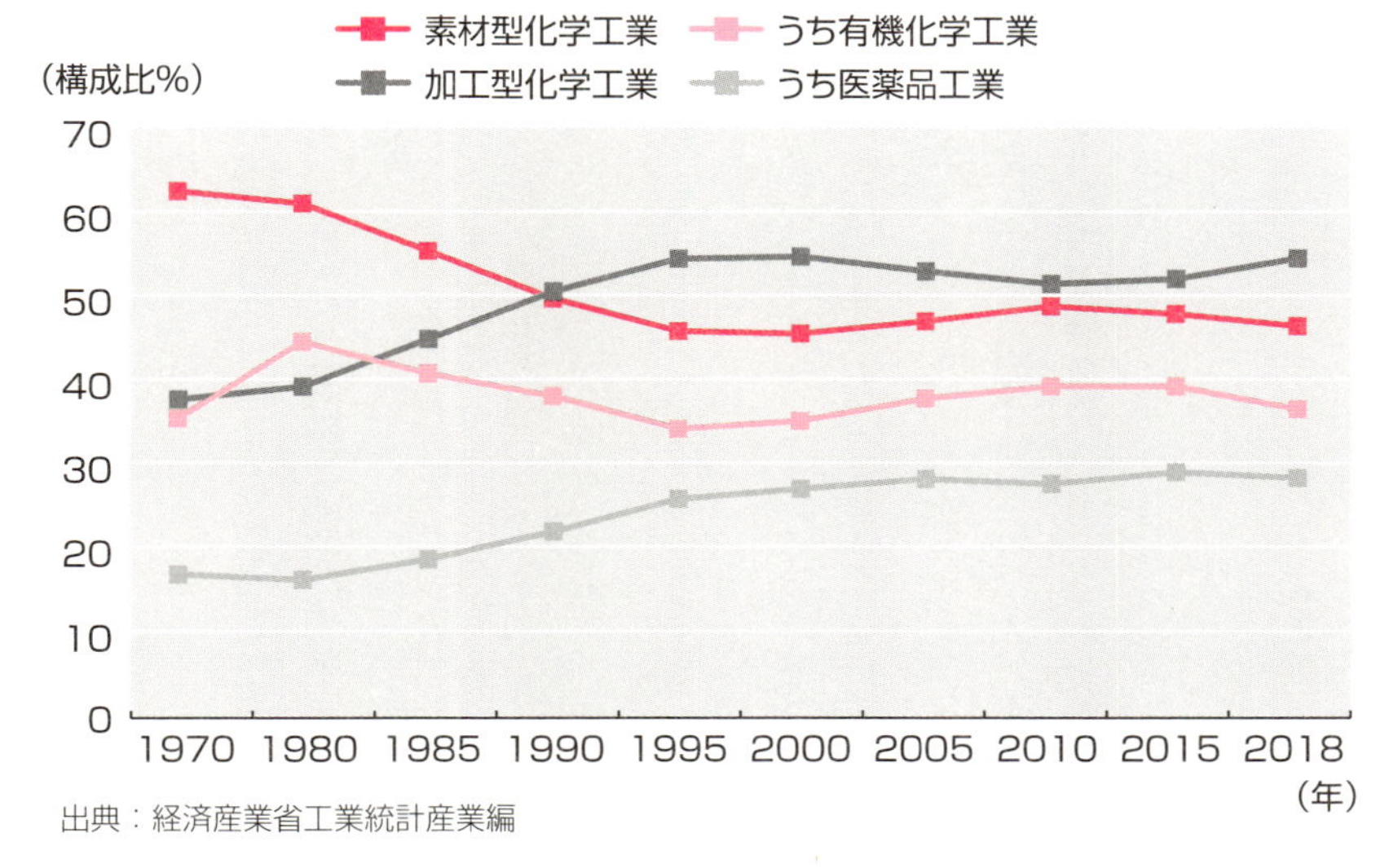

出典：経済産業省工業統計産業編

【医薬品工業の伸び悩み】　医薬品工業は輸入増に加えて、日本の高齢化が進んだ1990年代後半から政府の薬価抑制政策もあって伸び悩んでいます。9-4に示すように、日本の大手医薬品会社は成長先を海外展開に求めています。

11 二一世紀初頭──機能化学工業

一九九〇年代初頭に始まったグローバル化の潮流の中で、日本の化学会社もグローバル競争に生き抜くために、事業の選択と集中、企業買収・合併(M&A)を進めています。一方、自社内研究開発活動の拡大によって、日本の化学会社は機能化学工業に新たな方向を見出しました。

グローバル化

一九九〇年代初頭、ソ連崩壊による東西冷戦の終了とともに、世界経済のグローバル化が急速に進みました。日本の化学産業もその中で変りつつあります。一九八〇年代までの国際化は、もっぱら輸出入のみに関心が向けられていました。しかし、九〇年代のグローバル化の中では、**企業買収***を含む海外投資が盛んに行われるようになりました。日本の化学会社もグローバル企業への転換が必要になったので、今までは拡大一方で来た事業範囲を得意な分野に絞り込む事業の選択と集中が行われ、世界市場に軸足を移す企業も現れてきました。一九九四年の三菱化学(現在の**三菱ケミカル**)、一九九七年の**三井化学**の誕生に見られるようにグローバル企業を目指す大型合併や、一九八八年の**ブリヂストン**の**ファイアストン**買収に見られるような大胆なグローバル展開も始まりました。一方で欧米企業による日本の医薬品会社買収(二〇〇二年の**中外製薬**など)も起り、グローバル競争が日本市場内でも起きていることが示されました。この衝撃から医薬品工業では二〇〇五年の**アステラス製薬**、**第一三共**、**大日本住友製薬**、二〇〇七年の**田辺三菱製薬**、二〇〇八年の**協和キリン**の誕生など、大型合併が続きました。

機能化学

戦後の日本の化学産業は、技術導入に依存してきま

用語解説

***企業買収**　大小に関係なく、企業は発行済み株式の過半数を買い取れば、支配権(役員の選任権など)が移ります。会社が別の会社の株式の過半数を買い取ることを企業買収といいます。原理的には従業員や顧客には関係のない経済行為です。

した。しかし一九七〇年代に欧米への技術キャッチアップが終了したので、一九八〇年代からは化学会社の研究開発活動が急ピッチで拡大されました。日本産業全体にハイテクブーム*が起り、**バイオテクノロジー**、**エレクトロニクス**、**新素材**の三方向が目指されました。

素材型化学会社は今までの本業に代わる次の事業を目指して、一方、加工型化学会社は本業の強化拡充を目指して、研究開発に取り組みました。その成果は、二一世紀初頭に明確になりました。バイオテクノロジーは、ほぼ米国の一人勝ちで日欧は惨敗しました。欧州は、医薬、栄養化学品を中心とする**ファインケミカル**に新しい方向を見出しています。最近は欧州医薬品会社によるアメリカの**バイオベンチャー**の買収が相次いでいます。そして日本は、**電子情報材料**を中心とする機能化学品で健闘しています。二一世紀に入って、機能化学品事業はもはや育成事業ではなく、収益を支える事業になっています。電子情報材料事業の成功によって事業構造を大きく転換し、高成長した会社も現れました。しかし、ここでも二〇一〇年代に韓国、台湾、中国の追い上げに直面しています。

大手基礎化学品会社の利益を支える機能化学部門

	営業利益の中の機能化学部門比率		2019年度 全営業利益（百万円）
	2018年度	2019年度	
三菱ケミカルHD	36%	33%	194,820
住友化学	54%	67%	132,652
三井化学	72%	91%	71,636
昭和電工	1%	-2%	120,798
東ソー	33%	34%	81,658

注1：各社セグメント情報から機能化学部門を集計、三菱、住友はコア営業利益
ただし、調整項目の大きな部分である全社費用は主に基礎研究費であり、それは機能化学部門を目指すものが多いので機能化学部門に算入
注2：昭和電工は2018，19年度上期に黒鉛電極市況絶好調により非機能化学部門の利益が一時的に巨大になった。
出典：有価証券報告書

用語解説

*ハイテクブーム　1980～90年代には日米経済摩擦が続きました。米国は、日本が技術導入によって生産力を向上させることに反発し、"技術ただ乗り"との批判を浴びせました。すでに日本は欧米にキャッチアップし、技術導入から脱却する時代だったので、1980年代にハイテクブームが起き、日本企業は一気に自社技術開発に乗り出しました。

column

日本化学業界の著名な企業家たち②

化学会社に就職を考えている学生のみなさんは、会社に入ったら上司の指示を済ませて給料を受け取るだけの従業員に満足せず、自らが事業を生み出し、成長させることに生きがいを持つ企業家を目指してください。そのような人が揃えば、あなたの就職した会社は、見違えるように変わっていくでしょう。あるいは、あなた自身が新しい会社を立ち上げるチャンスも生まれます。

●高峰譲吉

ホルモンであるアドレナリンの発見者として有名な高峰譲吉は、化学者であっただけでなく、企業家でもありました。1879年、工部大学校（現在の東京大学）を卒業後、イギリスに留学し、帰国後、農商務省に勤めるまでは、明治初期のエリートの道を歩みますが、この辺りから脱線します。

ニューオリンズ国際博覧会に出張した際にリン鉱石を知り、帰国後、渋沢栄一（第一銀行をはじめ多くの会社の創業者）、益田孝（三井物産創始者）の支援を受けて東京人造肥料（現在の日産化学）を起こし、日本で初めて過リン酸石灰肥料事業を開始しました。

この工場が稼動するや、渋沢らの反対を押し切って1890年に渡米し、高峰が発明した日本酒製造工程のこうじ糖化技術をウィスキーに応用することを試みます。しかし、アメリカの他のウィスキー業者の焼き討ちにあい、病気にもなって挫折します。それにも、ひるむことなく、糖化酵素の研究からタカジアスターゼを発見し、酵素薬剤（胃腸薬）の特許をとりました。この薬は欧米で成功し、日本では1899年、三共商店（現在の第一三共）から販売されました（1913年に三共商店は三共株式会社になりますが、高峰は初代社長に迎えられました）。

高峰はこの成功にも酔うことなく、今度は副腎皮質ホルモンの研究に没頭し、アドレナリンの単離に成功して1900年に特許申請します。世界最初のホルモン発見であるとともに、医薬品事業としても大成功しました。1913年に日本に国民的化学研究所を設立すべきことを提唱し、これが1917年、理化学研究所の設立になりました。

高峰譲吉

第5章

化学会社内の仕事

　化学会社は多種多様です。少品種大量生産の会社もあれば、多品種少量生産品を中心とする会社もあります。中間投入財によるBtoB商売を中心とする会社もあれば、消費財によるBtoC商売の会社もあります。したがって、化学会社内の仕事もさまざまです。総務・人事・経理・財務・原材料や設備の調達のような、他の業界と同様の仕事もたくさんあります。本章では化学会社に特有とまではいえませんが、特徴的な仕事をいくつか紹介します。

1 事業部・事業会社

デュポン社は火薬会社としてスタートして大成功し、二〇世紀初頭からセルロイド、ペイント、染料などに多角化していきました。しかし、第一次大戦後の不況の中で組織運営上の問題が表面化しました。そこで打ち出された経営の抜本的な改善策が事業部制でした。これが世界最初の事業部制の出現でした。

会社組織の作り方

一人で始めた会社が成長し、働く人が増えると分業のメリットを生かすために**職能別組織**が作られます。その代表的なものは、**ライン職**としての生産部と営業部であり、**スタッフ職**としての人事部、経理部です。しかし、会社の事業が多角化すると、性格の異なる多数の製品を一人の生産部長が判断して管理することは困難になります。また、生産部と営業部の調整も手間取ります。そこで生まれたのが**事業部制組織**です。

事業部と本部

事業部制組織では、会社の事業をある規模以上は保つようにいくつかに括って〝事業部〟とします。各事業部の中に、生産と営業などのラインの仕事はもちろん、経理、人事などのスタッフもできるだけ分割して配分します。事業部長は、担当事業分野について生産販売権限から人事権限まで持ちますが、その一方で利益責任を負います。事業部が**プロフィットセンター**(利益責任単位)になるのです。これをさらに進めて、資本金も与えて、完全に一つの会社として運営できるようにしたのが**事業会社**です。

しかし、これでは会社としてバラバラになってしまい、資金調達や原料調達などでの規模のメリットを失ったり、スタッフの過剰化を招いたりしかねないので、共通機能・集約機能を担う本部が置かれます。事

ワンポイントコラム

【広報部】 広報部は「顧客、一般消費者、株主など会社外部に向かう仕事」と思われるかもしれません。しかし、会社内の従業員に的確に情報を伝え、共有化させ、アイデンティティを保たせることも重要な仕事です。

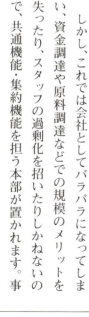

業会社の場合、これを担当するのが**持株会社**です。持株会社の株式のみが上場され、経営成績などの企業情報は、事業会社を連結した結果が発表されます。事業部や事業会社の情報は、**セグメント情報**として発表されます。純粋持株会社は一九四七年独占禁止法制定以来、日本では禁止されてきましたが、一九九八年に解禁されました。〝○○**ホールディングス**〟という名称の会社が持株会社です。

　研究開発組織の作り方はさまざまです。既存事業関連の研究については事業部・事業会社に分割し、共通基盤・基礎研究や既存事業と関係のない新分野の研究を本部（コーポレート部門）・持株会社が受け持つことが最近は多いようです。

　大学新卒者が化学会社に就職した場合、職能別組織なら、営業部門に配属になっても、人事ローテーションでさまざまな製品を担当し経験を広げていくことが普通でした。しかし、事業部制や事業会社になると、一定の事業分野のみでの異動が多くなる傾向があります。人材育成の視点から意識的に事業部、事業会社をまたがる異動を行う会社もあります。

会社組織のつくり方

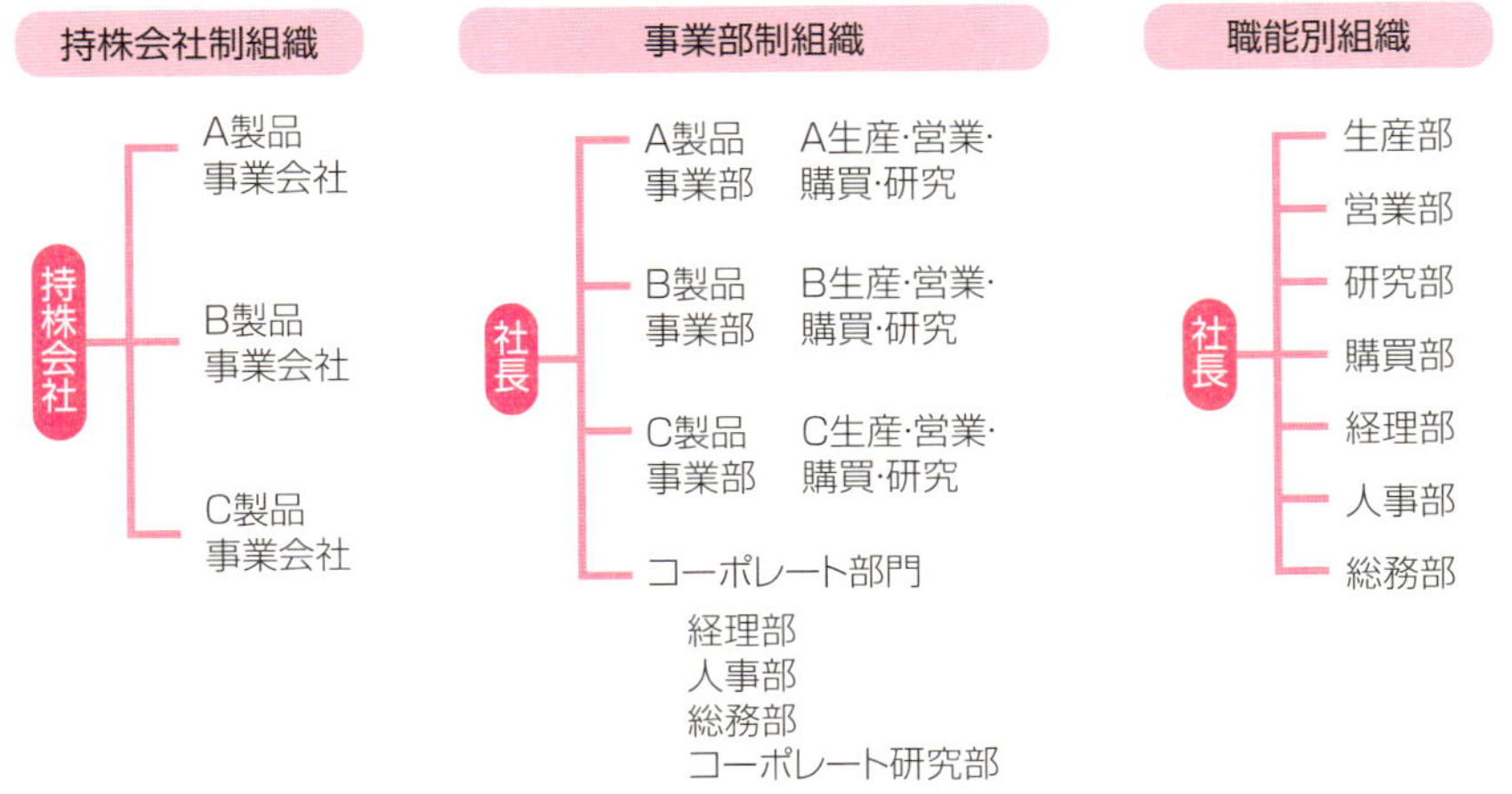

ワンポイントコラム

【事業部制と持株会社制】 従業員の給与体系を考えてみると、事業部制では、まだ一つの会社なので体系を別にするわけにはいかず、ボーナス査定で差をつける程度です。しかし持株会社制の事業会社は、各々別の体系を持ちます。日本では持株会社制の導入により、合併の大きな障壁が低くなりました。

2 新技術・新製品・新事業開発

化学会社に研究開発は不可欠です。全産業を通じても、化学会社は最も早くから会社内で研究開発を行ってきました。一八六〇年代に続々スタートしたドイツ染料会社です。一九三〇年代アメリカのデュポン社によるナイロン開発の成功は、企業内で基礎研究を行うことの重要性を初めて示す例になりました。

高まる重要性

化学産業は、画期的な新技術、新製品を生み出しては、新事業分野を広げ、成長してきました。日本の化学産業は、明治以来一〇〇年を経て、一九七〇年代に欧米に技術力でも追いつきました。石油化学の技術革新の嵐が終わろうとしている時代でした。一九八〇年代からは、次世代の化学産業への一番乗りを目指して、日米欧の化学会社が研究開発、新事業開発で競争する時代に入りました。

日本の化学会社の中で研究開発や新事業開発に携わる人数は急速に増え、現在では正社員数としては生産部門よりも多くなっている会社も少なくありません。化学会社、特に製薬会社では、大学院博士課程修了者や博士号を持つ研究者が、いまでは珍しい存在ではありません。

企業の研究開発活動

大学の研究活動は、研究者の興味のままに進められ、新規性のある学術成果が得られたら発表して一つのサイクルが完結します。一方、会社の研究開発活動は、競合品との競争に勝つ新技術や、新しい市場を作り出す新製品を開発することが求められます。その過程で、**特許権**などの**知的財産権**の構築も必要です。研究開発という多額のお金がかかる具体的活動に入る前には、**新事業企画、新製品企画、研究開発計画***の検討が、事

用語解説

***研究開発計画**　企業内の研究開発は、研究者だけで勝手にやっているわけではありません。企業の経営戦略、事業部の戦略に沿って、研究者も加わって研究テーマが決められ、スケジュール、人員、機器費、材料費などを予算化した上で、実際の研究が開始されます。もちろん、失敗はつきものです。

業部全体で行われます。

化学会社に三〇―四〇年間研究開発者として勤めていれば、事業の大きな浮き沈みを経験し、新事業など大きな転換を図らなければならない事態に多くの人が直面します。その際に重要なことは、常に新しいことに挑戦できる柔軟性と基礎力を持っていることです。

マーケティング

優れた新製品を開発したと自負しても、まったく売れなかったり、自分では劣っていると思われる競合品に負けたりすることがあります。優秀な製品を作ればお客様が自然と寄ってくるというものではありません。デュポン社のナイロン開発は、重合技術と紡糸技術の開発ばかりでなく、染色などの加工技術も開発し、衣服などの繊維最終製品まで試作して消費者の反応を捉え、ターゲット市場を絞り込み、集中宣伝を行うなど、材料開発における**マーケティング**活動の古典となっています。化学会社のマーケティングは、文系だけの仕事でも、技術系だけの仕事でもありません。両者の力が必要です。

大学と会社の研究の違い

	大学	会社
目的	学術の進展	会社の発展
研究テーマの探索	個人興味、学術進展動向	市場動向、技術動向
研究テーマの決定	研究者の自由（研究資金がつく限りにおいて）	会社の経営戦略に沿うもの
研究資金の獲得	大学基盤的経費、外部競争資金、受託研究費	会社資金、外部競争資金
研究の進め方・規模	個人～数研究室連携	チーム～数研究所、事業部連携
研究進捗管理	研究指導者チェック	ステージ・ゲート管理法など
研究成果の扱い	論文・口頭発表	特許、製品化、工程開発・改良
研究者の評価	新規学術成果	開発した製品・技術の利益への貢献度
研究者の報われ方	大学でのポスト、学会賞	給与、表彰、会社内ポスト

ワンポイントコラム

【マーケティングと営業（セールス）】 両者はよく混同されます。マーケティングは市場を創造するための総合的な活動（市場調査、商品企画・開発、物流・販売網つくり、販売促進）です。営業（セールス）はマーケティングで得た見込み客を自社の顧客にするまでの活動です。

3 工場建設と生産

大学卒の採用者数では圧倒的に技術系が多いのに、日本の化学会社の社長は文系出身者が多数を占めてきました。数少ない理系出身社長は、もっぱら会社内で生産部門の経験者です。生産活動は、それだけ重視されてきた活動といえるでしょう。(近年は研究開発部門出身の社長も生まれていますが)

工場・プラントの建設

化学産業では、化学反応設備やプラスチック・ゴムの加工設備など、大きな投資額を費やす工場・プラントが必要です。この建設は、現在では多くの場合、プラントエンジニアリングメーカーや機械メーカーが行いますが、化学会社には設備の設計、発注、建設管理などの仕事があります。また、運転開始後も、日常の保守業務や**定期修理**管理業務があります。

生産

どの産業でも、生産においては、安定、安全、コストダウンが重要です。とりわけ化学工場は**可燃物**や**高圧ガス**、**毒劇物**を大量に取り扱うことが多いので、安全は工場のみならず、地域周辺住民に対しても、絶対に確保しなければならない社会的責任です。アメリカの老舗の巨大化学会社ユニオンカーバイド社(UCC)は、一九八四年、インドのボパールにあった農薬子会社が起こした毒性物質の漏洩事故による業績悪化から結局立ち直れず、二〇〇一年にダウケミカル社(当時の社名)に吸収されてしまいました。

日本の機械産業のQC(品質管理)サークルによる改善積み重ね運動は有名です。化学産業では、配管一本の変更でも官庁の許可が必要になることも多く、また、プラント全体の運転を止めたり、多額の投資が必要となったりする場合もあります。このため日々の改善積

ワンポイントコラム

【プラントの建設管理】 理学部や農学部はもちろん、工学部の工業化学科でも化学工学をしっかり教えるカリキュラムが少なくなりました。化学工学を教えても、建設管理は教科書の最後にあるので、授業では時間切れになります。しかし入社してみると、その重要性が身に沁みます。95ページの図の理解は文系・理系に関係なく必須です。

み重ねというよりも、定期修理時期に合わせて改善が計画的に行われます。

環境保全

日本の化学会社も、アセチレン化学工業の時代に、**メチル水銀**を含んだ排水によって**水俣病**を起こし、また石油化学工業の時代になってからも、工場排ガスによる**四日市ぜん息**など重大な公害問題を起こしたことを忘れてはなりません。化学工場で仕事をする際には、環境保全と工場安全は使命と考えておかなければなりません。

化学物質安全

工場の環境保全が、排ガス、排水による環境汚染問題であるのに対して、化学物質安全は、化学産業の製品自体がもたらす安全問題です。昔から、医薬品や農薬は、期待する機能効用とともに、化学物質としての安全の確認が必須でした。最近は、すべての化学物質に対して、さまざまな視点からの安全確認が求められており、安全性の試験や管理の仕事が拡大しています。

化学工場・プラントの建設手順

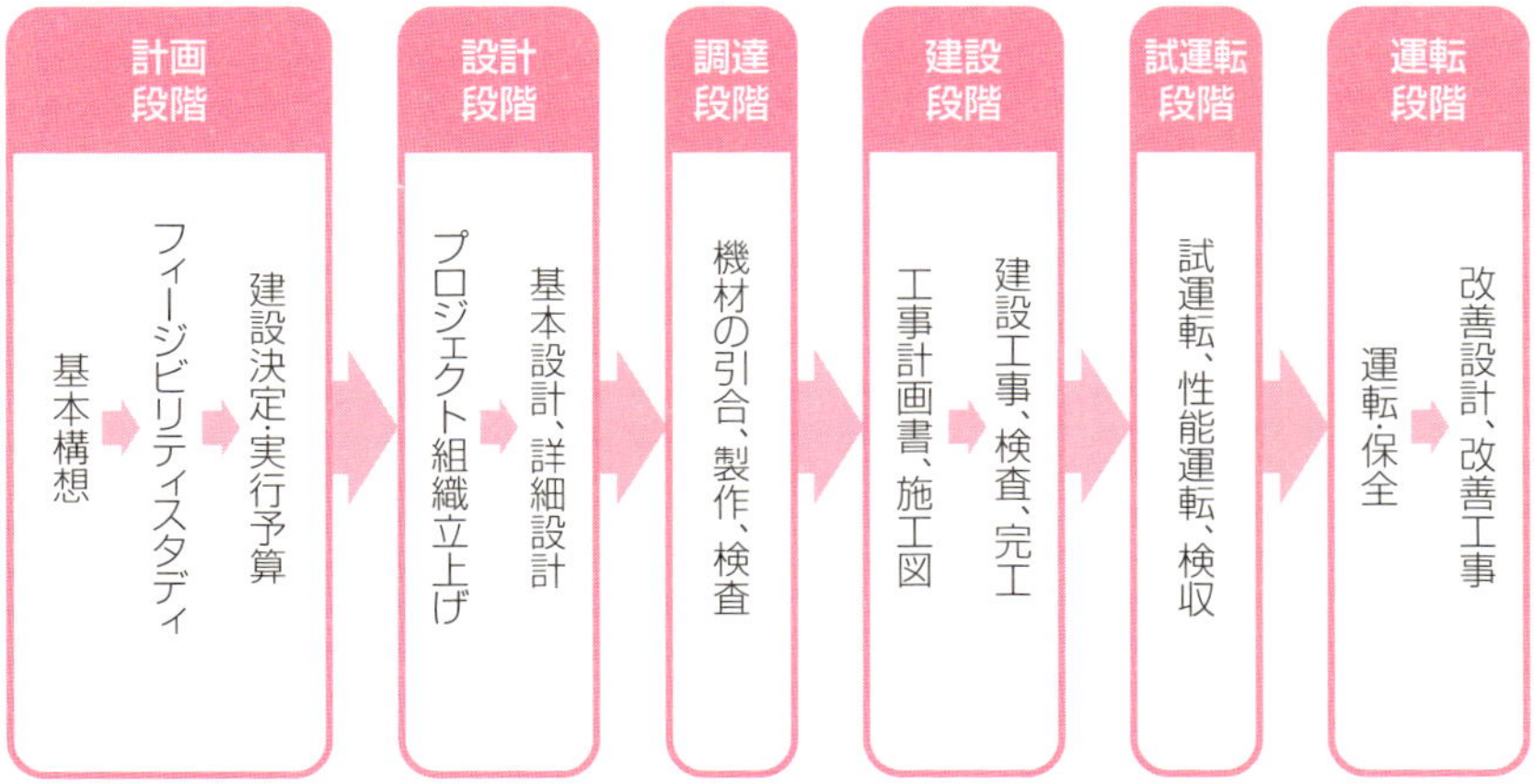

ワンポイントコラム

【三種の神器】　化学反応を扱う工場に配属された若手技術者は、消防法の危険物取扱者、公害防止組織整備法の公害防止管理者（大気、水質）、高圧ガス保安法の高圧ガス製造保安責任者、または労働安全衛生法の衛生管理者の国家資格を取得することを勧めます。化学産業技術者の三種の神器です。

4 ロジスティクス

〝ロジスティックス〟はもともと軍事用語で、前線に軍需品、食糧を補給し、兵員輸送を含むこともあります。のちに経営用語に転じて使われています。原材料、資機材の調達から製品の販売ルート（商流）、物流までも含む言葉として使われます。

購買

基礎化学品会社は、海外からナフサ、ＬＰＧ、原料塩、リン鉱石、石炭などを大量に購入します。一方、多くの中間財、消費財化学品会社は、主に他の化学会社から多種類の原材料を購入します。化学会社の競争力は、目に見えやすい製品開発力、生産力、販売力だけで決まるものではなく、地味な購買力で差がつくこともあります。購買力で定評のある化学会社もいます。単なる買い叩きばかりでなく、生産、物流部門と組んで創意工夫を重ね、納入業者と長期的なｗｉｎ－ｗｉｎの関係をいかに築いていけるかが重要です。

商流

化学品の**商流**は、中間投入財か消費財かによって大きく異なりますし、化粧品のように一つの化学品分野でも、いくつかの商流（専門店ルート、一般消費財販売店ルート、訪問販売ルート、通信販売ルートなど）が並列する場合もあります。このような商流の違いが、日本の化学業界の特徴の一つである専門店の寄せ集め構造を作っていると考えられます。医薬品と化粧品業界に特有の商流については、「医薬品業界の動向とカラクリがよ～くわかる本」（秀和システム）「化粧品業界の動向とカラクリがよ～くわかる本」（秀和システム）を参考にしてください。

ワンポイントコラム

【営業やロジスティクスも常に見直す意識を】 日本の化学会社の営業利益率が海外会社に比べて低いケースがよく見られます。コストダウンというと生産部門だけに目が行きがちですが、営業やロジスティクス部門を根本的に見直してみる意識も重要です。

商流は歴史的に形成されてきたこともあって、国ごとにも大きく異なる場合があります。化学産業の一つである合成繊維工業と、紡績、織物、ニット、染色加工などの繊維産業との関係、商流は、日本とアメリカで大きく異なります。

物流

化学産業の物流量は、石油精製業や鉄鋼業に比べれば桁違いに小さなものになります。しかし、それでも石油化学原料のナフサを中東から輸送するコストは、タンカーの大きさで差が出るので、受入れ港の水深一三メートルのプラスマイナス一―二メートルの違いで、大きく異なってきます。もちろん、それだけでは済みません。陸揚げのための貯蔵タンクの充実度合いも重要なのです。

一方、消費財化学製品は、多品種になるので、基礎化学品とは別の観点から**物流**が重要になります。生産、商流、物流を組み合わせたシステムを構築していることが、花王の強さの要因の一つといわれます。しかし、一朝一夕で作り上げられるものではありません。

プラスチックの流通ルート

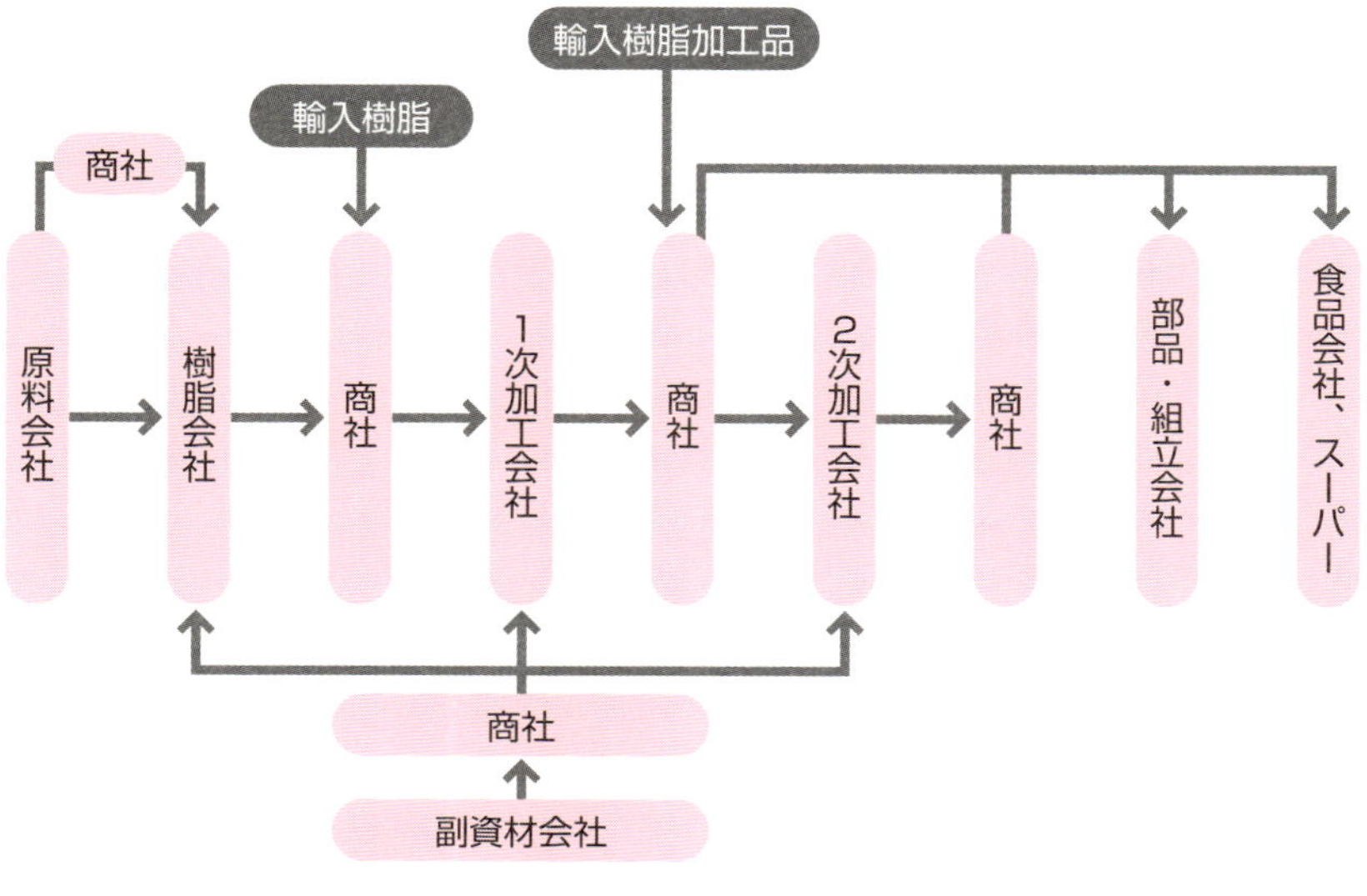

ワンポイントコラム

【商社】 輸入取引はもちろん、多くの国内取引にも商社が間に入ります。商社は、玉(商品)の手配だけでなく、輸送船舶などの手配、代金の回収などさまざまな活動をしてくれます。商品の市況、需給はもちろん、事故トラブルなどの情報も豊富です。会社に入ったら商社との付き合い方も勉強です。

column

日本化学業界の著名な企業家たち③

●野口遵と宮崎輝

カーバイド、アンモニア、レーヨンなど次々と新事業に挑んだ企業家である野口は、本書にしばしば登場します。1924年から朝鮮で大電力・化学コンビナート事業に取り組み、成功しました。1940年病気で引退し、1944年に亡くなりました。日本の化学産業史上、最大の企業家でした。

しかし、第2次大戦敗戦によって、野口の興した海外資産がすべて失われてしまいました。戦後、混乱のレーヨン会社旭化成を建て直し、アクリル繊維、石油化学、建材・住宅、食品、エレクトロニクスと次々に新事業に挑戦した企業家が宮崎輝です。

野口遵

宮崎輝

●長瀬富郎と丸田芳郎

1887年、長瀬は日本橋茅場町に洋物雑貨商として長瀬商店（現在の花王）を設立しました。外国石けんに比べて国産石けんの品質が劣るので、高品質の石けん製造事業に乗り出し、1890年「花王石鹸」を売り出して成功しました。「清潔な国民は栄える」をモットーに高級石鹸の機械生産に挑戦しました。

丸田は、1935年桐生高等工業学校（現在の群馬大学工学部）を卒業後、大日本油脂（現在の花王）に入り、高級脂肪酸の高圧水素添加の研究開発などに活躍しました。経営者となってからは、販社制度の創設、物流改革、開発生産販売の一体化、顧客情報のフィードバックシステム、石けん・洗剤から幅広いトイレタリー事業、化粧品事業への展開などに挑戦し、花王の飛躍的成長をもたらしました。

長瀬富郎

丸田芳郎

第6章

化学業界に関連する法規制

法学部の学生以外は、大学時代に法律を意識することなど、ほとんどなかったでしょう。しかし、会社で仕事を始めると、さまざまな法律に出会います。会社自体が、商法・会社法に規定された存在です。会社に雇われることは、民法、労働関係諸法に基づいています。

ただし、ここでは、このようなさまざまな業界に共通の法律ではなく、化学業界に関係の深い法律を中心に紹介します。なお、法律の名称は略称を使っています。

1 事業運営に関わる法規制

製造設備を設置しようとする時に、「火災や爆発の危険を考慮して、規制基準に合っていれば許可する」というような規制は、あとで紹介します。ここでは、製造や販売などの事業を始めること自体を直接規制する法律、事業競争の進め方を規定している法律を紹介します。

事業の許可

一般に、化学製品を製造したり、販売業者として仕入れたものを販売したり、輸入したりすることは自由です。しかし、化学製品の中でも医薬品や化粧品、**工業用アルコール**＊の事業を始めるためには、まず事業者としての許可を得なければなりません（**医薬品医療機器法**、**アルコール事業法**）。このような許可制は、国民の権利を制限し、また新規参入の自由によって守られるべき活発な競争を妨げることにもなりかねないので、法律の目的を達成するための必要最小限に限定されるべきです。当然のことながら申請者の資格や許可の基準が法律に明確に示されます。一方、農薬や肥料の製造者や輸入者は、製品ごとに登録が必要です。登録には、必要な性能を満たすことや安全性の証明が必要です。事業自体の許可と混同しないで下さい。

独占禁止法と特許法

独占禁止法＊は事業者間の公正、自由な競争を促進して、消費者の利益確保、国民経済の発達を図ることを目的とした法律です。事業者同士が製品価格値上げを取り決めたとして摘発されるカルテル事件を時々新聞紙上で見かけます。最近は違反に対して巨額な**課徴金**が課されたり、関係者が**刑事告発**を受けたりするようになりました。「会社の利益のために行ったのに」と本人は思っていても、会社に大損害を与え、社会的信

用語解説

＊**工業用アルコール**　炭素2個のエチルアルコールはお酒の成分です。それとともに溶剤、消毒薬、お酢の原料など化学品としても重要です。酒税は国の重要な財源なので、工業用アルコールにはお酒に転用されないよう、非飲用措置など厳しい管理がされています。

用を落としてしまう上に、本人の一生も棒に振ることになりかねません。

　ある事業者が成功したら、それを見習ってその事業に参入することは、競争促進の観点から推奨されます。しかし、新技術や新製品を発明したことによって成功した事業に、他人がその技術を勝手に使ったり、製品をそっくりまねたりして参入したのでは、誰も苦労して発明しなくなるし、他人がまねできないように発明を一切隠してしまうでしょう。このため、国が一定期間に限って発明を発明者の財産と認めることによって発明を保護するとともに、発明の売買の道も開いて利用促進を図っているのが**特許法**です。特許は公表されるので、科学技術の進展にも役立つのです。

　一九七五年に、日本でも**物質特許制度**が導入されました。それまでは新規物質を発明しても、製造方法に対して特許が与えられるだけだったので、別の製造方法を開発して同じ物質を製造し参入することが可能でした。この制度改正は、医薬品など化学産業には大きな影響を与えました。特許切れ医薬品は**後発医薬品（ジェネリック医薬品）**と呼ばれています。

特許法のしくみ

考え方　発明を公開し、その代償として一定期間独占権を付与して保護します

発明とは　自然法則を利用＋技術的思想（×技能）＋創作（×発見）＋高度

独占権　特許権

一定期間　出願から20年、医薬品は25年

特許を受けられる要件　産業上の利用可能性＋新規性＋進歩性

先願主義、発明の種類（物の発明、方法の発明）、発明の帰属と職務発明制度

特許を得る手続き

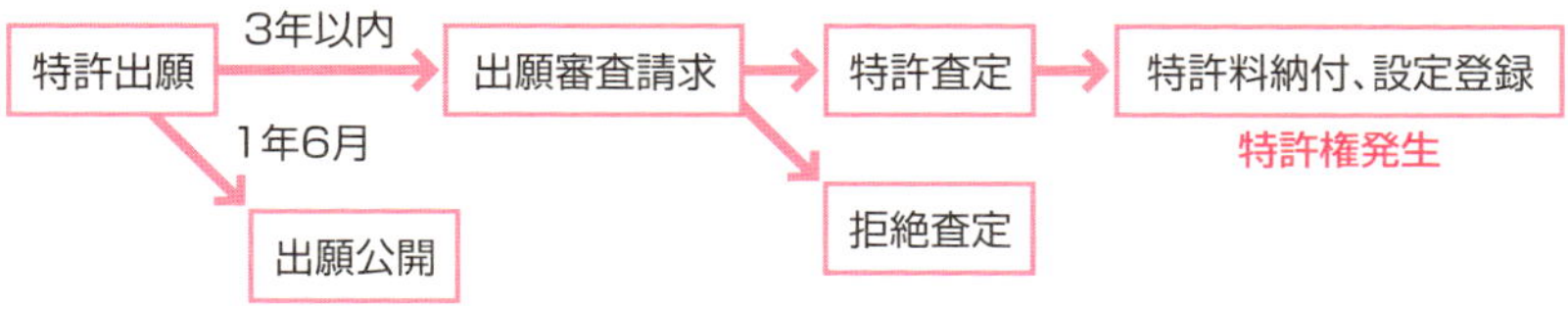

用語解説

＊**独占禁止法**　上に説明したカルテル以外にも、会社の合併や事業提携、技術提携などについて、競争が行われない状態にならないかとの視点から、独占禁止法は規制しています。内閣とは独立した国家組織である公正取引委員会が所管しています。

化学品の安全に関わる規制

化学品の安全に関わる法規制は、化学業界にとくに関係の深い規制ですが、化学品の利用者に関係することもたくさんあります。化学物質全般にわたる規制と、医薬品、農薬のような特定用途の化学品のみに関わる規制の二種類があります。

化学品全般にわたる規制

古くからある化学物質の規制として、**毒物劇物取締法**があります。法定された毒物劇物の製造、輸入、販売者は登録が必要であり、盗難紛失のないよう管理が義務付けられます。化学物質が犯罪に使われたり、過失で中毒事故を起こしたりすることを防ぐための規制です。

PCB*や**DDT***のような化学物質による環境汚染が、一九七〇年代に世界各地で明らかとなりました。公害規制法や毒物劇物取締法の盲点でした。

これを防止するために、日米欧で足並みをそろえて制定されたのが**化学物質審査規制法**です。自然界で分解されにくいか、**食物連鎖**で生物に濃縮されるか、人や動植物に**毒性**があるかの視点から、すべての化学物質を試験し、ランク付けして製造、輸入、販売、使用の規制を行います。最も厳しいランクの第一種**特定化学物質**の場合には製造、輸入、使用のすべてが事実上禁止されます。優先評価物質や一般化学物質は国がリスク評価を行いますが、事業者に有害性調査の指示が出されることもあります。一方、**新規化学物質**は、事業者が多額の費用をかけて試験を行い、その結果を添えて国に届け出て審査を受け、合格しなければ、年間一トン以上の製造も輸入もできません。常に新物質を作っている化学会社には重い負担です。

化学物質排出把握管理促進法(**PRTR法**)は、一九

用語解説

＊**PCB**　ポリクロロビフェニルの頭文字です。さまざまな塩素の数の混合物で、高沸点で酸化されにくい安定した液体です。熱媒体、変圧器の絶縁油、ノーカーボン複写紙などに使われました。1968年カネミオイル事件(熱媒体に使ったPCBが混入した食用油による油症発生)が起きました。

九九年制定の法律です。取扱量の多い化学物質、有毒物質、オゾン層破壊が懸念される物質など多数が指定されており、事業者はこれら物質の環境への排出量を毎年届け出なければなりません。また、化学物質の取引の際に、性状や取扱いに関する文書(SDS)を提供しなければなりません。

特定分野の規制

医薬品医療機器法では医薬品、医薬部外品、化粧品、医療機器、再生医療等製品の品目ごとに製造販売の承認が必要です。承認申請には品質、有効性はもちろん、各種安全性試験の結果も必要です。**農薬取締法**は農薬ごとに登録を義務付けています。登録申請には薬効、適用病虫害の範囲、使用方法に加えて、薬害、毒性、残留性に関する試験成績が必要です。**食品衛生法**では厚生労働省が定める食品添加物以外の製造、輸入、販売が禁止されています。厚生労働省は、化学物質が人に健康被害を与えることがないことを確認して**食品添加物**を定めます。食品中の**残留農薬基準**も食品衛生法で定められています。

化学物質審査規制法のしくみ

既存化学物質を含めた包括的管理制度

年間1トン以上の製造・輸入者は毎年度数量の届出必要

新規化学物質の製造・輸入の届出義務、事前審査

化学物質の審査観点

a 自然界で分解されにくいか(難分解性)　b 生物体内に蓄積されやすいか(蓄積性)

c 継続摂取で人の健康を損なうか(長期毒性)　d 動植物に支障を及ぼすか(生態毒性)

化学物質の区分	指定要件	規制の基本的考え	指定物質数
第1種特定化学物質	abc又はabdに合致	事実上禁止	PCB、DDT等33
監視化学物質	abに合致,cd不明	使用状況詳細把握	酸化水銀等41
第2種特定化学物質	ac又はadに合致	環境への放出抑制	トリクロロエチレン等23
優先評価化学物質	c又はdの疑い	国がリスク評価	クロロホルム等226
特定一般化学物質、特定新規化学物質	ab不合致、排出量小さいが、毒性強い	譲渡時に情報伝達努力	2018年4月施行の5年後から公示
一般化学物質	上記以外すべて	使用状況把握	非常に多数

注：指定物質数は2020年4月時点

用語解説

＊DDT　1939年、スイスのガイギー社のミュラーによって殺虫効果が発見された塩素系農薬・公衆衛生薬。日本でも戦後、アメリカ占領軍がノミ・シラミ防除に使用し、広まりました。ミュラーは1948年にノーベル生理・医学賞を受賞。しかし1962年、レイチェル・カーソンが『沈黙の春』で環境汚染を告発しました。

3 事故・犯罪テロ防止に関わる規制

火薬や化学兵器となりうる毒性ガスが、事故や犯罪防止の観点から厳しく規制されることは、十分に予想されます。しかし、意外なことに「化学兵器製造に使われる可能性がある」として、平凡な多くの化学品まで規制されています。

火薬

ノーベル賞で有名なアルフレッド・ノーベルは、不安定な液体である**ニトログリセリン**をケイソウ土に吸収させて安定化させ、**ダイナマイト**を発明しました。また、起爆薬も発明しました。こうして火薬が工業火薬として使えるようになったのです。工業火薬は鉱山や土木工事に活用され、ノーベルは巨万の富を築きました。

火薬は災害を防止し、公共の安全確保を目的として、**火薬類取締法**で製造、販売、貯蔵、消費のすべてにわたって規制されています。工業火薬でない武器としての爆発物は、**武器等製造法**で厳しく規制されています。

化学兵器禁止法

化学兵器は第一次世界大戦で大々的に使用されました。はじめは塩素、ホスゲンのような工業的にも大量に使われているガスでした。しかし、すぐに兵器としての性能が追求され、化学兵器専用物質マスタードガスが生み出され使われました。その後も化学兵器開発研究はエスカレートしていきました。一方、毒ガス使用は一九〇七年ハーグ条約で禁止され、一九二五年ジュネーブ議定書でも改めて使用が禁止されました。一九九三年に署名された化学兵器禁止条約は、化学兵器の開発、生産、保有を包括的に禁止し、その義務の遵守確保のために実効的な検証制度も持つ画期的な条約です。

ワンポイントコラム

【ノーベル】 ノーベル賞がノーベルの遺産で創設されたことは有名です。ノーベルの創設した会社は、今のアクゾノーベル社です。1994年に合併でできたオランダに本拠を置く2019年売上高93億ユーロ(1.13兆円)の大会社です。主要製品は、塗料とスペシャリティケミカルです。

化学兵器禁止法は、化学兵器禁止条約、テロリスト爆弾使用防止条約を日本も実施するために、一九九五年に制定された法律です。化学兵器として使用されうる毒性物質ばかりでなく、その前駆体、さらにその原料物質も対象となるので、意外にも化学産業で普通に使われていたり、製品となっていたりする化学物質も規制対象になります。

また、製造の届出の義務がほとんどすべての有機化学品、無機化学品に課せられています。法律で指定された毒性物質や原料物質を取扱う場所には国際機関の立入検査もあります。

安全保障貿易管理

軍事転用可能な貨物・技術が脅威となる国やテロリストに渡ることを防止するために、輸出管理の枠組みが国際条約で決められています。日本もこれら条約に加入し、**外為法**の下で、貨物は**輸出貿易管理令**、技術は**外為令**で、対象品目・技術や対象国が詳細に決められています。多くの化学製品、化学技術が対象となるので、輸出の際には十分にチェックする必要があります。

化学兵器禁止法のしくみ

規制対象	化学兵器	砲弾、ロケット弾等に毒性物質を充填したもの
	毒性物質	吸入、接触した場合、人を死に至らしたり、身体機能を害するもの
	特定物質、指定物質、有機化学物質、特定有機化学物質	法律で指定された毒性物質（サリン、ホスゲン等）、その原料物質
規制	禁止	化学兵器の製造、所持
	許可	特定物質の製造、使用
	届出	一定量以上の指定物質の製造、使用（翌年予定数量、前年実績数量）
	届出	一定量以上の有機化学物質の製造実績数量
	国際検査の受入	届出情報と実際の活動の整合性確認

ワンポイントコラム

【毒ガスサリン事件】 1995年に東京の地下鉄で毒ガスサリンをまく無差別テロ事件が発生し、毒ガスが私たちに無関係な存在でないことを思い知らされました。さまざまな化学品を扱っている化学会社にとって、忘れてはならない事件です。

4

工場操業の安全に関わる規制

化学工場では燃えやすいものや爆発可能性のあるもの、また有害なものが大量に使われ、製品として日々生み出されています。工場で働く労働者はもちろん、周辺の地域住民の生命、財産の安全確保のために化学工場には多くの規制がかけられています。

労働安全

一九七二年に労働災害防止を目的に、**労働基準法**から分かれて**労働安全衛生法**が作られました。労働災害には、切ったり挟まれたりという物理的なものと、危険物、有害物による健康被害を受ける化学的なものがあります。化学産業は両方に関係しますが、ここでは後者のみ紹介します。

過去に重大な労働災害を起こした化学物質、化学製品は、製造、輸入も、使用も禁止されています。染料の原料であったベンジジンや黄リンマッチです。労働者ばかりでなく、周辺住民にまで癌などを引き起こした**石綿**（アスベスト）も規制されています。

火災、爆発の防止

消防法、高圧ガス保安法、石油コンビナート等災害防止法は、化学業界で仕事をすれば必ず出会う法律です。**消防法**は、この三つの法律のうち、最も基本的で広範な対象を持つ規制法です。化学工場でこの法律の対象とならないことは、ほとんどありえません。発火性物質や引火性液体など、火災爆発の可能性のある多くの化学品の製造、貯蔵、取扱全般にわたって規制しています。製造所、貯蔵所（タンクのこと）、取扱所の設置はもちろん、変更もすべて許可制です。ちょっとした配管工事なども変更となります。大きな化学工場ばかりでなく、街中にある**ガソリンスタンド**も規制対象です。

ワンポイントコラム

【石綿】 ケイ酸塩鉱物でワタ状の物質。燃えず断熱性が高いことから、火災時に鉄骨が弱くなることを防止するため、鉄骨の表面に吹き付けることを消防署から強く指導されてきました。2006年に労働安全衛生法により製造禁止になり、大気汚染防止法で粉塵の排出規制も行われています。

一定規模以上の危険物を取扱う事業所では**保安防災組織**を設置する必要があります。**危険物**を取扱うには、**危険物取扱者**の資格が必要です。大学卒技術者が工場などに配属されて、最初に取得しなければならない**国家資格**です。

高圧ガス保安法も高圧ガスについて消防法と同様の幅広い規制を行っています。なお、化学工場では可燃物が多いので、直火を扱う設備はできるだけ**ボイラー**に限定し、反応や蒸留のための加熱はボイラーからの高圧蒸気(過熱蒸気)を使います。ボイラーや高圧蒸気の安全は、**労働安全衛生法**で規制されています。

石油・石油化学コンビナートは、その地域に多くの石油精製工場、化学工場が集積し、危険物、高圧ガスも大量になります。消防法や高圧ガス保安法によって、個々の製造所などの安全性をチェックするだけでは対応が不足するので、**石油コンビナート等災害防止法**によって地域全体での規制もかけています。一九七三年に全国のコンビナート地区で大規模な事故が多発したために、一九七五年に制定された法律です。

消防法のしくみ

	類別	性質	具体的な品目例
危険物	第1類	酸化性固体	硝酸塩類
	第2類	可燃性固体	金属粉
	第3類	禁水性、自然発火性	有機金属類
	第4類	引火性液体	石油類
	第5類	自己反応性	有機過酸化物
	第6類	酸化性液体	過酸化水素
規制対象	製造所、貯蔵所、取扱所		
規制内容	設置・変更の事前許可、基準適合確認の完成検査		
	位置、構造、設備の技術上の基準		
	違反等への市町村長の使用停止命令		
	危険物取扱者、危険物保安組織		

ワンポイントコラム

【労働安全衛生法】 1970年代に再整理された環境関連法が体系化されてわかりやすいのに対して、1972年の制定にもかかわらず、労働安全衛生法は内容整理の悪いわかりにくい法律です。とくに施行規則が多数乱立し、事件・事故のたびに追加されるので、乱雑です。

5 工場操業上の環境保全に関わる規制

一九五〇―六〇年代に日本各地で深刻な公害問題が発生しました。そのピークというべき四大公害裁判のうち、三つ(水俣病、四日市ぜん息、新潟水俣病)に化学産業が関与しています。このため、一九七〇年代に工場に対する環境規制が徹底的に行われました。

工場排ガスに対する規制

大気汚染防止法によって、一九七〇年代に燃焼によって発生する**ばい煙**(**硫黄酸化物**、**ばいじん***、塩素及び塩化水素、**窒素酸化物**など)が規制されました。煙突から出る排ガスの規制です。一九八〇年代以後は、煙突以外から発生する**有害大気汚染物質**(ジクロロメタン、ベンゼン、トリクロロエチレンなど)の排出抑制が進められています。また、近年は地球温暖化問題の対策として温室効果ガスの排出削減も図られています。

化学産業に関係の深いものとしては、**亜酸化窒素**とハイドロ**フルオロカーボン**、パーフルオロカーボンがあります。光化学スモッグ対策のために二〇〇四年改正により**揮発性有機化合物**(VOC)も規制対象になりました。これに対応して塗料、接着剤で有機溶剤を使わない製品開発が進められました。

工場排水に対する規制

工場排水は**水質汚濁防止法**によって規制されています。水銀、カドミウム、六価クロム、シアンなどの有害化学物質は、排水基準を一瞬でもオーバーしたら、改善命令などを経ることなく、罰則を受けること(**直罰制**)になったので、違反事例は非常に少なくなりました。

化学産業と排水の関係では、**水俣病**を忘れてはなりません。戦後の化学産業復興過程では、アセチレン化学が基礎化学品工業の一つの柱になりました。しかし、

用語解説

***ばいじん** 大気汚染防止法では、物の燃焼に伴って発生する硫黄酸化物SOX、ばいじん、および塩素などの有害物質をばい煙と呼び、粉じん、自動車排ガスとともに規制対象にしています。ばいじんは、燃焼に伴い発生する浮遊状物質"すす"のことです。ばい煙、ばいじん及び粉じんは、紛らわしい法律用語です。

アセチレンから水銀塩触媒を使ってアセトアルデヒドを生産する工程で、メチル水銀が微量に副生し排水中に排出されました。これが食物連鎖で濃縮されて一九五〇年代に水俣病を起こしました。その後、六〇年代末になって、ようやく原因物質と原因企業に関する政府統一見解が発表され、一九七三年には原因企業と患者団体の間で補償協定が締結されました。しかし、この年、全国的に魚の**水銀汚染パニック**が起り、漁民の抗議行動によって、水俣病と関係のない多くの水銀法苛性ソーダ工場までも一時生産停止に追い込まれました。ここから、さらにソーダ工業の**製法転換**という大きな負担を、多数の化学会社が負うことになりました。

悪臭に対する規制

スチレンモノマー、各種アルデヒド、硫化水素、**メルカプタン**など悪臭の強い化学物質については、**悪臭防止法**で規制されています。悪臭問題は、大気汚染問題とは少し異なり、比較的限定された地域問題が多いため、法律制定が直ちに問題の全面解決につながらない難しさがあります。

大気汚染防止法、水質汚濁防止法のしくみ

環境基準		人の健康保護及び生活環境保全上、維持されることが望ましい基準 環境基本法に基づいて政府が定めます
排出基準		事業所等が汚染物質を排出する許容限度 大気汚染防止法、水質汚濁防止法によって定められます
汚染物質	大気	煤煙、揮発性有機化合物、粉塵、有害大気汚染物質、自動車排出ガス
	水質	健康項目（人に健康被害を与える）、生活環境項目（汚染状態の指標）
規制方法		事業者に基準遵守義務、無過失責任主義、直罰制、総量規制、
		都道府県上乗基準

ワンポイントコラム

【その他の工場公害規制】 環境基本法では公害を、大気汚染、水質汚濁、土壌汚染、騒音、振動、地盤沈下、悪臭の6つに区分·限定しています。大気、排水、悪臭のほか、化学工場に関係深く、留意しなければならないのは土壌汚染です。

column

新型コロナ対策で活躍する化学

新型コロナは2020年1月に中国・武漢市で爆発的に蔓延していることが発覚しました。中国政府がいつものごとく情報を秘匿したために2月以後急速に世界中にこの伝染病が広がりました。当初は症状経過も、治療法も分からず、世界各国とも対応は混乱を極めました。このような見えない敵と人類が戦う手段として化学は様々な面で活躍しました。

医療従事者を伝染病から守る手段としてポリプロピレン不織布製の医療用マスク、ポリエチレンフィルム製の防護服、天然ゴムや合成ゴム製の防護手袋は不可欠です。ウイルスが付着した可能性のある品物の消毒殺菌には次亜塩素酸ソーダ希釈液やアルコール消毒液が病院ばかりでなく、公共施設でも、家庭でも広く使われました。

重症化し、呼吸困難に陥った患者を救う最後の手段として、人工呼吸器、さらにECMOなどの医療機器が使われました。気管支に入れるチューブ、ECMOで血液を体外循環させるチューブはすべてプラスチックの使い捨て製品です。さらにECMOの膜型人工肺は多孔質ポリプロピレン膜やポリメチルペンテンとの非対称構造膜です。

一方、治療薬に関しては、当初は承認されたものがなかったことから医者が様々な既存薬を試しました。その中から少しでも効果のありそうな候補を見出して臨床試験が行われ、2020年夏頃からいくつかの抗ウイルス薬（ウイルスの増殖抑制）やステロイド系抗炎症薬（免疫の暴走抑制）が転用治療薬としてようやく承認されるようになりました。最初から新型コロナの治療を目指す新薬の開発は遅れ、2020年内には承認された治療薬は世界中にまだありません。候補としては、従来からの低分子薬ばかりでなく、回復患者からの血漿分画製剤（免疫抗体）、核酸医薬、細胞医薬、ペプチド医薬などバイオテクノロジーを活用した新しいタイプの様々な化合物があります。

ウイルス伝染病の蔓延を防止する手法としてワクチンがあります。新型コロナ用ワクチンの開発も、従来型の生ワクチン、不活化ワクチン、ウイルスの殻だけを使うワクチンに加えて、別の無害なウイルス（ベクター）を使って病原体の一部を注入するワクチン、病原体のRNAやDNAの一部を人工的に合成して使うワクチン、遺伝子組換え技術でつくったウイルスの殻の一部を使うワクチンなど、様々な新しいタイプのワクチンの開発も進み、2020年内にRNAワクチンが欧米などで承認され、接種が始まりました。

第7章

身の回りの化学製品のカラクリ

私たちの身の回りには、さまざまな役割を果たしている化学製品があることを第2章で述べました。日頃見かける製品の中から、不思議だなと思われるものについて、どのような化学のカラクリで作られているのか紹介しましょう。日本の化学会社が知恵と努力を傾けている商品開発の一端を見ていただくことになります。

1　脱酸素剤

食品会社が作ったスナック菓子やお餅などの袋の中に、「食べられません」と印刷された小さな薄い脱酸素剤が入っているのに気付かれているでしょう。この商品のカラクリと開発物語を紹介します。

商品コンセプト

加工食品の包装の中には、**シリカゲル**や**生石灰**《せいせっかい》の**乾燥剤**が昔からよく使われてきました。これは包装の中の湿度を低く保つためです。ところが空気中には酸素があって、これが食品の油焼けや変色、虫がつく原因となります。これは乾燥剤では防げません。このため、ガス透過性の低い包装フィルムが開発されるにつれて、**真空包装**や**窒素ガス充填包装**により酸素を排除することも行われるようになりました。しかし、これでも酸素を百パーセント排除できません。酸素を化学的に除去することが求められます。これが**脱酸素剤**の商品コンセプトです。その際に、万一食品に混入しても人に害がないこと、コンパクトであること、安価であることが必要です。

商品開発

一九七三年頃、三菱ガス化学の生産品であるハイドロサルファイトを原料に、脱酸素剤を商品化したメーカーがありました。しかし、この商品は品質不安定や**亜硫酸ガス**が発生することもあって失敗となり、撤退しました。

三菱ガス化学は、脱酸素剤が時代のニーズに合った食品保存法であることを知り、自社で脱酸素剤の開発を始めました。多くの失敗がありましたが、あらかじめ一部を酸化した鉄粉を基本材料に商品開発に成功し、一九七七年から発売を開始しました。その際に、ユーザーの立場に立って脱酸素剤だけでなく、酸素検

用語解説

＊**ビタミンC**　化学物質名はL-アスコルビン酸で、酸化されやすい化合物です。ビタミン類の中では比較的簡単な化学構造をしています。発酵法により大量に生産されています。

知の錠剤も一緒に開発したことが、脱酸素剤普及の大きな決め手になりました。酸素検知錠剤は、〇・一～〇・五％程度の酸素濃度を境に色が変わるので、脱酸素剤が有効か否かを袋の外からユーザーが見るだけで判断できるのです。乾燥剤シリカゲルに入っている青色粒と同じ発想です。

さまざまな種類の脱酸素剤

鉄系脱酸素剤には、食品から出る高湿度に触れることによって脱酸素の反応が始まる〝水分依存タイプ〟と、脱酸素剤自体に水を保持させている〝自力反応タイプ〟があります。後者は傷みの早い食品の包装向けで、包装後、すぐに反応を開始します。

一方、鉄粉を使わないで、**ビタミンC***のような酸化されやすい有機物を使う商品も開発されています。この場合には、脱酸素剤が金属探知機に検出されにくいので、食品包装後に**金属探知機検査**が行えます。また、包装後の袋の収縮防止のために、酸素を吸収すると炭酸ガスを発生する優れものも開発されています。

各種の食品保存材料

製品	原理、効用	使用物質
脱酸素剤	密閉容器内を脱酸素状態にする かびや害虫の防止、酸化劣化防止	鉄粉、ビタミンC
乾燥剤	密閉容器内の水蒸気を吸収する 食品の湿度による劣化を防止	生石灰、シリカゲル 塩化カルシウム
酸化防止剤	食品の酸化による劣化を防止するために添加される食品添加物	ビタミンC、ビタミンE 亜硫酸ナトリウム、BHT
保存料	微生物の増殖を防止するために添加される食品添加物	安息香酸ナトリウム ソルビン酸ナトリウム

ワンポイントコラム　**【電子レンジ】** 脱酸素剤は鉄粉なので、電子レンジで食品を加熱する時には外してください。

2 使い捨てカイロ

江戸時代には、温石《おんじゃく》といって、温めた石を懐に入れて暖をとったそうです。その後、石油ベンジンを燃料とした白金懐炉が使われてきました。一九七八年に使い捨てカイロが発明されると大ヒット商品になりました。二〇一九年度シーズンには日本で一五億枚が販売されました。（カイロ工業会一五社集計）

商品開発のきっかけ

現在の形の使い捨て**カイロ**を開発し、一九七八年に大ヒットを飛ばしたのは、ロッテ電子工業（現在のロッテ健康産業）です。ロッテ電子工業と共同開発のパートナーである日本バイオニクスが、お菓子用脱酸素剤を研究している過程で鉄粉の発熱効果を知ったことから、使い捨てカイロの商品開発が始まりました。

商品の構成

使い捨てカイロは、脱酸素剤と同じく鉄粉の空気による酸化を利用しているので、主成分は**鉄粉**です。これに、十分な酸素を供給する**活性炭**、酸化反応の**触媒作用**をする食塩水、水によるべたつきを防ぐ保水剤としての**バーミキュライト**や**高吸水性ポリマー**から成ります。それとともに、使用するまでは鉄粉が空気に触れないように密封する酸素透過性の低い外装フィルム、逆に酸素を通す内装袋用フィルムも重要な商品構成要素です。当初は、鉄粉と触媒を別々に包装して、使用時に混ぜる商品形態も検討されました。しかし、外装フィルムへの信頼性が高まったので、あらかじめ鉄粉と触媒を混合しておく方法が採用されました。外装を開封すれば、すぐに使える商品の完成です。外装フィルムが、商品の使いやすさとコストダウンをもたらしました。

発熱コントロール

用語解説

＊**粉末冶金**　金属粉末を金型でプレス成形した後、焼結する金属部品製造法。溶融金属を型に流し込む方法では均一な組織が作りにくい合金などに向きます。内部に空孔が生じるので、油をしみこませて含油軸受けを作ったり、部品の軽量化を図ったりすることもできます。

商品としては、発熱温度と発熱時間のコントロールが重要です。貼るタイプと貼らないタイプで異なりますが、発熱温度は最高で六〇〜六五度程度、平均で五〇〜五七度程度にコントロールする必要があります。このためには、内装袋の通気量と鉄粉、活性炭、保水剤の粒の細かさや種類、ブレンド具合を調整しています。

鉄粉

脱酸素剤と使い捨てカイロは、一九七〇年代後半、ほぼ同時期に商品化されました。どちらも原料は鉄粉です。鉄粉はもともと粉末冶金*用に大量に作られてきた製品です。これに目をつけて、まったく新しいコンセプトの商品がほぼ同時に生まれたことは、大変に興味深いことです。鉄粉は、製鉄所で鉄鋼を加工する過程で除去、回収された酸化鉄を水素で還元した還元鉄粉と、溶融鉄を高圧水で粉化し水素下で熱処理還元したアトマイズ鉄粉があります。脱酸素剤には空孔がなく高純度のアトマイズド鉄粉、使い捨てカイロには空孔の多い還元鉄粉と、原料を使い分けています。

鉄粉の用途

	用途	適用部品
粉末冶金用（焼結部品）	軸受・フィルター部品	含油軸受け
	機械部品	一般的
	高強度・耐磨耗部品	エンジン部品
	磁性材料	ノイズフィルタ
	摩擦材料	クラッチ・ブレーキ
それ以外	使い捨てカイロ	鉄粉の酸化熱の利用
	脱酸素剤	鉄粉の酸化による酸素消費の利用
	化学反応材	鉄の酸化・還元反応の利用
	溶接棒被覆材	溶着効率を高める
	ガス切断材	鋼材ガス切断に鉄粉の酸化熱を利用

ワンポイントコラム

【懐炉灰】　江戸時代の温石の次に、明治時代には懐炉灰が使われました。懐炉灰は麻殻からの炭の粉末を固め、容器に入れて燃やし暖を取りました。大正時代に白金懐炉が生まれて衰退しました。

3 紙おむつ

一九八六年に高吸水性ポリマーが紙おむつに利用されるようになって、紙おむつは大変薄くなり、使いやすくなりました。現在では日本や北米での普及率は九割以上となり、子育てを変えました。

商品の構成

紙おむつは化学の粋を集めた商品です。身体に直接触れる内側の〝表面材〟は、吸水性、吸汗性が高く、しかも逆もれしないポリオレフィン不織布です。次の〝吸収材〟の層は、吸収紙と綿状パルプに包まれた高吸水性ポリマー粉末です。吸収紙、パルプが濡れると、ポリマー粉末がその水分を吸収して**ゲル**状になります。最も外側に〝防水材〟があります。これはミクロの穴の開いたポリオレフィンフィルムです。通気性がありますが、水は漏らしません。このほか、おむつを止めるプラスチックの**面ファスナーテープ**、へりの伸縮材はポリウレタンや天然ゴムです。

高吸水性ポリマーのカラクリ

高吸水性ポリマーは水なら自重の百―千倍、生理食塩水なら二〇―六〇倍も吸収します。しかもスポンジや紙、布のような毛細管現象による吸収ではないので、吸った水はゲルを押しても出てきません。

高吸水性ポリマーは、**アクリル酸**、アクリル酸ナトリウム、**架橋性モノマー***を共重合させて、**網目状構造**にした物質です。水を吸う力は主に、ナトリウムイオンの**解離**による**浸透圧**から生まれます。さらにアクリル酸のカルボキシ基と水の親和力が高いことも吸水力に寄与しています。架橋密度が低いほど、網の目が大きくなり吸水力が高まります。しかし、低すぎるとゲル強度が低下し、ついに水に溶けたポリマーになってし

ワンポイントコラム

【高吸水性ポリマーの工業生産】　高吸水性ポリマーは1974年に米国農務省北部研究所がデンプン―アクリロニトリルグラフト共重合体で発表しました。1978年三洋化成工業がアクリル酸系ポリマーで世界初の工業生産を開始しました。（232ページ参照）

まいます。したがって、粉の内側は吸水力が高く、表面はゲル強度が高くなるように、架橋密度をコントロールします。紙おむつは、このようにミクロに見ても化学の力が集約された商品なのです。

高齢化社会

紙おむつは子育てばかりではありません。高齢化社会を迎えて、高齢者の快適な生活や介護のために不可欠な商品となっています。高吸水性ポリマーは、紙おむつのほかにも、女性用衛生材料、園芸用保水材、工業用**止水材**など新たな用途を拡大しています。

高吸水性ポリマーは一九八〇年代に登場した新しい機能性高分子です。昔からある鉄粉からでも、一九七〇年代に脱酸素剤や使い捨てカイロのような新しい商品が生まれました。高吸水性ポリマーからは、すでに開発された用途、商品以外にも、まだまだ大型商品が生まれる可能性は十分にあります。時代をつかむ感性、柔軟な頭と事業化意欲にあふれた方は、紙おむつを破いて高吸水性ポリマーを取り出し、新商品開発に取り組んで下さい。

高吸水性ポリマーの応用

分野	製品
医療用	徐放性製剤、人工関節、人工皮膚、手術用シート、ソフトコンタクトレンズ、湿布薬
農園芸用	土壌保水剤、砂漠緑化、通気性向上材、育苗シート
土木	シーリング材、止水材、簡易土のう
建築	コンクリート養生材、結露防止シート
輸送	コンテナ用結露防止材、液もれ防汚材
家庭用品	使い捨てカイロ、芳香剤、猫砂、ペットシート
食品	食品鮮度保持包装材、脱水シート、保冷材

衛生材料以外にもさまざまな用途が開発中です。みなさんも新しいアイデアを！

用語解説

＊**架橋性モノマー**　高吸水性ポリマーの例でいえば、分子内に二重結合（重合する部分）を2つ持ったモノマーです。別々のアクリル酸ポリマー分子に共重合することによって、ポリマー分子同士をつなぐ役割を果たします。

瞬間接着剤

瞬間接着剤は一九六〇年代に日本でも工業用に販売が始まりました。そして、釣り愛好者からの「仕掛けや釣り糸をつなぐのに大変便利」との声がきっかけとなって、家庭用の商品化が始まりました。

接着剤と塗料

接着剤と塗料は、まったく別の商品に見えますが、化学の目からは兄弟の関係にあります。どちらも材料の表面に強く接着することが求められるからです。

エポキシ樹脂は、接着剤と塗料の両分野に使われる優れたポリマーです。飲料缶の内側には、金属の臭いが飲料につかないようにエポキシ樹脂塗料が塗られています。半導体はエポキシ樹脂で封止されます。フッ素樹脂、ポリオレフィン、シリコーンを除けば、何でも接着できます。アルミニウム同士を接着させると、**リベット**による接合よりも大きな強度が得られます。このため、航空機工業などの機械産業、建設土木などで接着剤として活用されています。しかしエポキシ樹脂は、使うときに硬化剤と混合しなければならない二液型なので、家庭で使うには面倒です。

瞬間接着剤の特徴

セメダインのようにポリマーを有機溶剤に溶かした接着剤や、ボンドのように水に乳化させた接着剤は一液型です。接着させたいものの表面に塗ったら、少し乾くのを待ってから強い力で一気に接合させることがコツです。**瞬間接着剤**も一液型ですが、そんなコツは必要ありません。接着させたいものの表面につけて接合させるだけで、文字どおり瞬時に強力に接着します。

瞬間接着剤のカラクリ

瞬間接着剤は、実は接着表面にある微量の水分に

ワンポイントコラム

【揮発性有機化合物VOC規制】 塗料や接着剤を使ったときに有機溶剤のにおいを感じた経験があると思います。2010年から大気汚染防止法によって大規模工場の排出規制が始まりました。塗料や接着剤の業界では水系製品や無溶剤系製品（瞬間接着剤もこの一つ）を増やす努力をしています。（108ページ参照）

よって、急激に反応しているのです。瞬間接着剤は**シアノアクリル酸エチル**から成ります。この物質は、シアノ基とカルボニル基という強い**電子吸引性**の**官能基**のために、アクリル酸の二重結合の電子密度が非常に小さくなっています。このため水のような弱塩基でもアニオン重合*が始まり、固化するのです。

瞬間接着剤の商品化

一九五〇年代にアメリカの**イーストマン・コダック**社が、シアノアクリル酸メチルの反応性を発見して、瞬間接着剤を開発しました。東亜合成は、メチルエステルよりエチルエステルの方が、ゴム、プラスチックの接着に優れることを見出し、一九六三年に『アロンアルファ』として商品化しました。家庭用の開発にも着手しましたが、反応性が高いため貯蔵安定性が悪く、大変に苦労を重ねました。家庭用に販売できるようになったのは、一九七一年でした。その後、酸性でしかも多孔質のために瞬間接着剤は使えないといわれてきた木工用や、従来からある糊《のり》のイメージで使えるゼリー状タイプなど、次々と新商品を開拓してきました。

接着の理論と応用

接着の理論	説明	応用
機械的結合	アンカー効果とも言われ、材料表面の谷間に接着剤が入りこんで固まることで結合する	研磨紙等で材料表面を研削して接着性を改善
物理的相互作用	あらゆる分子の間の引き合う力(ファンデルワールス力)で結合する	
化学的相互作用	接着剤と材料表面が水素結合や共有結合を形成して結合する	接着しにくいポリオレフィンなどの表面をコロナ放電やプラズマ処理で表面改質により接着性を改善

用語解説

***アニオン重合**　重合が進行する際、成長するポリマーの末端がアニオン(マイナスの電荷)となる重合。逆にプラスになる場合をカチオン重合、ラジカル基になる場合をラジカル重合といいます。

5 人工皮革

人工皮革は、〝超極細繊維〟という合成繊維の技術革新の上に作られた新しい素材です。天然皮革の代替という域を超えた、化学が生み出した天然皮革とは別の素材と考えるべきものです。

天然皮革の構造

天然皮革はタンパク質**コラーゲン***の微細な繊維が集まって束になり、それが三次元的に絡み合った構造をしています。表面にツヤのある**銀面層**、その下の中間層を経て強度のある**網様層**へと連続した構造を作っています。

合成皮革

天然皮革をモデルに、まず**合成皮革**（合成レザー）が作られました。四―六で述べた日本のレーヨン工業を始めた久村清太は、ビスコースから合成皮革を作る研究を行っていました。しかし、成功しませんでした。合成皮革は、日本では第二次大戦後、塩化ビニル樹脂が工業化された後に普及しました。二次元の織物やニットに軟質塩化ビニル樹脂をコーティングしたものです。家具やカバンなどにたくさん使われていますが、性能も感触も天然皮革にはなかなか及びません。

人工皮革

一九七〇年代に超極細の合成繊維ができました。細い合成繊維を生産しようとすると、糸切れが起きやすくなり、普通にノズルから紡糸したのでは限界があります。超極細合成繊維は、お互いに混ざり合わないポリマーを特殊な組み合わせ型のノズルで紡糸して**海島構造***（金太郎飴の原理）の合成繊維を作り、後の工程で一方のポリマーを溶剤で溶かして除去したり、物理的処理でほぐしたりすることによって作ることができ

用語解説

*コラーゲン　ペプチド鎖3本によるらせん構造をしたタンパク質。生体内では、皮、腱《けん》、骨などの構造材料の役割を果たしています。

ます。レンコン状や極細い繊維が束になったものが得られます。これを用いて、銀面層や三次元構造の**不織布**による網様層を作ります。さらに、連続多孔層のあるポリウレタン樹脂を含浸させ、表面仕上げを行って、**人工皮革**ができあがります。繊維構造が天然繊維と同じであり、通気性もある素材が完成しました。しかも天然皮革より三〇%も軽く、汚れにくく、手入れも容易という長所をもっています。**クラレ**の『クラリーノ』や**東レ**の『エクセーヌ』です。

超極細繊維の用途拡大

一般に異種のポリマーは、加熱溶融して機械的に混合しても均一に溶け合うことはなく、相分離を起こして機械的強度が低下します。**超極細繊維**の作り方は、高分子の混合しにくさの常識に対する見事な逆転の発想です。

超極細繊維は、今までの繊維と違う性質を持っているので、新しい用途が開拓されています。メガネ拭きや顔のあぶら取りに使われるワイピングクロス、ろ過材です。

超極細繊維の応用

応用分野	説明
ワイピングクロス（めがね拭き、液晶ディスプレイ拭き）	構成する繊維の表面積が大きいので微細なチリや油分のふき取り性が良い
静電気除去シート	表面に導電性ポリマーを反応形成させたもの
ミクロフィルター	高性能濾過布を用いた水浄化システム、5ミクロン以上の微粒子を除去
油水分離フィルター	油水混合液中のミクロンオーダーに微分散した水や油を捕捉し、分離する
油吸着材	原油の流出、工場の含油排水の油分除去
人工臓器	特定の血球成分の吸着除去、細胞分離

みなさんも新しいアイデアを考えてみては！

用語解説

＊**海島構造**　混ざり合わない高分子をブレンドした時にできる、連続相（海）に不連続相（島）が浮かんだような構造。

6 蚊取線香

除虫菊で作られる渦巻き状蚊取線香は、化学製品とは思えないでしょう。しかし、除虫菊の有効成分の化学構造解明から、その構造改変による新物質の創生は、現代化学の最先端であり、日本人化学者や化学会社が大活躍しています。

除虫菊と蚊取線香

除虫菊に殺虫効果があることは、約三百年前にセルビアの婦人が発見しました。一九世紀には、除虫菊の乾燥花粉末が殺虫に使われるようになりました。一八八五年、『金鳥』の大日本除虫菊㈱の初代社長である上山英一郎《うえやまえいいちろう》が、除虫菊を日本に紹介し、線香に練りこんで商品化しました。意外に新しい商品なのです。日本では古来、ヨモギの葉やカヤの木で蚊やり火をたいていました。これは煙で蚊を追い出そうとするので、人も煙くて大変でした。上山の最初の商品は、約二〇cmの棒状線香で、燃焼時間は約四〇分でした。一八九五年、上山夫人ゆきが渦巻線香を発案し、七時間燃え続けるようになりました。現在では、日本で発明された蚊取線香が世界中で使われています。

有効成分ピレトリン

除虫菊の有効成分はピレトリンです。これは、菊酸と呼ばれる酸部分と、アルコール部分のエステル構造をしており、**不斉炭素***を持つ化合物です。日本人化学者の貢献によって、一九五八年に構造解明されました。**天然物有機化学**は日本の得意な分野です。

ピレスロイド

ピレトリンをモデルに構造改変した化合物を**ピレスロイド**と呼びます。ピレスロイドの開発には、日本の化

用語解説

＊**不斉炭素**　炭素は正四面体の頂点の位置に炭素と化合する元素や官能基が配置される原子構造です。すべて種類の異なる原子や官能基が4つの頂点にある炭素を不斉炭素と呼びます。4つの並び具合で右手、左手の2種類の分子構造が生まれます。生物は不斉炭素のかたまりです。

学会社が活躍しています。ピレスロイドは昆虫には**神経毒**として作用しますが、哺乳動物は酵素ですぐに分解できるのでほとんど無害という、農薬、衛生薬として優れた性質を持っています。

一九六〇年代には、主にアルコール部分の改変によって、熱安定性の高いピレスロイドが作られました。現在では、除虫菊に代って、この種のピレスロイドが蚊取線香には使われています。**蒸散性**の高いものは電気蚊取用に、**即効性**の高いものはエアゾール用に使われています。菊酸部分は光や空気で分解しやすいので、天然ピレトリンを農薬として使うには**耐候性**不足でした。一九七〇年代には、酸部分の構造改変が行われて、農薬に使えるようになりました。現在では、農薬の主流を占めています。一九八〇年代にはエステル結合部分のエーテル結合等への改変が行われて、ピレスロイドの欠点とされてきた**魚毒性***が改善されました。このように、薬効のある天然有機化合物の分子構造を解明し、その構造を少しずつ**改変**する手法は、医薬品、農薬の研究開発でよく使われます。除虫菊から生まれた蚊取線香は古くて新しい製品なのです。

ピレトリンの構造式

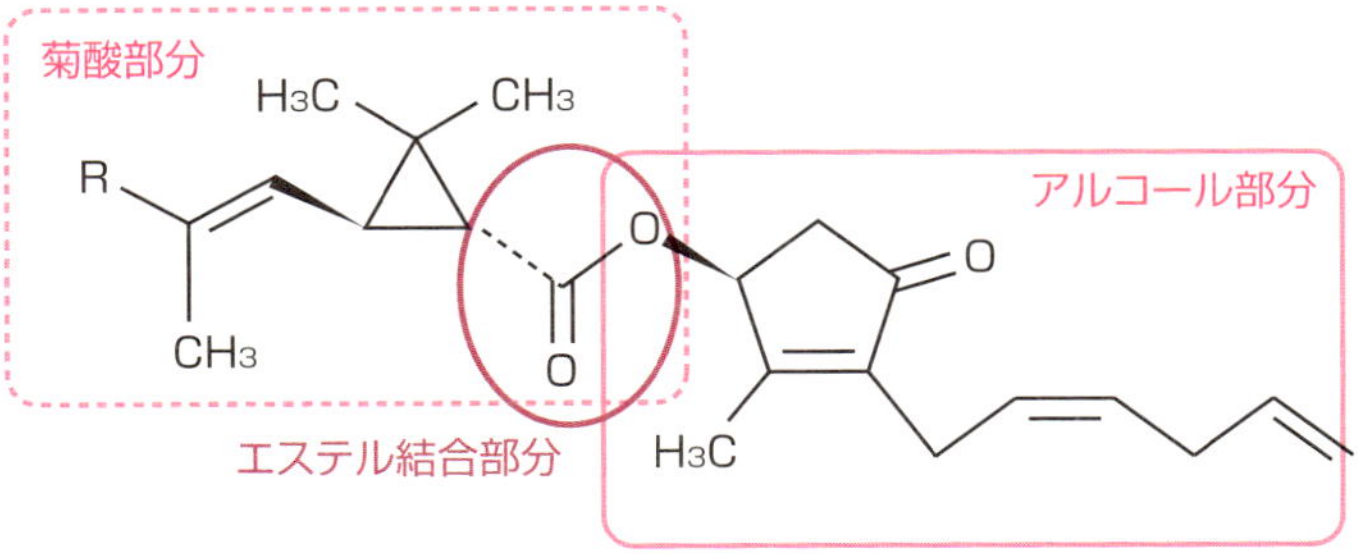

Pyrethrin Ⅰ ($R=CH_3$)
Pyrethrin Ⅱ ($R=COOCH_3$)

用語解説

*** 魚毒性** 生物に対する毒性検査では、ミジンコ、メダカ、マウス、ラットをよく使います。毒性は生物によって相当に現れ方が違うことがあります。魚に対する毒性を魚毒性といいます。

リチウムイオン二次電池

充電できない使い切りの電池を"一次電池"と呼びます。昔からのマンガン電池が代表です。充電して繰り返し使える電池を"二次電池"といいます。自動車に使われている鉛蓄電池が代表です。リチウムイオン二次電池は二次電池のホープです。

リチウムイオン二次電池の大躍進

リチウムイオン二次電池は、旭化成の吉野彰《よしのあきら》博士が一九八〇年代初頭に開発し、一九九〇年代にソニーなどから販売されました。現在ではパソコンや携帯電話の電源として使われ、二〇一九年には日本で九・三億個が生産されています。生産金額は約四千億円で、一次、二次電池合計の五割を占め、最大の商品に成長しました。ちなみに二位は**鉛蓄電池**、三位は**ニッケル水素電池**です。今後ハイブリッド車や**電気自動車**への搭載も期待され、一層の躍進が予想されています。

構造と原理

リチウム電池は、負極に金属リチウム*を使った一次電池です。名前が紛らわしいのですが、リチウムイオン二次電池とはまったく別の商品です。もちろん充電できません。

リチウムイオン二次電池は、負極にカーボンなどを、正極にコバルト酸リチウムなどを、電解質として六フッ化リチウムを**炭酸エチレン（エチレンカーボネート）**、炭酸エチルなどの有機溶媒に溶かしたものを使います。リチウムイオンを移動させ、電荷授受ができる様々な材料を使うことができるので、メーカー各社で電極、電解質に多くのバリエーションがあります。ニッケル水素電池や鉛蓄電池のように、溶媒に水を使う限り、高い電圧の電池になりません。リチウムイオン二次電池

用語解説

***金属リチウム**　原子番号3のアルカリ金属（1族元素）。同じアルカリ金属のナトリウム、カリウムに比べると、反応性は穏やか。しかし、アルカリ金属であるので、取り扱いには十分な注意が必要です。

は、有機溶媒を使うので、四ボルト程度の高電圧を得ることができます。容積当りのエネルギー発生量も、**マンガン乾電池**などの数倍になります。半面、過熱などによる火災の危険もあります。構造上および保護回路のような機構上の安全対策が取られています。

ポリアセチレン

リチウムイオン二次電池は、反応性の高いアルカリ金属リチウムを使わないので、安全性が高い電池です。その開発過程では、負極として導電性ポリマーである**ポリアセチレン***が候補でした。ポリアセチレンは、二〇〇〇年にノーベル化学賞を受賞された**白川《しらかわ》英樹《ひでき》**博士が発明したポリマーです。しかし、ポリアセチレンでは熱安定性に欠け、体積もかさばって電池の小型化も行い難いため、カーボンが採用されました。カーボンでも、気相成長法炭素繊維が好成績を収めたので、初期にはよく使われました。これは**カーボンナノチューブ**の一種です。リチウムイオン二次電池の開発過程では、日本の強みが随所に生かされました。吉野彰博士は二〇一九年にノーベル化学賞を受賞されました。

各種電池の構成

	電池名	電圧	正極	電解液	負極
一次電池	マンガン乾電池	1.5V	二酸化マンガン	塩化亜鉛	亜鉛
	アルカリマンガン乾電池	1.5V	二酸化マンガン、黒鉛粉末	KOH、塩化亜鉛	亜鉛
	酸化銀電池	1.55V	酸化銀	KOH	ゲル化した亜鉛
	リチウム電池	3V	二酸化マンガン	プロピレンカーボネート	リチウム
二次電池	鉛蓄電池	2.1V	二酸化鉛	希硫酸	海綿状鉛
	ニッケル水素電池	1.2V	ニッケル	アルカリ水溶液	水素吸蔵合金
	リチウムイオン2次電池	3.6V	コバルト酸リチウム	エチレンカーボネート	炭素

注：リチウムイオン二次電池の電解液を固体電解質にする全固体電池の開発が最近注目されています。

用語解説

＊**ポリアセチレン**　アセチレンのポリマーで共役系高分子。白川英樹が濃厚な触媒を使って膜状ポリアセチレンを得ることに成功しました。ヨウ素などをドープすると導電体となります。

column

「チューバー」主婦を支える機能性包装

「チューバー」主婦と言ってもユーチューバー(YouTuber)を兼業する主婦のことではありません。ユーチューバーとは、ユーチューブの動画を作成・公開し、その広告収入で稼いでいる人のことです。「チューバー」主婦は様々なチューブ調味料を使いこなす主婦のことです。最近のチューブ調味料は、きざみ青じそ、もみじおろし、ジャン、トムヤムペースト、さらに、あんこ、バター、ジャムと内容が多彩になっています。自分で作る手間がかからない上に、片手で使える便利さも人気の秘密です。使用の簡便さから意外な食材と組み合わせて新しい食文化をつくっています。

金属製チューブ容器は昔から歯磨き、化粧品、絵の具に使われてきました。紫外線や空気、水蒸気の遮断に優れていますが、弾力性・復元性がなく容器表面に印刷することも困難です。これに対してプラスチック製チューブは透明で中身が見える上に、軽く、弾力性・復元性があるので中身を絞り出すことができます。さらに形状デザインの自由性が広く、印刷もできます。

ポリエチレン製チューブの原料となる高圧法低密度ポリエチレン(軟らかくて透明なポリエチレン)は1958年に住友化学新居浜コンビナートで国産化されました。そして早くも1958年にはキユーピーがポリエチレン製チューブ入りマヨネーズを発売しました。トマトケチャップは少し遅れてカゴメが1966年に世界で初めてポリエチレンチューブ容器入りを発売しました。しかし、ポリエチレンは酸素を通すので、ポリエチレンの内層、外層の間に酸素を通さないプラスチックバリア層を積層したラミネートチューブが開発されました。1969年にライオンは最初のラミネートチューブ容器入りの歯磨きを発売しました。バリア層になるプラスチックには様々なプラスチックが使われています。マヨネーズにはクラレが開発し、1972年に生産を開始したＥＶＯＨ(エチレン・ビニルアルコール共重合樹脂)が使われています。

一方、からしなどのチューブ容器入り香辛料は、水蒸気、酸素の侵入ばかりでなく、香気成分が抜けることも防止する必要があります。エスビー食品は1970年にチューブ容器入りねりからしを発売し、その後、ねりわさび、おろし生ニンニク、おろし生しょうがを発売しました。さらに1987年には本わさびを使った本生わさびを発売し、2017年にはきざみパクチーを発売して「チューバー」主婦を生み出しました。

第8章

世界の主な化学会社

20世紀終盤、石油化学が成熟して発展途上国への技術移転が始まりました。さらに、ほぼ同時期にグローバル経済の到来がありました。21世紀に入って、世界の化学会社の顔ぶれが大きく入れ替わりつつあります。中でも米国企業の低落と新興国企業の躍進が目立ちます。また、再編成の嵐の中で、得意な分野を絞ったグローバルな買収によって一気に上位に進出した企業がまず米国、次いで欧州に出現しました。

本書初版から第6版までは128、129ページに掲げる世界化学企業ランキングは米国化学会誌C&ENを引用してきました。しかし、これは化学部門に医薬品、消費財化学品、樹脂・ゴム成形加工品などを含めないために世界の化学企業の盛衰が十分に反映されません。このため第7版からはこれら事業も化学部門に含めた売上高によるランキングに変更しました。なお、中国の化学会社は公表事項が信用できないので紹介を避けています。

2019年世界化学企業ランキング

	会社名	国	化学部門売上高（百万ドル）	化学部門比率（%）	非化学部門
1	BASF	独	66,401	100	
2	中国石油化工	中	61,596	15	石油
3	P&G	米	61,485	91	ひげ剃り
4	ジョンソン&ジョンソン	米	56,096	68	医療機器
5	ファイザー	米	51,750	100	
6	ロシュ	スイス	51,036	80	検査診断機器
7	バイエル	独	48,746	100	
8	ノバルティス	スイス	47,445	100	
9	メルク＆Co	米	46,840	100	
10	グラクソスミスクライン	英蘭	43,092	100	
11	ダウ	米	42,951	100	
12	サノフィ	仏	40,441	100	
13	ユニリーバ	英蘭	36,598	63	食品
14	SABIC	サウジ	34,386	92	鉄鋼
15	ロレアル	仏	33,442	100	
16	アッヴィ	米	33,266	100	
17	三菱ケミカルHD	日本	32,843	100	
18	ブリヂストン	日本	32,339	100	
19	3M	米	32,136	100	
20	イネオス	英	32,009	100	
21	台塑グループ	台湾	31,425	67	機械、半導体、石油
22	武田薬品工業	日本	30,189	100	
23	エクソンモービル	米	27,416	11	石油、ガス
24	ライオンデルバセル	蘭	27,128	78	石油
25	ミシュラン	仏	27,018	100	

注：各社決算、C&EN2020年7月27日号から作成

2009年世界化学企業ランキング

	会社名	国	化学部門売上高（百万ドル）	化学部門比率（%）	化学主要分野
1	P&G	米	66,172	86	消費財、医薬
2	BASF	独	54,817	78	石油化学、機能化学
3	ファイザー	米	50,009	100	医薬
4	ダウケミカル	米	44,875	100	石油化学、機能化学
5	グラクソスミスクライン	英蘭	44,367	100	医薬
6	ノバルティス	スイス	44,267	100	医薬
7	バイエル	独	43,434	100	医薬、機能化学
8	サノフィアベンティス	仏	40,839	100	医薬
9	ジョンソン＆ジョンソン	米	38,323	62	医薬、消費財
10	ロシュ	スイス	35,948	80	医薬
11	アストラゼネカ	英蘭	32,804	100	医薬
12	中国石油加工	中	31,312	16	石油化学
13	イネオス	英蘭	28,600	100	石油化学
14	メルク＆Co	米	27,428	100	医薬
15	エクソンモービル	米	26,847	9	石油化学
16	ユニリーバ	英蘭	26,218	47	消費財
17	デュポン	米	26,109	100	機能化学
18	台塑グループ	台湾	25,437	46	石油化学
19	三菱ケミカルHD	日本	25,334	94	石油化学、医薬
20	シェル	イギリス	24,586	9	石油化学
21	アボット	米	24,462	80	医薬
22	ロレアル	フランス	24,349	100	消費財
23	3M	米	23,123	100	消費財、機能化学
24	SABIC	サウジ	23,096	84	石油化学
25	ブリヂストン	日本	22,964	83	ゴム加工

注：各社決算、C&EN2010年7月26日号から作成

1 デュポン

デュポン社は二〇〇二年に創立二百年を迎えた名門企業です。世界の化学会社から尊敬される存在でした。しかし一九八〇年代以後、多くの困難に直面してかつての輝きを失いました。そしてダウとの経営統合・企業分割という大胆な手法を通じて二〇一九年六月に特殊化学品会社として新生しました。

一九世紀は火薬会社

フランス貴族であったデュポン・ド・ヌムールは、フランス革命後の混乱の中、アメリカに移住しました。その次男エルテール・イレーネ(E. I.)は、**ラボアジェ**の研究助手として化学者となりました。イレーネはアメリカに渡ったデュポン家が困窮する中で、一八〇二年に火薬会社デュポンを創業しました。このE. I. の名前は、二〇一七年八月末までデュポン社の正式名(E. I. デュポン・ド・ヌムール・アンド・カンパニー)に残っていました。デュポン社は何度も爆発事故を繰り返す困難を重ねたのち、米国第一位の火薬会社となり、一九世紀に米国の開拓、発展とともに成長しました。

二〇世紀に総合化学会社へ

二〇世紀に入ると、アメリカでは経済力集中への批判が高まりました。スタンダードオイル社*の**企業分割**が有名です。デュポン社も米司法省から**反トラスト法**(日本の独占禁止法に相当)違反で告訴され、一九一二年に三社分割の判決が下されました。創業以来、会社を支えてきた火薬事業の危機でした。

たまたま一九一四年に欧州で第一次大戦が始まりました。しかし、デュポン社は終戦後の火薬の過剰設備発生も考え、単純に火薬設備の拡張に走るのでなく、火薬技術を転用できるニトロセルロースレザーと**セルロイド**の生産を本格化させました。デュポン社が火薬

用語解説

***スタンダードオイル社**　J.ロックフェラーが1870年に設立したアメリカの石油会社。買収によって巨大化したが、1911年に連邦最高裁により34の会社に分割された。その後継会社が現在のエクソンモービル社やシェブロン社など。

新生・デュポン社プロフィール

正式名	デュポン・ド・ヌムール		
設立	1802年		
本社	アメリカ　デラウエア州ウィルミントン市		
売上高	22,512百万ドル	従業員数	35千人

主要事業部門	製品例	売上構成%
電子情報	電子情報材料	17
栄養・バイオ	食品材料、食品・医薬品添加物、酵素	28
輸送・工業	高機能ポリマー	23
安全・建設	高強度繊維、耐熱性繊維、シーラント	24
非コア	太陽発電用材料、ソロナ、PETフィルム	8

注：売上高・従業員数・構成は2019年12月決算

デュポン社が発明した世界初の主要製品（現在ではデュポンが生産していない製品も含む）

製品分野	特徴、用途	商標名
合成ゴム	最初の合成ゴム、耐油性	ネオプレン
ポリアミド系合成繊維	最初の合成繊維	ナイロン
パラ系全芳香族ポリアミド繊維	高強度、耐熱性、防弾服に	ケブラー
メタ系芳香族ポリアミド繊維	耐熱性、難燃性、消防服に	ノーメックス
ポリウレタン繊維	伸縮弾性繊維	ライクラ
フッ素樹脂	耐熱性、耐薬品性、低摩擦性	テフロン
フッ素系イオン交換膜	燃料電池用	ナフィオン
ポリイミドフィルム	超耐熱、超耐寒性、電子材料に	カプトン
ポリトリメチレンフタレート	微生物により糖からジオール生産	ソロナ

ワンポイントコラム

【卓球ボール】 セルロイドは燃えやすい欠点から、他のプラスチックに次々と代替されました。最後まで残っていた用途の卓球ボールも2014年から非セルロイド製が義務付けられました。

会社から**総合化学**会社に変身するきっかけでした。ここに、反トラスト法違反の対象となった鉄鋼業や石油産業と、化学産業の違いが表れています。化学産業はその事業内容を変えていくことができるのです。

その後、デュポン社はペイント・ワニス、染料、**セロファン**、さらに自社内基礎研究から世界初の合成繊維、合成ゴム、プラスチックを次々と生み出し、世界の化学産業をリードする化学会社になっていきました。

石油危機後の混乱

デュポン社が発明した数多くの新製品は、多くの人々に使われて普及していきました。そうすると汎用品になります。デュポン社にとっては、当初得られていた利益率が得られなくなりました。このためデュポン社は、付加価値の高い分野に製品構成をシフトしていきました。ところがそれが十分に進まないうちに石油危機を迎え、大きな収益悪化に陥ったので、原材料やエネルギーの安定確保にも乗り出しました。一九八一年、アメリカの大手石油会社**コノコ**の買収です。しかし、これは低付加価値部門への資源投入です。

結局、この両面作戦は失敗し、デュポン社は一九九九年にコノコ社を切り離し、さらに汎用化学品や医薬品事業から撤退しました。二〇〇四年光栄ある歴史を重ねてきた合成繊維事業を売却しました。

特殊化学品会社へ

回り道の後、デュポン社は高付加価値製品に集中して利益率を重視する経営に戻り、バイオテクノロジーを活用した次世代製品の開発に力を注ぎました。しかし、株価や時価総額を重視する経営のため、かつてのような長期的に事業育成を図る姿勢が薄れ、その時々で利益率が低いと感じられる事業を次々に売却や分離する悪循環に陥ったようにも見えます。二〇〇八年以後の不況回復過程では伝統ある塗料事業、クロロプレン事業(商標名ネオプレン、日本のデンカに)、ビニルアセテート事業(日本のクラレに)を次々に売却しました。二〇一五年にはテフロン・ナフィオン膜などのフッ素誘導品、酸化チタンなどの機能化学品事業をケマーズ社として分離独立させました。その集大成としてダウとの経営統合、さらに二四ヵ月以内に三つの企業への

ワンポイントコラム

【1、3プロパンジオール】　微生物を使ってブドウ糖を還元して作ります。テレフタル酸とのコポリマーであるポリエステル『ソロナ』は、伸縮性の高い、柔らかな肌さわりの繊維になります。

コルテバ社プロフィール

正式名	コルテバ		
設立	2019年6月		
本社	アメリカ デラウエア州ウィルミントン市		
売上高	13,846百万ドル	従業員数	21千人

主要事業部門	製品例	売上構成%
種子	遺伝子組換え種子	55
農薬	除草剤、殺菌剤、殺虫剤	45

注：売上高・構成はコルテバ社2019年12月決算
従業員数は、会社発足時のCEO声明から

新生デュポン・コルテバ該当セグメントの売上高推移

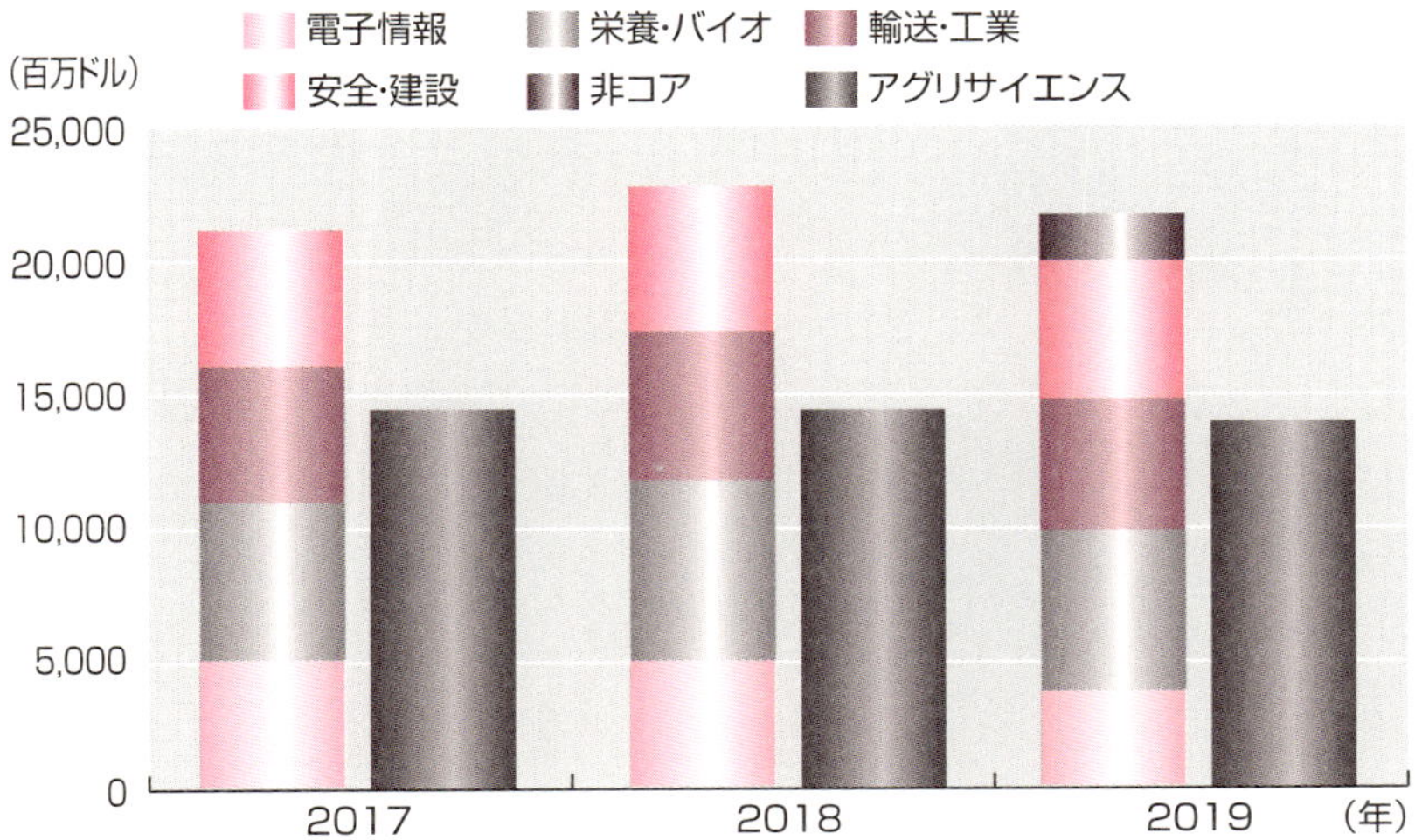

注１：2019年は新生デュポン社、コルテバ社決算、2018年以前はダウ・デュポン社 2018年決算、2017年はプロフォーマ値
注２：アグリサイエンス部門がコルテバ社に相当、他はデュポン社に相当

事業分割という大胆な事業転換計画を二〇一五年一二月に発表しました。

分割する三企業のうち、一つは素材化学会社としてのダウですが、残りの二つはデュポン社の本拠地ウィルミントン市に本拠を置くアグリビジネス会社と特殊化学品会社でした。しかも発表当初はアグリビジネス会社にのみデュポンの名を冠するという計画だったので、デュポン社はダウ社のアグリビジネスを併合して新たな**アグリビジネス**会社を目指すと思われました。

その後、ダウとの折衝、他社との事業売買の進展などを経て、二〇一七年九月に経営統合が実現し、**ダウ・デュポン**社が設立されました。ダウ・デュポン社内で事業**シナジー**追求、合理化などを進めるとともに、企業分割のための事業交換を積極的に進めました。その上で、まずダウ・デュポン社からダウ社が二〇一九年四月に分離独立し、さらに二〇一九年六月にダウ・デュポン社のアグリビジネス事業部門がコルテバ社に、特殊化学品事業部門がデュポン社(正式名を変更)になり、企業分割が完了しました。二〇一九年デュポン社の売上高は世界企業ランキングの三七位です。

近年のデュポンの主要な買収、売却、事業分離

年	買収	売却、分社化
1997	PTA、PET(ICIから)	
1999		石油(コノコ)
2001		医薬品
2004		合成繊維(インビスタ)
2012	食品原料(ダニスコ)	
2013		高機能塗料
2014		ビニルアセテート(クラレへ)
2015		クロロプレント(デンカへ)
2015		フッ素誘導品、酸化チタン(ケマーズ)
2017	ダウの一部機能化学事業	
2019		アグリビジネス(コルテバ)

2　ダウ

ダウ社は、コモディティ化学分野で強い競争力を持つ会社と考えられてきました。しかし二一世紀に入って機能化学事業へ大きく方向転換を始め、二〇一〇年代に加速しています。

一時は世界第二位の化学会社

ダウ社は一八九七年にハーバート・ダウが創業した会社です。二〇〇一年にアメリカの**ユニオンカーバイド**社**UCC**を買収して、デュポン社に代わりC&ENランキングで第二位の化学会社に躍り出ました。UCC社は一八九八年創業のアメリカの著名な化学会社でした。**直鎖状低密度ポリエチレン**や**エチレングリコール**の世界大手メーカーでした。しかし一九八四年、インドボパールでの化学工場毒物漏洩事故*をきっかけに経営が悪化し、ついにダウ社に買収されました。

ダウ社は不思議な会社です。これほど歴史がある世界大手化学会社であるにも関わらず、アメリカのデュポン社、ドイツのBASF社、バイエル社と比べて、歴史に残る大発明や世界最初の工業化という光栄ある事例があまり見当たらないのです。

ダウの強み

ダウ社は漂白剤メーカーとして設立されました。一九一〇年代に塩素を基礎とした事業（塩化カルシウム、**金属マグネシウム**、**臭素**など）で事業基盤を作りました。一九三〇年代に**ポリスチレン**（とくに透明ポリスチレンや『スタイロフォーム*』の商標で知られる**発泡スチレン**は有名）、五〇年代に**塩化ビニリデン樹脂**フィルムの

ワンポイントコラム
【ボパール事故】　カルバメート系農薬の製造工場で原料のイソシアン酸メチル（沸点39℃）が流出し、近隣の住民数千人が死亡した世界史上最悪の化学工場事故。その後の死亡者も含めると、死者1万5千人以上との説もある。

『サランラップ*』、六〇年代に**エポキシ樹脂**と、かつてはダウ社を代表した強力な製品群を加えました。

この間に、テキサスで大規模な石油化学コンビナートを建設し、急成長しました。この延長線上に、一九六〇年代にオランダの石油化学コンビナート建設などによる欧州進出があり、さらに二〇一七年には、サウジアラビアの石油化学事業（**サウジアラムコ**との合弁会社サダラ、アルジュベール）も稼動を開始しました。中国への進出も行われています。

二一世紀の方向転換

ダウ社は強力なコモディティケミカル事業を中核にグローバル展開を追求すると外部からは思われていました。**シェールガス革命**（第一〇章コラム）にもいち早く反応し二百万トン以上のエチレンを新増設しています。最近の業績も比較的好調に推移してきました。ダウ社の機能材料、機能プラスチック事業*はいわゆる高機能製品とは少し異なり基礎化学品の延長です。研究集約型の少量多品種製品を扱うような事業が得意な会社ではありません。ダウ社は一九八〇年代にリチャードソンメレル社の医薬品事業を買収してメレルダウ社を設立し、医薬品事業に進出したことがあります。しかし失敗し、一九九五年に撤退しました。

それでもダウ社は二一世紀に入って改めて機能化学事業の模索と拡大の方向に走り始めました。二〇〇九年には**ロームアンドハース**（**R&H**）社の買収を行い、化学業界を驚かせました。R&H社は高収益の機能化学事業に特化した化学会社でした。ダウ社はこの買収の代りにポリスチレン、サランラップ事業などを売却しました。二〇一五年には世界最強と言われた塩素系事業を大胆に売却しました。二〇一六年一月には合弁会社ダウコーニングの株式を一〇〇％取得することにより一九四三年から行ってきたシリコーン事業を完全に取り込みました。一方、近年力を入れてきた**アグリビジネス**はデュポン社への譲渡を決め、代りにデュポン社の高機能材料を得ることにしました。これを進める方策として八―二で述べた**ダウ・デュポン**を設立しました。二〇一九年四月にこの会社の素材科学事業部門を独立させて新生ダウ社（ダウケミカルから社名変更）が出発しましたが、機能化学路線は後退しました。

用語解説

* **『スタイロフォーム』『サランラップ』**　旭化成とダウ社は、1952年に旭ダウを設立し、これら商品の日本での生産販売を開始しました。1982年に合弁を解消し、旭化成が旭ダウを吸収した後も、旭化成はこの商標を使い続けています。

新生・ダウ社プロフィール

設立	1897年 (2019年4月1日、ダウ・デュポンから分離)		
本社	アメリカ ミシガン州ミッドランド市		
売上高	42,951百万ドル	従業員数	36.5千人

主要事業部門	製品例	売上構成(%)
機能性材料・コーティング	アクリル樹脂、シリコーン	21
中間体・インフラ	EO/PO誘導体、ポリウレタン	31
包装・特殊プラスチック	オレフィン、ポリオレフィン	47

注:売上高・構成、従業員数はダウ社2019年12月決算

ダウ社3セグメントの売上高推移

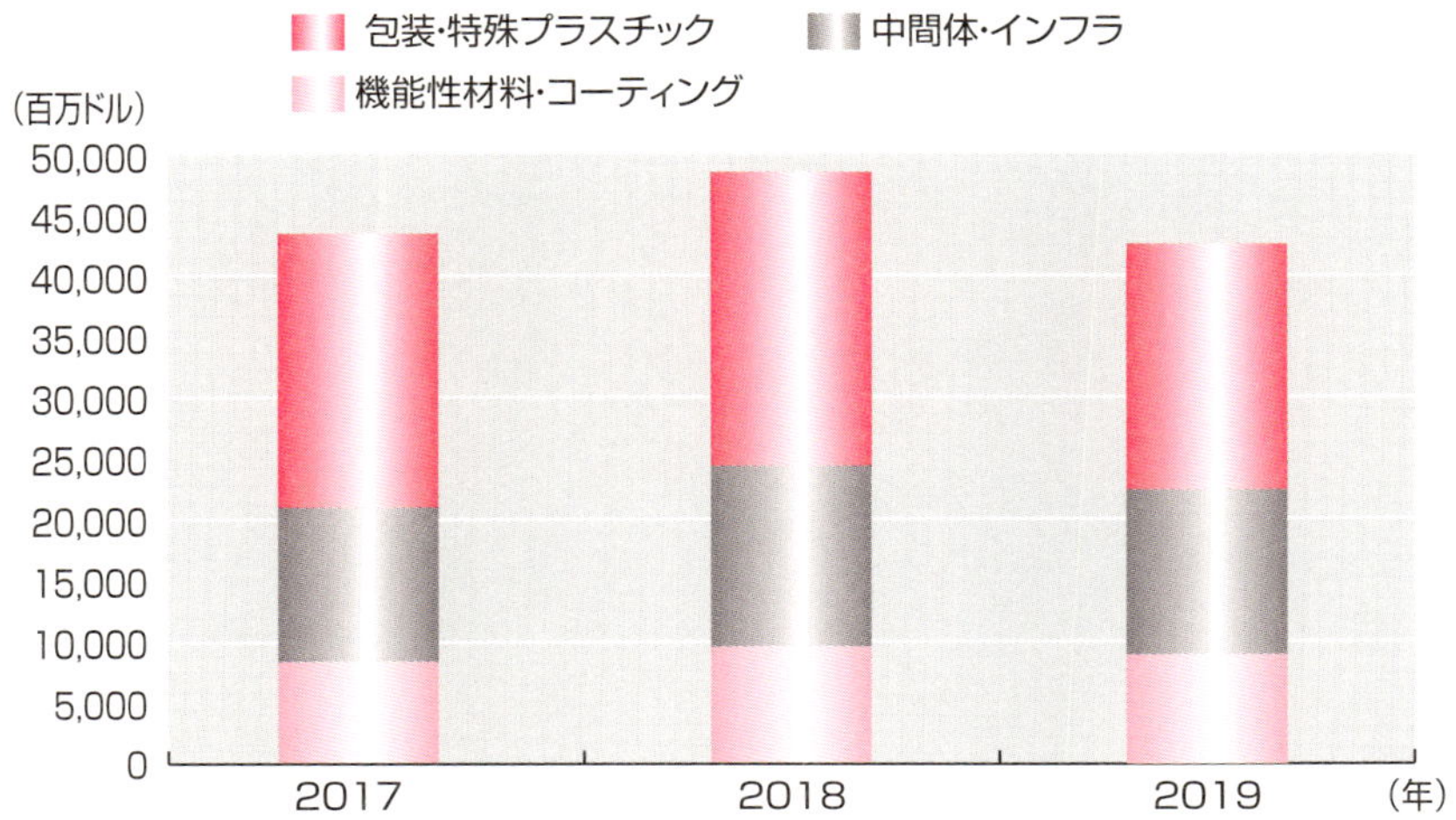

注:2017,18年はダウデュポン社の該当セグメント、2019年は新生ダウ

ワンポイントコラム

【ダウ社の機能材料、機能プラスチック事業】 プロフィールに示すように、ダウ社の機能プラスチック事業はポリエチレン、ポリプロピレンの包装材料が多くを占めます。

3 BASF

BASF社は「世界をリードする総合化学会社」を自負する世界最大の化学会社です。企業戦略として「持続可能な将来のために私たちは化学を創造します」を掲げています。

自信にあふれた企業戦略

BASF社は、一八六五年にドイツバーデン地方マンハイムで、染料会社としてスタートしました。「バーデンにあるアニリン（合成染料の原料）とソーダの工場」という意味の旧会社名の頭文字をとって、現在の社名にしています。BASF社は一時、BASFブランドで音楽用カセットテープの大手でしたので、名前を聞いたことがあるかもしれません。

現在では九〇ヵ国以上に子会社を持つグローバル企業になっています。自信にあふれた企業戦略を達成するために企業目標として「責任ある資源利用と生産」、「公正かつ信頼のおけるパートナーとして行動」、「市場ニーズに最適なソリューションの提供」を示し、「資源・環境・気候」、「食品・栄養」、「生活の質の向上」の三分野で重要な貢献ができると述べています。

事業領域のすみ分け

BASF社は、一九二五年から五一年までの間、**IG《イーゲー》ファルベンインドゥストリー**（IG染料工業）*という、染料会社を中心にドイツの多くの化学会社を統合した超巨大会社に属していました。

IGはドイツ語で「利益のプール」という意味の、染料会社同士で作った利益共同体の略称です。IGファルベンインドゥストリー社は、利益共同体をさらに進めて、完全に一つの会社組織にしたものでした。合成染料は一九世紀からドイツ化学会社の独占的な商品でしたが、第一次世界大戦時の輸入途絶や価格高騰を機

用語解説

* **IGファルベンインドゥストリー**　この会社は1930年代にナチス政権に協力した半面、1920年代以降、アメリカのスタンダードオイル社（現エクソンモービル）と人造石油・合成ゴムの技術提携を両国政府に秘密裏に行うなど、複雑な行動をとりました。

BASF社プロフィール

名前の由来	Badische Anilin und Soda Fabrik の頭文字		
設立	1865年		
本社	ドイツ　ラインラントプファルツ州　ルードヴィッヒスハーフェン		
売上高	59,316百万ユーロ	従業員数	118千人

主要事業部門	製品内容	売上構成（%）
化学品	石油化学基礎製品、中間体	16
材料	アンモニア、塩素、イソシアネート、ウレタン、ポリアミド	19
産業需要対応品	ポリマーエマルション、顔料、電子材料、樹脂添加剤、油添加剤、その他機能化学品	14
界面技術製品	塗料、触媒、電池材料	22
栄養とケア製品	界面活性剤、栄養補助製品、香料	10
農業需要対応品	農薬、遺伝子組換え作物	13
その他	紙薬品、水処理薬品	5

注：従業員数、売上高と構成は2019年12月決算

BASF社の歴史

年代	時代の説明
1865－1901	創業と染料の時代
1902－1924	ハーバーボッシュプロセスと肥料の時代
1925－1944	高圧化学合成による新化学［旧IG（イーゲー）時代］
1945－1964	新スタート、奇跡の経済復興とプラスチック時代の夜明け
1965－1989	多国籍企業への道
1990－現在	新千年紀へ持続可能な歩み

出典：BASF社ホームページの「当社歴史」から作成

ワンポイントコラム

【BASF社が発明した世界初の主要製品】 合成染料アリザリン、インディゴ、ハーバー・ボッシュ法アンモニア、メタノール合成、石炭液化（人造石油）、レッペ反応、スチレン、塩化ビニル樹脂、スクリュー押出機

に、アメリカや日本をはじめ多くの国で染料の国産化が始まったので、ドイツ染料会社が危機感を抱いて設立した会社でした(三―二参照)。

IGファルベン社は、ドイツの化学会社の研究開発能力を集中する効果も発揮し、染料のみならず、合成繊維、合成ゴム、プラスチック、基礎化学品、**人造石油**やメタノールなどの高圧合成、カラー写真、医薬品、農薬など、新時代を開く化学製品・化学技術を開発しました。ドイツ敗戦後、連合軍によってIGファルベン社は解体され、主に**BASF**、**バイエル**、**ヘキスト**の3社に分割されました。

IG社分割後、BASF社は同じドイツの巨大化学会社バイエル社とは競合関係になりました。しかし、バイエル社が医薬、農薬などファインケミカルを主な事業**ドメイン**(一―四参照)にするのに対して、BASF社は無機薬品、石油化学、建設用化学品(二〇二〇年売却)などのコモディティケミカルを手がける会社になって棲み分けています。しかし今後の成長期待分野としての**アグリビジネス**では激しい競合関係にあります。なお、合成樹脂、合成繊維、フィルム事業が強かったヘキスト社とも、バイエル社と同様に棲み分けながらも競合関係にありました。

競争力の源

BASF社は、アクリル系製品群や触媒など、強力な研究集約型の化学事業も持っています。会社のビジョンの中で「変化を好機と捉えること」を述べています。しかし、BASF社は自社の競争力を研究開発力や変身する力ではなく、**フェアブント**(統合)コンセプトにあるとしています。この点は、非常にユニークです。ドイツ本社地区、ベルギー**アントワープ***、アメリカの二ヶ所、マレーシア、中国南京の六ヶ所の大フェアブント(中国広東省湛江市に七つ目を推進中)に加えて、世界三百八十の生産工場を重視しています。

フェアブントは、日本のコンビナートのような生産統合のコンセプトのみならず、エネルギー・資源、技術、顧客、従業員、地域社会のすべてを統合する運営を意味しています。このように生産工場単位を重視する会社運営はIGファルベン社の伝統といわれます。アメリカの会社とはひと味違った経営法です。

用語解説

***アントワープ**　オランダのロッテルダムと並ぶヨーロッパ最大の石油・石油化学コンビナート地域。ルードヴィッヒスハーフェンをはじめとする内陸化学工場は、ライン河、ローヌ河とその支流、さらに運河によって、またパイプライン網によって、北海、地中海とつながっています。

BASFとバイエルの業績推移

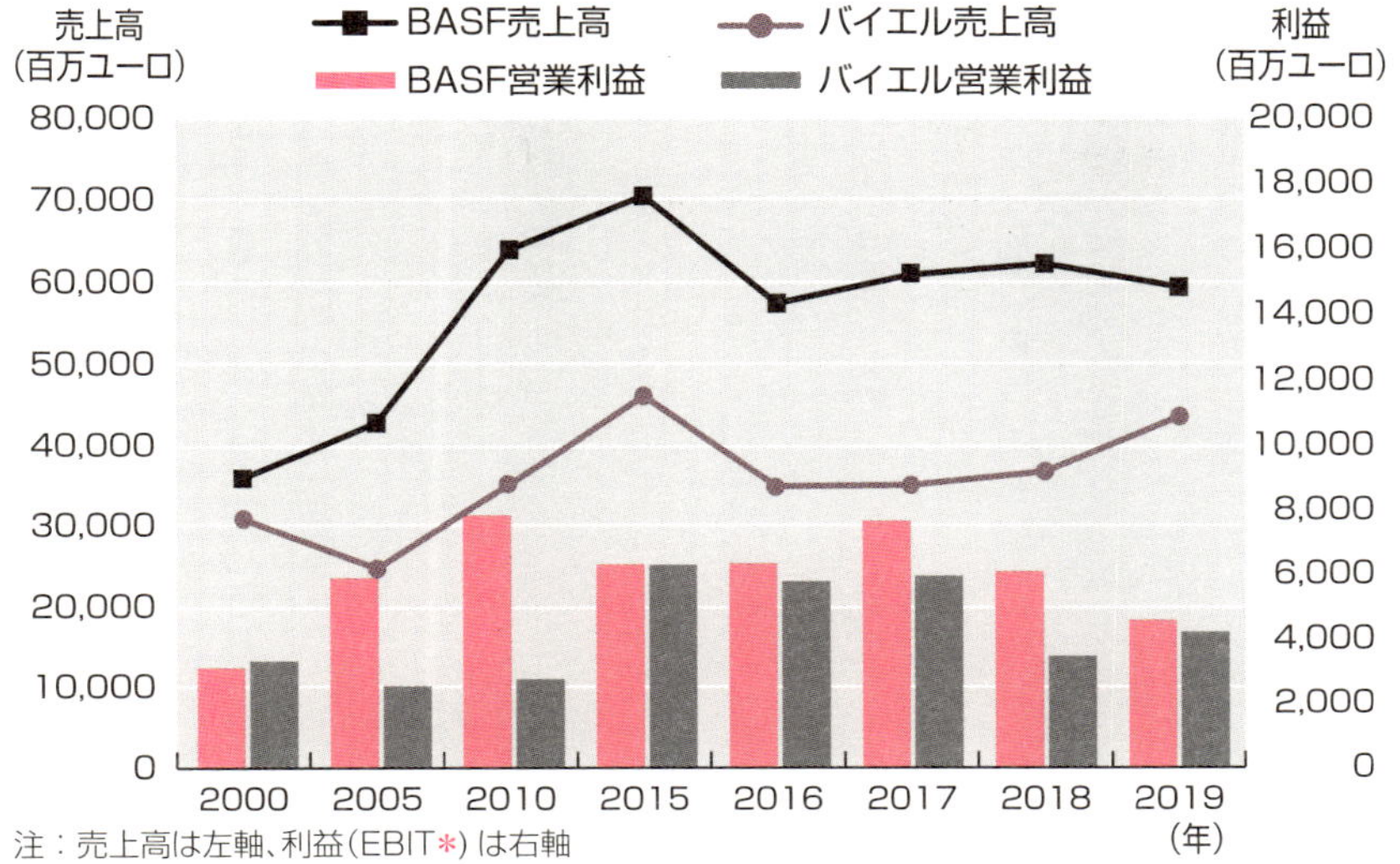

注：売上高は左軸、利益(EBIT＊)は右軸

中国に進出する欧米化学会社

欧米会社	地区	合弁会社名	主要製品能力	稼動開始
BASF	南京	揚子ーBASF	エチレン75、ポリエチレン50、EG40、SM50 プロピレン38、アクリル酸32、BTX30 ブタジエン17、SBR11、オキソアルコール25	
	上海	上海Lianheng イソシアネート	アニリン16、ニトロベンゼン24 MDI 24	2005
		上海BASF ポリウレタン	硝酸25、ジニトロトルエン15 TDI 16	
		BASF PTHF	THF 8、PTHF6	2005
バイエル	上海		BPA20、PC20、 ジフェニルカーボネート 17 MDI 25 TDI 25、ポリエーテル28	2007 2007 2010 2009
BP	上海	SECCO	エチレン120、ポリエチレン70、SM67、PS30 プロピレン60、PP25、AN52、BTX60 EG39、ブタジエン9、PTA60、エタノール20	2005
シェル	広東省 恵州	中海シェル	エチレン100、ポリエチレン45、EG32、SM70 プロピレン50、PP24、酸化プロピレン25 ブタジエン17、PS30、PO25	2006
エクソン モービル	福建省 泉州	福建聯合 石油化工	エチレン110、ポリエチレン52、PP40 ブタジエン17、パラキシレン70	2009

注：21世紀に入って欧米大手化学会社が続々と中国に進出しています
出典：化学経済・アジア化学工業白書

用語解説

＊EBIT　利払い前の税引前利益の略で、企業の利益を見る指標の一つ。経常利益に支払い利息を加え、受取利息を差し引いて求めます。

4 バイエル

バイエル社は、BASF社と並んでドイツ化学業界を代表する歴史ある会社です。しかも、二一世紀に入って活発な事業買収と事業分離を行い、ライフサイエンス事業への集約を達成し、事業内容を全面的に変えました。

バイエルの由来

バイエル(BAYER)の社名は、一八六三年に実業家フリードリッヒ・バイエル(BAYER)が、染物師ヨハン・フリードリッヒ・ウェスコットとともに染料工場を設立したことに由来します。

もう一人、有名なバイエルがいます。オットー・バイエル(BAYER)です。日本ではオットー・バイヤーと英語読みされることもあります。ポリウレタンフォーム*を発明し、バイエル社のウレタン事業(二〇一五年にコベストロ社として事業分離)を生み出すとともに一九六四年にはバイエル社の社長になりました。

著名な研究者群

バイエル社は化学産業史上、多くの重要な発明を行ってきました。世界最初の合成殺虫剤(一八九一年)、世紀の医薬品と言われる解熱鎮痛薬**アスピリン**(一八九九年)、睡眠薬バルビタール(一九〇四年)、世界初の有機加硫促進剤(一九一二年)、世界初の合成ゴム(一九一六年)、熱帯病のアフリカ睡眠病薬(一九二〇年)、現在主流の各種合成ゴム(一九三〇年代)、化学療法薬**サルファ剤**(一九三五年)、**ポリウレタン**(一九四三年)、有機リン系殺虫剤*パラチオン(一九五〇年頃)、**ポリカーボネート**(一九五八年)、カチオン染料(一九六〇年)、EBI剤系殺菌剤*(一九七六年)、ネオニコチノイド系*

用語解説

*** ポリウレタンフォーム**　ポリウレタンフォームにはマットレス、家具や自動車座席、スポンジなどに使われる軟質フォームと、建物、冷蔵庫などの断熱材に使われる硬質フォームがあります。

バイエル社プロフィール

名前の由来	創業者の一人、フリードリッヒ・バイエルに由来		
設立	1863年		
本社	ドイツ　ノルトラインヴェストファーレン州レバークーゼン		
売上高	43,545百万ユーロ	従業員数	104千人

主要事業部門	製品例	売上構成（%）
医薬品	医療用医薬品	41
消費者ヘルスケア	一般用医薬品	13
クロップサイエンス	農薬、植物バイオテクノロジー	46

注：従業員数、売上高と構成は2019年12月決算

バイエル社の最近の激しい事業再編成の動き

年	動き
2000	米ライオンデルケミカル社のポリオール事業を買収
2001	アベンティスクロップサイエンス社を買収
2005	ロッシュ社の一般医薬品事業を買収
2005	ランクセス社を分離し、化学品事業とポリマー事業の一部を移管する
2006	医療用医薬品メーカーのシェーリング社を買収
2014	米メルク社の一般医薬品事業を買収
2015	ポリマー事業をコベストロ社として分離、株式上場
2018	米モンサント社の買収を完了し世界最大のアグリビジネス会社に

用語解説

＊**農薬の分類**　農薬は化学構造による分類（有機リン系、ネオニコチノイド系など）、作用機序による分類（EBI系など）、対象による分類（殺ダニ剤など）、製剤による分類（乳剤、水和剤など）があって複雑です。

殺虫剤（一九九二年）など枚挙にいとまがありません。

有名な発明家も生み出してきました。数多くのアゾ染料*を発明しバイエル初期の成長を支えたカール・デュースベルク、アスピリンの発明者フェリックス・ホフマン、サルファ剤*のゲルハルト・ドーマクなどです。デュースベルクは自ら発明者であるとともに、社内研究の優れた指導者であり、さらにのちに**IGファルベンインドゥストリー**社設立の主役を演じた経営者としても名を残しています。

活発な事業再編成

二一世紀に入ると、イノベーションが牽引する今後の化学分野の成長市場はライフサイエンスであるとの考えを明確にし、医薬品とアグリビジネスに集中する戦略を一貫して進めてきました。ＢＡＳＦ社とは明らかに違う道を進んでいます。

二〇〇〇年には第二次大戦後長らく英国の**BP**社との合弁で進めてきたナフサ分解事業から撤退し、〇一年にはアクリル繊維を売却、〇二年にはアグファ・ゲバルト社の株式売却によって写真感光材事業からも撤退しました。〇五年には合成ゴム、ＡＢＳ樹脂、機能化学品をランクセス社として分離しました。ランクセス社は〇九年にＡＢＳ樹脂、十八年に合成ゴムを売却し、十九年世界化学企業ランキングで九四位になりました。

その一方、バイエルは二〇〇一年にフランスのアベンティスクロップサイエンス社を買収し、**アグリビジネス**の強化を図っています。また、〇五年にスイスの**ロシュ**社の一般用医薬品事業を、〇六年にはドイツの有名な医薬品会社シェーリング社を、さらに二〇一四年には米国メルク社の一般用医薬品事業を買収して一般用医薬品では世界第二位の会社になりました。

このように二一世紀の一五年間で逐次進めてきた事業再編成の仕上げとして二〇一五年には最後に残っていた高分子事業（**ポリウレタン**、**ポリカーボネート**）をコベストロ社（十九年五七位）として分離し独立させました。その一方で二〇一六年に世界最大のアグリビジネス会社である米国**モンサント**社の買収を発表しました。独占禁止法審査過程で一部種子事業をＢＡＳＦ社に売却しましたが、二〇一八年六月に買収を実施し、世界最大のアグリビジネス会社が誕生しました。

用語解説

***アゾ染料**　芳香族アミンに亜硝酸を反応させるジアゾ化反応でできたジアゾニウム塩と、フェノール類、芳香族アミン類とのカップリング反応で作られる色素。窒素二重結合が発色団、水酸基、アミノ基が助色団になります。助色団は色合いや繊維への付着性に影響を与えます。

ドイツ・ヘキスト社の誕生から消滅まで

年	動き
1863年	染料会社として設立（フランクフルト近郊）
1925年	IGファルベン社に統合
1951年	IGファルベン社解散により復活
1960年代	プラスチック、合成繊維、フィルム、医薬、無機薬品で成長。バイエル社、BASF社と並ぶドイツ3大化学会社の一角。 3社の中では石化基礎原料に進出せずBASF社とすみ分け、医薬はバイエル社に比べて弱いというすみ分け成立
1970年代	ドイツ・カッセラ社、アメリカ・フォスターグラント社など内外の買収攻勢で連結売上高では世界トップ化学会社に。
1987年	アメリカ・セラニーズ社を買収（ヘキスト・セラニーズ） ますます世界企業へ
1990年代	アメリカのウエイトが高まるにつれて、アメリカ流経営に染まる
1995年	ヘキスト・セラニーズ社がマリオン・メレル・ダウ社と合併し、医薬品部門を拡張（ヘキスト・マリオン・ルセル）
1998年	ポリエチレン、ポリプロピレン事業を売却（BASF社/シェル社の合弁会社に、のちのバセル社）そのほか、ポリエステル、フィルム、エンジニアリングプラスチックなどの化学部門を次々分離や売却（セラニーズ社復活）
1999年末	フランスのローヌ・プーラン社と合併、医薬とアグリビジネスを二本柱とするライフサイエンス会社アベンティスになる
2001年	バイエル社がアベンティス社のアグリビジネスを買収
2004年	サノフィ・サンテラボ（仏）がアベンティスを買収しサノフィアベンティスに
2012年	サノフィアベンティスがサノフィに改称

用語解説

＊**サルファ剤**　スルホンアミド基を持つ抗菌剤。ドーマクが敗血症にかかった娘に最初の人体実験を行い、連鎖状球菌に殺菌力のあることを発見したといわれます。1939年にノーベル生理・医学賞を受けますが、ヒトラーの圧力でいったん辞退し、第2次大戦後に受けました。

3M

3M(スリーエム)社を化学会社とすることに奇異の感を持つ方もいるでしょう。3M社は事業・製品のラインアップが非常に広がっている会社だからです。しかし、3M社は化学を熟知し、その可能性に挑戦している会社と理解すべきです。

ユニークな製品

3M社は創業百年を超えてもなお革新的な企業です。創業時は研磨材料コランダム鉱を掘り出す会社でした。そのため社名にマイニング(鉱業)があるのです。しかし、鉱業事業は鉱石の品質が悪くて失敗し、**サンドペーパー***事業に移りました。約二〇年経って世界初の耐水性サンドペーパーを発明しました。この製品は、ガラス磨きにともなって飛散する空中ダストを大幅に減らすことで大成功しました。

その後、『スコッチテープ』、『スコッチガード』(衣服の汚れ保護材)、『ポストイット』など、3M社の商標名がその分野の製品名の代わりに使われるほどの大ヒット商品をいくつも生み出しました。これら製品の開発までの物語*を、3M社はさまざまな機会に公表しています。もちろん3M社のホームページにも掲載されています。

会社に入って研究者になろうとする方、事業部で新製品の開発に携わる方は、ぜひご覧下さい。誰も気付いていないニーズをいち早くつかみ、化学の機能を活用してそのニーズに応える製品を開発していくことの重要性を教えられます。日本の化学会社が一九八〇年代から取り組んできた機能化学、すなわち化学の独自の機能や働きを、いかに生かして製品を作り上げるかということに、3M社は五〇年以上も前から挑戦していたのだということがわかります。

用語解説

***サンドペーパー**　研磨に使うサンドペーパーは40番手から200番手まであり、数字が小さいほど粗くなります。用途(塗装はがし、塗装前下地調整、木工仕上げ、金属の鏡仕上げ)に応じて選ぶことが肝心です。

3M社プロフィール

名前の由来	Minnesota Mining & Manufacturing Co.の頭文字
設立	1902年
本社	アメリカ　ミネソタ州セントポール市
売上高	32,136百万ドル
従業員数	96.1千人

主要事業部門	製品例	売上構成(%)
消費者向け製品	ポストイット、スコッチテープ	16
エレクトロニクス・輸送	フッ素ゴムシール材、電池材料、電子情報材料	30
ヘルスケア	マスク、歯科用製品、絆創膏テープ	23
安全・産業	研磨材、包装テープ、フィルター	36

注：売上高、従業員数、売上構成は2019年12月決算

3M社が発明した主要製品

開発年代	製品分野	特徴、用途
1920年代	耐水研磨材	自動車ガラス研磨の粉塵防止
1920年代	マスキングテープ	自動車ツートンカラー塗装の合理化
1930年代	セロハンテープ	スコッチテープの商標
1940年代	電気絶縁用ビニールテープ	電気配線工事でおなじみ
1940年代	磁気録音テープ	当初は放送用
1950年代	フッ素系繊維保護材	スコッチガードの商標
1950年代	ナイロンたわし	ウレタンスポンジ貼り合せも
1960年代	防塵マスク	使い捨て式
1980年代	ポストイットノート	はってはがせる
1990年代	フロン代替フッ素系液体	オゾン破壊ゼロ
2000年代	液晶TV用フィルム	省エネルギー

ワンポイントコラム

【3M製品開発ストーリー】 3M社ホームページにはマスキングテープ、セロファンテープ、ポストイットノート、反射シート、ウインドウフィルム、スポンジたわし、液晶ディスプレイ用輝度上昇フィルムなどの開発物語が載っています。

ユニークな経営

3M社は経営法もユニークな会社として知られています。その経営法は、経営学やMOT(技術経営)の教科書に載るほど有名です。しかし、なかなか他社がまねできるものではありません。

まず、経営ビジョンとして、3M社は革新的な企業になることを掲げています。事業部門は安全と産業、輸送とエレクトロニクス、ヘルスケア、消費者の四つの用途向けに括られています。この多彩な用途に向けた多様な事業活動を技術面から支えるのが四〇を超える**テクノロジープラットフォーム**(技術基盤)です。このテクノロジープラットフォームも、接着・粘着*、研磨、光マネジメント、表面改質などの時代に適合した切り口でしばしばまとめ直され、公表されています。

たとえば、輸送とエレクトロニクス事業部門では、交通安全に役立つ方法をビジネスにしようとしています。こういう事業の組み立て方の発想が、普通の会社とは違っています。この発想の中から光の反射を活用した各種の交通標識に関する商品が多数生み出されました。白線・横断歩道・止まれ文字などに反射効果を持たせた路面標示材、短期仮設工事用に路面に貼る白線表示用テープ、反射機能の付いた道路標識、もらい事故防止のために車両に貼ったり、工事看板に使ったりする高機能反射シートなどです。微小な真球に近いガラス粒子が埋め込んであり、入社光の九割以上が光源の方向へ戻っていく(再帰性反射)ので、自動車のライトが当たると光ってよく見えるのです。このような機能を支える技術が、表面改質、粘着、セラミックス、微粒子化・分散、検査と計測などです。

研究開発活動の活性化手法として、**一五%ルール**も有名です。直接携わっている業務以外の自分が興味を持つ研究に、業務時間の一五%を割いてよいとするルールです。一方、一年以内の新製品の比率を一〇%以上に、また四年以内の新製品の比率を三〇%以上にするという、革新企業にふさわしい、厳しい目標も掲げています。グローバル化も進んでおり、アメリカ企業でありながら、二〇一九年でアメリカの販売比率は四一%にすぎません。一九六一年設立の住友スリーエムは、二〇一四年にスリーエムジャパンになりました。

用語解説

***粘着**　接着剤と粘着剤の最大の違いは、粘着剤は手軽に貼れて、しかも簡単にはがせる点です。粘着剤は絆創膏から始まったといわれます。

3M社の現在のテクノロジープラットフォーム

研磨材	多孔質材料	検査と計測	コネクテッドシステム
接着・粘着	剥離材料	プロセス設計と管理	ドラッグデリバリー
先端材料	3Dプリント技術	持続可能性追求設計	ディスプレイ技術・製品
バイオ材料	高分子成形加工	加速耐候性試験	電池部品・部材
セラミック	マイクロ複製	画像処理	画像処理技術・部材
歯科材料・歯列矯正材料	精密塗装・薄膜処理	データサイエンス	フレキシブル電子部材
エレクトロニクス材料	微粒子化・分散	電子システム	ろ過・分離・浄化
フィルム	ポリマー加工処理	モデル化・実験	医療データマネジメント
フッ素化学	放射線加工	先端ロボット	光マネジメント
メタマテリアル	表面改質	センサー	メカニカルファスナー
ナノテクノロジー	薄膜プラズマ処理	アプリソフト開発	創傷ケア
不織布	分析	音響制御	熱管理材料
機能材料	形状変換・包装	微生物検出・制御	

3M社の面白いディビジョンの例

名称	製品
アニマルケア製品	動物用包帯、キズテープ、聴診器、手術製品
コマーシャルケア	床磨きパッド、ブラシ、洗剤、すべり防止剤
ビジュアルシステム	プレゼンテーションを効率的、効果的に行う製品：オーバーヘッドプロジェクター、デジタルプロジェクター
建物防護	建築物の防火、防犯、省エネ、経済的メンテナンスのための製品：ガラス防護フィルム、熱線反射フィルム、熱膨張して延焼・煙拡散を防止する材料
ドラッグデリバリーシステム	製薬会社と共同して効果的な製剤法を開発する
マイクロバイオロジー	食品衛生微生物管理のためのフィルム型培地
交通安全システム	道路標識用反射シート（高精細表面、フィルム、接着技術）

ワンポイントコラム

【テクノロジープラットフォーム】 製造会社では自社のテクノロジープラットフォームを明確にし、新商品の開発の際に技術を組み合わせたり、欠けている技術を認識したりするのに使います。常に見直しが必要です。

6

家庭用化学品会社

アメリカのP&G、イギリスとオランダに本拠を置くユニリーバ、ドイツのヘンケルの三社は、いずれも一九世紀に石けん会社として始まり、現在ではさまざまな家庭用化学品に多角化した多国籍企業になりました。ここでは創業の礎から発展した洗剤を中心に述べましょう。

石けんと油脂工業

石けんは油脂とアルカリから作られる、昔からある身近な化学製品です。**P&G**社はアメリカの牧畜業から得られる豊富な油脂を背景に成長しました。**ヘンケル**社はソーダ灰とケイ酸ナトリウムによって、また**ユニリーバ**社は植物油を原料とすることによって、それまでの石けんに比べて高品質であることを強みとして成長しました。

一九世紀末にフランスのサバティエが**不飽和脂肪酸***の**水素添加**法を開発したことにより、バターより安価な**マーガリン**が植物油から作られるようになりました。ユニリーバ社は一九三〇年に石けん会社とマーガリン会社が合併して設立されました。どちらも油脂を原料とする会社で、原料入手力強化の**シナジー効果**を狙った合併でした。一方、ヘンケル社は、二〇世紀初頭にドイツの化学会社デグサが供給する過ホウ素酸ナトリウムを添加した殺菌漂白剤入り洗剤を発売して大成功しました。このような成長過程で、洗剤会社は消費財化学製品を扱う化学会社にとって不可欠な、強固なブランド力と販売網を確立しました。

界面活性剤工業へ

一九三〇年代、高圧化学を開拓したIGファルベン社などによって、油脂を高圧水素化して**高級アルコール**を作る技術が開発されました。高級アルコールの硫

用語解説

＊**不飽和脂肪酸**　脂肪酸については、34ページに用語解説があります。炭素のつながりの中に二重結合を含むものが不飽和脂肪酸です。炭素17の脂肪酸では、二重結合がオレイン酸で1つ、リノール酸で2つ、リノレン酸で3つ含まれます。

家庭用化学品3社プロフィール

社名	プロクターアンドギャンブル　P&G		
設立	1837年		
本社	アメリカ　オハイオ州　シンシナティ市		
売上高	67,684百万ドル	従業員数	97千人

主要事業部門	製品例	売上構成%
ファブリックケア＆ホームケア	アリエール、ボールド、ジョイ	33
ベイビー、フェミニン＆ファミリケア	パンパース、ウィスパー、シャーミン	26
ビューティー、ヘア＆パーソナルケア	SK-Ⅱ、パンテーン	19
グルーミング	ジレット、ブラウン	9
ヘルスケア	口臭薬、歯磨きクレスト	12

社名	ユニリーバ		
設立	1930年（前身は1880年代）		
本社	オランダ　ロッテルダム、イギリス　ロンドン		
売上高	51,980百万ユーロ	従業員数	150千人

主要事業部門	製品例	売上構成%
ホームケア	住居用クリームクレンザー・ジフ	21
パーソナルケア	シャンプー・ラックス、スキンケア・ダヴ、ポンズ	42
食品	紅茶リプトン、調理食品クノール	37

社名	ヘンケル		
設立	1876年		
本社	ドイツ　ノルトラインヴェストファーレン州デュッセルドルフ		
売上高	20,114百万ユーロ	従業員数	52千人

主要事業部門	製品例	売上構成%
ランドリー＆ホームケア	漂白洗剤パーシル、クリーナー	33
化粧品・トイレタリー	化粧品、シャンプー	19
接着剤	家庭用、プロ用、工業用接着剤	47

注：従業員数、売上高と構成は2019年12月決算、P&Gは2019年6月決算、従業員数は19年6月末

ワンポイントコラム

【トランス脂肪酸】 天然の不飽和脂肪酸はほとんどシス体です。不飽和脂肪酸を水素添加した際にトランス体ができることがあり、これのとりすぎによって心臓病のリスクが高まることが欧米で指摘されています。しかし日本人への影響は明らかではありません。

酸エステル塩（最初の**中性洗剤**）の登場により、石けん工業は**界面活性剤**工業に大きく変わっていきました。

さらに、一九四〇年代からの石油化学工業の発展とともに、アルキルベンゼンスルホン酸ソーダなどの**アニオン界面活性剤**、アルキルアミンなどの**カチオン界面活性剤**、酸化エチレンを原料とする**ポリオキシエチレン基**による**非イオン界面活性剤**など、さまざまな界面活性剤が石油から合成されるようになりました。これに応じて洗剤会社の製品も、電気洗濯機用洗剤、台所用洗剤、住居用洗剤、ヘアケア用洗剤、リンス（柔軟剤）など多様化していきました。

洗剤工業にとっては、原料、技術、製品と多方面にわたる変革期であったにも関わらず、他分野からの新規参入がなく、石けん会社間の競争激化によって、各国とも企業の集約化が進んだことは注目されます。石けん工業時代に築かれた販売力が他分野からの新規参入を阻む力となりました。

環境問題

その後、洗剤メーカー三社は、蓄積した販売力、技術開発力（製品の**安全性評価力**を含め）を生かして、化粧品、オーラルケア製品、紙おむつなど、さまざまな消費財化学製品に事業を拡大しました。またそれだけでなく、食品、接着剤、ひげそりなどに多角化していきました。同時に、早くから海外販売、海外生産を進め、現在では日本でも知名度の高いブランドを持つグローバル企業として成長を続けています。この点で、日本の洗剤会社は大きく水を開けられています。一二八ページに入っていないヘンケルも三四位の巨大企業です。

しかし、順調な成長ばかりではありませんでした。一九六〇年代には、河川での泡問題から洗剤の環境中の**生分解性***が問題となり、**直鎖アルキルベンゼン**型への転換がありました。一九八〇年代には、湖沼などの富栄養化問題の原因として、洗剤**ビルダー**（水を軟化して洗剤の洗浄力を強化する助剤）として使われていたリン酸塩が問題とされたために、**トリポリリン酸ソーダ**が使用中止になり、**ゼオライト**やポリアクリル酸ソーダなどに転換することになりました。環境問題によって、製品内容の変更のような大きな転換を行ってきた化学産業があることも忘れてはなりません。

ワンポイントコラム

【非イオン界面活性剤】　ポリオキシエチレン系の非イオン界面活性剤は、1937年にIGファルベン社が工業化しました。エーテル基の数によって水との親和性を細かく調節でき、中性、酸性、アルカリ性でも使える上に耐塩性も高い優れた界面活性剤です。

P&G社とユニリーバ社の業績推移

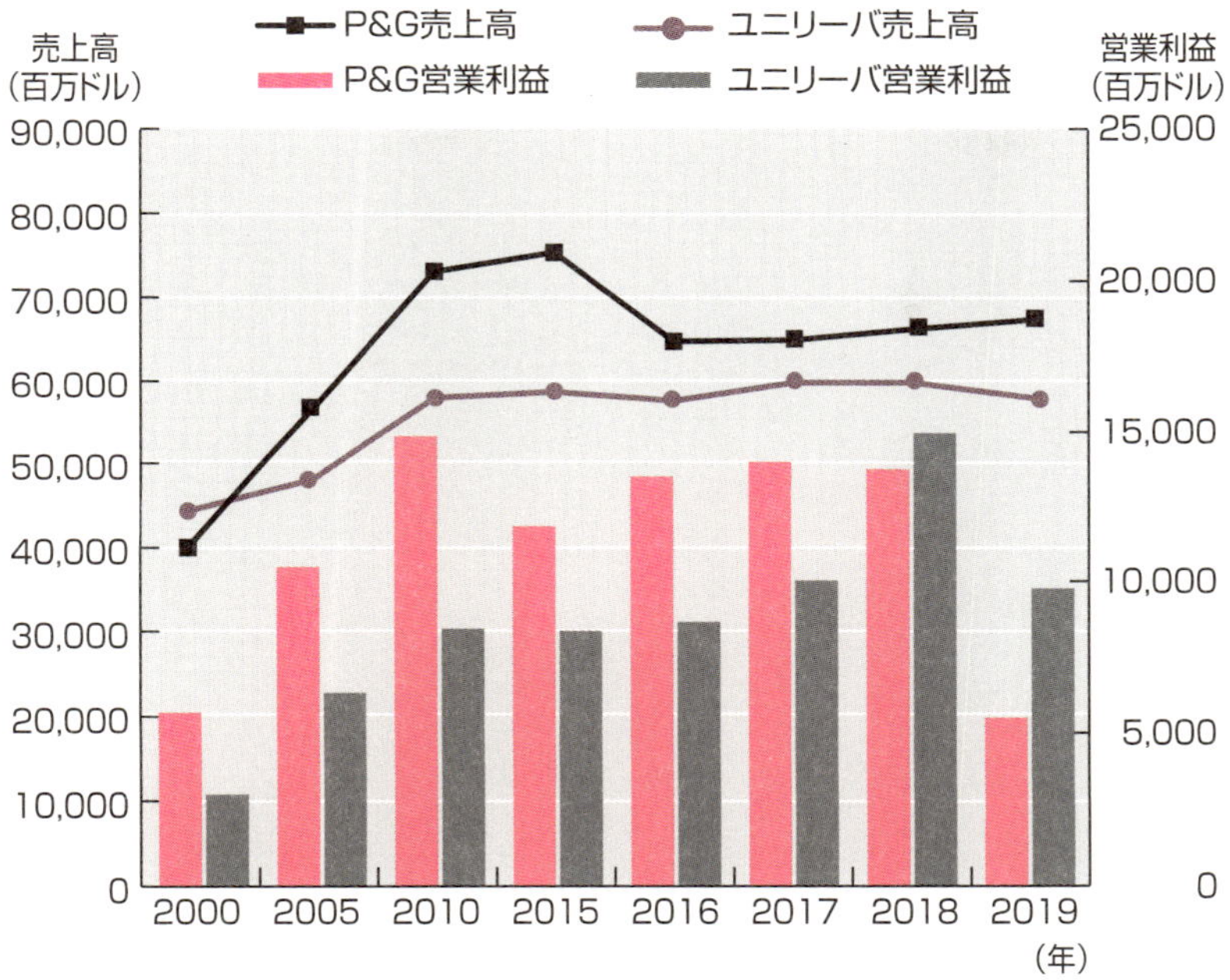

注：売上高は左軸、営業利益は右軸。ユニリーバはユーロをドルに換算
注：P&G は 2000 年代の急成長の反動で 2015 年に低採算部門を売却

油脂と石けん・界面活性剤

脂肪・油	高級脂肪酸とグリセリン（水酸基を三つ持つアルコール）のエステル 高級脂肪酸は炭素数が 10〜20 と大きなカルボン酸 炭素結合によって飽和脂肪酸と不飽和結合に分かれます
硬化油	水素添加によって不飽和脂肪酸を飽和にした脂肪
石けん	高級脂肪酸のナトリウム塩
高級アルコール	高級脂肪酸のカルボン酸部分を高温高圧触媒反応で還元して製造
界面活性剤	多くの種類があるが、高級アルコールからつくられる硫酸エステルソーダ塩は代表的

用語解説

＊**生分解性**　洗剤が下水処理場や河川、土壌の微生物によって二酸化炭素、水、無機塩などに分解されることをいいます。洗剤中のアルキル基に分岐が多いと、生分解の速さが低下します。

エボニック

化学業界の人でさえ、エボニック社と聞いて「知らない会社」という人は多いでしょう。ドイツの名門化学会社デグサが、二〇〇七年九月からエボニック社の化学部門になったのです。

エボニック社とは

最初に**エボニック**社を紹介しましょう。エボニック社は化学三部門とエネルギー、不動産の五部門から成る会社で始まりました。二〇〇六年にドイツの石炭会社RAGが**デグサ**社を買収し、二〇〇七年九月にこの五部門をエボニック社として独立させたのです。RAG社は石炭採掘会社として残りました。

エネルギーと化学が結びつくことは、多くの石油会社が巨大な石油化学部門を持っているように、多くの**シナジー効果**が期待できます。しかし、エボニック社の化学部門は、ファイン・スペシャリティといわれる分野で、エネルギーとはあまり関係ないのです。エボニック社のエネルギー部門は、石炭発電、地域熱供給が中心です。このような事情から二〇一〇年末にエネルギー部門が、二〇一三年には不動産部門が売却され、旧デグサ社に相当するファイン・スペシャリティ化学三部門の会社に戻りました。

デグサ社

エボニック社の化学三部門になったデグサ社は、一八四三年設立のドイツではもっとも古い化学会社でした。デグサという名前は、創設時の「ドイツ金銀精錬所」の頭文字に由来します。貴金属の精錬には、青化ソーダをはじめとして、多くの化学薬品を使います。ここから化学事業に多角化していきました。第一次大戦後のドイツ化学業界での大統合IG設立にも巻き込まれることなく、独立が続いた会社でした。**クロロシラ**

用語解説

＊**クロロシラン**　ケイ素に水素4つ付いた化合物がシランで半導体用ガスです。ケイ素に塩素やメチル基が付いた化合物が4塩化ケイ素やメチルクロロシランです。メチルクロロシランからシリコーン（ケイ素樹脂）が作られます。

ン*、高分散シリカ(アエロゾル*)、過酸化物、各種添加剤など、ドイツの大手化学会社と競合しない独特のファインケミカル事業を築いてきました。

激しい企業再編成

ドイツの化学業界は、第二次大戦後にIGが解体されて、BASF、バイエル、ヘキストの巨大三社を中心に多くの会社が復活し成長しました。巨大三社は、多くのドイツ化学会社を傘下に置く競争も繰り返してきました。しかし、一九八〇年代後半から、アメリカ流の経営法が欧州に広まり、激しい企業再編成の時代に突入しました。巨大三社はもちろん、独立系化学会社にも大きな再編成の動きが起きました。その中で生き残ってきたのがデグサでした。吸収された会社は、ローム、ストックハウゼン、**ヒュルス**、ゴールドシュミット、SKWなどでした。そして、ドイツ第三位の化学会社となったデグサも異業種の会社に買収され、栄光ある名前も消えました。二〇一九年七月末にはメタクリル事業を売却し機能化学への一層の特化を進めました。二〇一九年世界化学企業ランキングでは五四位です。

エボニック社プロフィール

経緯	デグサ社が2007年9月からエボニック社の化学部門に		
設立	1843年　デグサ社		
本社	ドイツ　エッセン		
売上高	13,1084百万ユーロ	従業員数	32.4千人

主要事業部門	製品例	売上構成(%)
栄養とケア	化粧品原料、飼料添加物、医薬品原料	35
資源効率化	シリカ、シラン、過酸化水素、触媒	43
機能材料	有機中間体、(メタクリルモノマー・ポリマー)	16
サービス	事業部門への技術サービス	6

地域別売上構成%

欧州	米州	アジア・大洋州	その他
48	27	22	3

注:従業員数、売上高と構成は2019年12月

用語解説

*アエロゾル　4塩化ケイ素を酸水素炎中で加水分解して作られる超微粒子状無水シリカ(二酸化ケイ素)です。塗料、インキ、合成樹脂、ゴム、歯磨きなどに使われます。

8 石油会社化学部門

エクソンモービル、シェブロン、ロイヤルダッチシェル、BP（英）は、世界の四大石油会社といわれます。また、また、トタール（仏）、サウジアラムコ、中国石油化工、中国石油天然気という大きな石油会社があります。いずれも巨大な石油化学部門を持ちますが、単独業績が非公表のため実態はよくわかりません。

石油精製と石油化学

石油化学は石油精製のオフガス有効利用から始まりました。しかも、石油精製から生まれた化学工学技術は、石油化学技術体系の重要な柱の一つです。最近は、オクタン価の高いガソリンを効率よく得るために、石油精製業に**クラッキング***や**リフォーミング***などの二次プロセスが不可欠になりました。そのプロセスからは、石油化学基礎製品であるプロピレンや芳香族炭化水素が得られます。このように、石油精製と石油化学には多くの**シナジー効果**があります。この効果を強みとして、多くの石油会社が石油化学事業を行っています。最近は、芳香族炭化水素の生産は、石油会社に中心が移りました。

石油会社の化学部門

日本の石油会社は、輸入した原油を精製して、ガソリン、灯油、重油などの石油製品を販売しています。これらは、世界の大手石油会社の活動の中では**ダウンストリーム事業**といわれる部分にすぎません。世界の大手石油会社は、石油の探査、採掘、輸送を行う**アップストリーム事業**が大きな存在であり、収益源です。

石油化学部門は石油事業との**シナジー**を生かして開始されたとはいえ、現在では化学部門の運営力、技術力そのものが、強力な競争力の源泉になっています。たとえば、エクソンモービル社は**メタロセン触媒**法による

用語解説

* **クラッキング**　石油の高沸点留分からガソリンを得ることを目的としたプロセス。熱分解、シリカーアルミナなどの触媒を使う接触分解、それに水素を加えてガソリン収率を高めた水素化分解があります。多量の分解ガスが発生し、そこからプロピレンが得られます。

ポリエチレン技術では世界トップです。中東などでの巨大な石油化学合弁事業では、石油精製と切り離された単独の化学事業としての競争力で勝負しています。

BP石化事業売却の衝撃

二〇〇〇年、アメリカのシェブロンとコノコフィリップスは、両社石化事業を分離し、シェブロンフィリップスを設立しました。二〇〇五年、**BP**は、石油化学事業の大半を分離し、**イネオス**社に売却しました。石油会社は自社の石油化学部門に原料を安く提供できるから、石油会社の化学部門に競争力があると考える人がいます。しかしそれは間違いです。現代の事業部制を採用している企業経営では、同じ社内でも、事業部間の取引は市中価格を使って行われます。しかも、各部門とも**投下資本利益率**が重視されます。石油化学部門自体の競争力が弱ければ、石油会社でも保有する価値はなくなります。BP社の石油化学事業売却は改めて現代の企業経営を示しました。しかし、アメリカ流の経営法がとくにイギリスでは強く現れ過ぎているようにも思えてなりません。

巨大石油会社の化学部門プロフィール

化学部門		エクソンモービル	ロイヤルダッチシェル	シェブロンフィリップス
売上高	百万ドル	27,416	na	9,333
利益	百万ドル	955	na	1,760
販売量	千トン	26,516	15,223	石化基礎約5割
基礎化学品	千トン	na	7,984	ポリマー約3割
誘導品	千トン	na	7,239	その他約1割
地域別販売量				
アメリカ	千トン	9,127	5,780	na
欧州	千トン	アメリカ以外	5,538	
アジア	千トン	17,389	3,905	

注：化学部門が、石油ダウンストリーム（石油精製）と一緒にされて実態がわからない会社が多い。
注：エクソンモービルの化学部門売上高、利益はC&EN2019.7.2、他の数値はアニュアルレポートなどによる。

用語解説

＊**リフォーミング**　65～200℃留分のナフサ（ガソリンのもとになる留分）を白金触媒を用い、高温高圧下で脱水素反応によって芳香族炭化水素を生成させて、オクタン価を上げるプロセス。

9 DSM

DSM社は本章の世界化学企業ランキングでは二〇〇九年に六三位でしたが、二〇一九年には七九位になったオランダの化学会社です。アメリカやドイツの巨大化学会社のような華々しさはありませんが、時代の変化に応じて着実に変身してきました。日本の化学会社にとって参考になります。

創業は国策石炭会社

DSM社は一九〇二年にオランダ政府が国策会社として設立した会社です。社名もオランダ国立鉱山の頭文字に由来します。戦前は、石炭を原料にコークス、さらにアンモニア、化学肥料へと展開し、化学産業に参入しました。戦後は、合成繊維原料などの化学品事業が伸び、一九六〇年代に石油、天然ガスに原料転換して、石油化学事業を始めました。一九七五年には、創業の石炭事業から撤退し、完全に化学会社になりました。

事業再編成

化学肥料、石油化学などの汎用品化学事業が成熟するようになった一九七〇年代以後は研究開発に注力し、高付加価値化学製品への事業シフトを進めてきました。ターゲットは医薬、食品、機能材料(自動車・航空機用、電機電子用)です。また、オランダ中心の事業展開から、欧州全域へ、さらに北米、アジアへとグローバル展開を進めています。このあたりの動きは、日本の化学会社とよく似ています。一九八九年民営化後は、とくに事業転換の動きが急速になりました。二〇〇〇年代に入ると、〇二年に石油化学事業をサウジアラビアのSABICに売却する一方、〇三年に**ロシュ**社から**ビタミン**事業を買収、〇五年に高付加価値樹脂事業買収、〇七年に医薬品事業買収、一〇年にメラミン事業売却と、立て続けに新しい方向に動いてきました。

用語解説

＊**ナイロン樹脂**　脂肪族ナイロンは、メチレン基のジアミンとジカルボン酸を縮合反応によって、水を脱離させてできるポリアミドです。カプロラクタムを開環重合させてつくるポリアミドもあります。繊維だけでなく、すぐれたエンジニアリングプラスチックとしても使われています。

明確になった方向

二〇一〇年代になるとDSM社は新しい方向がはっきりと見えてきました。ライフサイエンス事業と高機能材料事業です。ライフサイエンス事業でも、巨大な医薬品会社が競合している医薬品分野や巨大化学会社がしのぎを削っているアグリビジネス分野ではなく、世界の巨大会社が見落としている**ニュートリション**分野(栄養素、補助食品成分、飼料添加物)です。二〇一二年以降、カナダ、ブラジル、米国、中国などでニュートリション事業を買収する一方、二〇一四年には医薬品事業、一五年にはカプロラクタム、アクリロニトリルなどの汎用化したポリマー原料事業を分離しました。DSM社は世界最大のビタミン生産会社であり、また食品用、家畜用の栄養成分、化粧品用原料成分などで世界トップクラスにいます。高機能材料についても同様です。いたずらに事業範囲を拡大するのでなく、世界トップクラスの地位を持つ強力な製品群に絞り込んでいます。

DSM社プロフィール

設立	1902年		
本社	オランダ　ヘーレン市		
売上高	9,010百万ユーロ	従業員数	23千人

主要事業部門	製品例	売上構成(%)
ニュートリション	ビタミン、アミノ酸、酵素	67
パフォーマンスマテリアル	ナイロン樹脂*、超高分子量ポリエチレン*	30
新規開発ほか	バイオ燃料、バイオメディカル材料	2

注：従業員数、売上高と構成は2019年12月決算

用語解説

*超高分子量ポリエチレン　ポリエチレンはエチレン(分子量28)を付加重合して作ります。高圧法で分子量数千～2万、中低圧法で1万～30万です。分子量が大きいほど機械的強度は大きくなりますが、加工性が悪くなります。超高分子量ポリエチレンは、分子量100万～400万で高強度な上に耐衝撃性、耐磨耗性に優れます。

10 台塑関係企業

台塑関係企業ＦＰＧ（フォルモーサプラスチックスグループ）は、台湾塑膠（ＦＰＣ）を中心とする台湾の民間企業グループです。創業者一代で世界トップ二〇に入る大企業になりました。

創業者王永慶

二〇〇八年一〇月、王永慶《おうえいけい》が、アメリカ関係企業を訪問中に九一歳で亡くなりました。王永慶は、一九五四年に**台湾塑膠（フォルモーサプラスチックス、ＦＰＣ）**を設立し、塩化ビニル樹脂の生産を始めました。それから五〇年余で、化学事業を中心に石油精製、繊維製品、電子製品、機械部品の事業において、台湾のみならず、アメリカ、中国本土、東南アジアにわたって二〇以上の企業から成る台塑関係企業ＦＰＧを育て上げました。ＦＰＧの二〇一九年総売上高は六六四億ドルに達します。すばらしい経営者でした。

ＦＰＧ成長の軌跡

ＦＰＣ操業開始後、塩化ビニル樹脂を使って塩ビフィルムやパイプを作る会社として**南亜塑膠**（Ｎａｎ Ｙａ）が一九五八年に設立されました。南亜はかばんなどの二次加工品を作る会社を合併して事業を拡大します。

一九六五年には、**台湾化学繊維**（ＦＣＦＣ）が設立されました。ＦＣＦＣは、レーヨン、さらに各種合成繊維の生産を開始し、急速に成長しました。ＦＣＦＣは、化学繊維の紡糸段階のみならず、紡績、織物、ニット、染色加工まで行う総合繊維メーカーになりました。現在も強力な台湾繊維産業を代表する企業です。

一方、ＦＰＣは、第一次石油危機後の一九七八年、果敢にアメリカに進出しました。まず得意の塩化ビニル樹脂事業で拠点を作るとともに、一九九〇年にはテキサスでエチレンプラントからの石油化学コンビナート

用語解説

＊**グラスルーツ**　既存のプラントの改造や増設、あるいは廃棄新設（スクラップアンドビルド）でなく、さら地から新しいプラントを建てることを言います。

を建設しました。当時アメリカで盛んに行われていた既存企業の買収ではなく、グラスルーツ*からのプラント建設で石油化学事業を始めたのです。アジア企業としては初めての快挙です。この成功で蓄えた力を使って、一九九二年に**台塑石化**ＦＰＣＣを設立して、民間企業による石油精製、石油化学事業を台湾で開始しました。それまでは、台湾には国営の石油精製会社、石油化学会社しかありませんでした。中国本土の対外開放などの政策変更にも、台湾企業の中ではもっとも早く対応し、現在では四〇以上の工場を中国本土に持ち、グループ売上の一割を占めるまでに至りました。

事業のつながり

王永慶は一代で超巨大企業を作り上げた企業家です。その事業拡大の方法は、化学産業の特徴である事業拡散傾向に沿ったものでした。既存事業と関係ない分野に**落下傘**式に飛び込むものではありません。

カリスマ創業者という中核を失ったあと一〇年以上経過しましたが、ＦＰＧは順調に成長しています。

FPG 台湾プラスチックスグループ　プロフィール

正式名	台塑関係企業		
設立	1954年　台湾プラスチックスFPC設立		
本社	台湾　台北市		
売上高	66,379百万USドル各社単純総計	従業員数	116千人

主要事業部門	製品例	売上構成（%）
台湾塑膠FPC	塩化ビニル樹脂、苛性ソーダ、一部石化品	8.1
南亜塑膠 Nan Ya	プラスチック成形加工品、染色加工	7.5
台湾化学繊維FCFC	合成繊維、石化製品	9.7
台塑石化FPCC	石油製品、石油化学製品	31.4
その他	米国活動、中国活動、電子製品、機械製品	43.3

注：従業員数、売上高と構成は2019年決算、1US$=30.906NT$で計算

ワンポイントコラム

【台湾の化学会社】 台湾にはFPGのほかにも、次のような有名な化学会社があります。ABS樹脂の奇美実業、テレフタル酸の中美和、合成繊維の華隆、遠東紡織、官営企業として台湾中油CPC。コンビナートも、頭份、麦寮、大社・仁武、林園にあります。

11 SABIC

SABICは、サウジアラビアの資源を高度活用するための会社として設立され、三〇年間で急成長しました。しかし二〇二〇年にサウジアラムコに買収される激震が走りました。

SABICとは

サウジアラビア基礎産業公社SABICは、一九七六年に設立されました。サウジアラビア政府系ファンドが七〇%出資し、残り三〇%は民間出資の会社です。サウジアラビアでは、有名な石油会社**サウジアラムコ**、電力会社**サウジ電力公社**と並ぶ巨大会社です。ガスをはじめとする国内資源を高度利用して、基礎産業(化学と金属)を起こし、サウジアラビア国民の技術と教育の向上によって国の発展を図ることが会社設立の趣旨です。

合弁事業

サウジアラビアでは、原油採掘時に大量の**炭化水素**ガスが発生します。しかし石油と違って、炭化水素ガスは長距離の海上輸送が困難でした。このため一九三〇年代の原油採掘開始以来、大量のガスが**フレアスタック**で焼却されてきました。昔の中東のニュース映像などでは、よく見かける風景でした。これを原料として有効に活用して化学肥料や石油化学を、また発電に活用してアルミニウムなどの基礎産業を起こすことをサウジアラビア政府は企画しました。一九七〇年代に**原油国有化**と**石油危機**が重なり、サウジアラビア政府に巨額の資金が入ったので、この壮大な企画が実行に移されることになりました。**SABIC**の創設です。

しかし、基礎産業を起こしても、中東地域には十分な需要がないので、世界に輸出販売しなければなりません。また、技術も経営ノウハウもありませんでした。

ワンポイントコラム

【サウジアラビアの石化コンビナート】 ペルシャ湾(アラビア湾)側に1985年完成以後も大増設を続けているアルジュベール、紅海側に1985年完成のヤンブー、2010年完成のラービグがあります。

そこでＳＡＢＩＣは、まず出資者として先進国の化学会社と多数の合弁事業を組む道を選びました。

一九八〇年代初頭の生産開始以後、世界への販売力や多くの事業を運営する経営力を徐々に身につけて、短期間で石油化学会社トップ一〇に成長しました。ＳＡＢＩＣは、「化学分野において最も好まれる世界のリーダーとなる」との**ビジョン**を掲げています。

二一世紀初頭二〇年間の激変

二一世紀に入りＳＡＢＩＣは今までとは違った戦略を進めました。二〇〇二年にオランダＤＳＭ社の石油化学事業買収を行い、欧州で石油化学の生産と販売を始めました。二〇〇七年には**エンジニアリングプラスチック**の世界最大手であった**GE**社のプラスチック部門を買収し、ＳＡＢＩＣイノベーティブプラスチック社を設立しました。自国の資源の高度活用、基礎産業、**合弁事業**という枠を超えたグローバル企業への変身です。

しかし、政府の突然の方針変更により二〇二〇年にファンド分がアラムコに買収されました。今後ＳＡＢＩＣ、アラムコ化学事業の再編成が予想されます。

SABICプロフィール

正式名	Saudi Basic Industries Corporation サウジアラビア基礎産業公社		
設立	1976年　サウジアラビア政府70%、民間資本30%		
本社	サウジアラビア　リヤド		
売上高	37,263百万ドル	従業員数	33千人

主要事業部門	製品例	売上構成（%）
化学	基礎化学品、中間化学品、樹脂、高機能樹脂、化学肥料	87
金属	鉄鋼、アルミニウム	5
コーポレート	研究開発センター他	8

注：従業員数、売上高と構成は2019年12月決算

ワンポイントコラム

【サウジアラムコ】　ダハランに本拠を置く世界最大の石油会社です。従来サウジアラビアの石油化学はSABICの出資で行われてきました。しかし、2010年操業の住友化学ラービグ計画で初めてアラムコ社が出資しました。さらに、2017年に稼動を開始したアルジュベール計画にも出資し、ダウ社との合弁で実施しています。

12

産業ガス会社

世界の産業ガス業界は、フランスのエア・リキード社とドイツのリンデ社が世界の産業ガス会社を次々と買収しながら激烈なトップ争いを繰り広げています。

機械会社と産業ガス会社

リンデ社は、カール・フォン・リンデ*によって開発された冷凍機を製造する会社として一八七九年に設立されました。一八九五年に空気液化装置の工業生産に成功し、さらに一九一〇年には純**酸素**と純**窒素**を同時に得る装置の工業化にも成功しました。ガス液化・分離技術は、石炭ガス、水性ガス、天然ガス、石油分解ガスなどから有効成分を分離することに応用でき、リンデ社は機械会社として大きく成長しました。

一方、**エア・リキード**社は一九〇二年にG・クロードとP・デロルムによって設立されました。**クロード**が発明した液体空気から酸素を製造する装置を使った酸素製造会社として成長しました。日本にも一九〇七年に進出し、日本で初めて酸素の工業生産を開始しました。エア・リキード社は世界第一位の産業ガス製造会社の地位を二〇世紀を通じて保持してきました。

リンデ社の変身

機械会社として発展してきたリンデ社は二一世紀に機械事業を売却する一方で、自社よりはるかに大きな産業ガス会社や多くの医療ガス会社を買収して二〇〇〇年代後半にはエア・リキード社に肉薄するまで大きな産業ガス会社に一挙に変身しました。これに対してエア・リキード社は二〇一六年に米国第三位のエアガス社を買収して突き放しを図りましたが、リンデ社も米国第一位、世界第三位の**プラクスエア**社との合併を二〇一八年一〇月に実現しトップに躍進しました。

用語解説

***カール・フォン・リンデ** リンデはミュンヘン工業大学で研究と教育に携わっていましたが、リンデ社設立とともに教授を辞めました。しかし1890年に48歳で再び教授に戻り、空気液化装置の工業化に成功しました。

世界の産業ガス大手3社プロフィール

社名	エア・リキード				
設立	1902年				
本社	フランス　パリ				
売上高	21,920百万ユーロ		従業員数	67千人	

主要事業部門	売上構成%	ガス販売地域	地域構成%
ガス＆サービス	96	欧州中東アフリカ	38
エンジニアリング	1	米州	39
その他	3	アジア大洋州	23

社名	リンデ				
設立	1879年				
本社	ドイツ ミュンヘン				
売上高	28,228百万ドル		従業員数	80千人	

主要事業部門	売上構成%	ガス販売地域	地域構成%
ガス	83	欧州中東アフリカ	28
エンジニアリング	10	米州	47
その他	7	アジア大洋州	25

社名	エアプロダクツ＆ケミカル				
設立	1902年				
本社	アメリカ　ペンシルバニア州　アレンタウン				
売上高	8,919百万ドル		従業員数	13千人	

主要事業部門	売上構成%	ガス販売地域	地域構成%
ガス＆サービス	96	欧州中東アフリカ	23
エンジニアリング	3	米州	45
その他	1	アジア大洋州	31

注：従業員数、売上高と構成は2019年12月決算、エアプロダクツは2019年9月決算

ワンポイントコラム

【ガスの液化・分離】　石炭ガスや水性ガスからはアンモニア原料の水素が得られます。天然ガスからはLNGやLPGを得たり、石油化学原料のエタンを分離できます。石油分解ガスからは、エチレン、プロピレン、水素などが得られます。

13

医薬品会社

一九八〇年代に医薬品会社は生活習慣病薬の大鉱脈を掘り当てたことにより急成長し、本章冒頭の世界化学企業ランキングベスト一〇の半分以上を占めるようになりました。二〇〇〇年代にはバイオテクノロジーにより新鉱脈を見つけましたが、二〇一〇年代に伸び悩んでいます。

ヨーロッパ医薬品会社の誕生

ロシュ、ガイギー、メルクKGaAなど歴史ある医薬品会社は、草本などから医薬品成分を精製する事業から始まりました。これに対して、**バイエル**、**ヘキスト**、チバ、サンドなどは、合成染料会社としてスタートし、有機合成技術を生かして合成医薬事業を開拓した会社です。どちらのグループも、二〇世紀前半には**合成医薬品**、**ビタミン**、ホルモンなどの生産で成長しました。

アメリカ医薬品会社の成長

米国医薬品会社は、二〇世紀には巨大な国内市場を持っていましたが、第二次世界大戦までは技術開発力でヨーロッパ医薬品会社の後塵を拝する存在でした。しかしイギリスで発見された**ペニシリン***の工業生産法開発が戦争激化のために欧州では行えなくなり、アメリカ政府が主導してアメリカの大手会社が共同開発し、工業化に成功したことによって、技術開発力でもヨーロッパに追いつきました。第二次大戦後は次々と新しい抗生物質を開発してヨーロッパの医薬品会社と並んで成長しました。

先進国の高齢化による市場拡大

一九八〇年代になると先進国の高齢化が進展し、高血圧、脂質異常症、糖尿病などの生活習慣病患者が増加しました。**ICI**社のブラックが一九六〇年代半ば

ワンポイントコラム

【天然物からの医薬品成分の精製】 88ページに高峰譲吉がアドレナリンの結晶化・単離に成功したことを述べました。これも天然物から医薬品成分を精製する事業の一例です。現在でもたくさん行われています。

アメリカの大手医薬品会社プロフィール

社名	設立	本社	売上高（億ドル）	沿革
ファイザー	1849年	ニューヨーク	518	ワーナーランバート*、ファルマシア*、ワイス*
メルク &Co (MSD)	1891年	ケニルワースNJ	468	シェーリングプラウ*
ジョンソン&ジョンソン	1886年	ニューブランズウィックNJ	561	セントコア*
アボット・ラボラトリーズ	1888年	アボットパークIL	452	2013年1月アボットとアッヴィに分割
イーライ・リリー	1876年	インディアナポリスIN	223	
ブリストルマイヤーズ・スクイブ	1989年合併	ニューヨーク	261	ブリストルマイヤーズ、スクイブ
アムジェン	1980年	サウザンドオークスCA	234	イムネックス*
ギリアドサイエンシズ	1987年	フォスターシティCA	224	

注1：売上高は2019年、*は主要な被買収会社
注2：ジョンソン＆ジョンソンの売上高は医薬品と消費者製品合計、医療機器は除く
注3：アボット・ラボラトリーズの売上高は、アボットとバイオ医薬のアッヴィの単純合計、診断・医療機器を除く

アメリカの大手医薬品会社８社の売上高推移

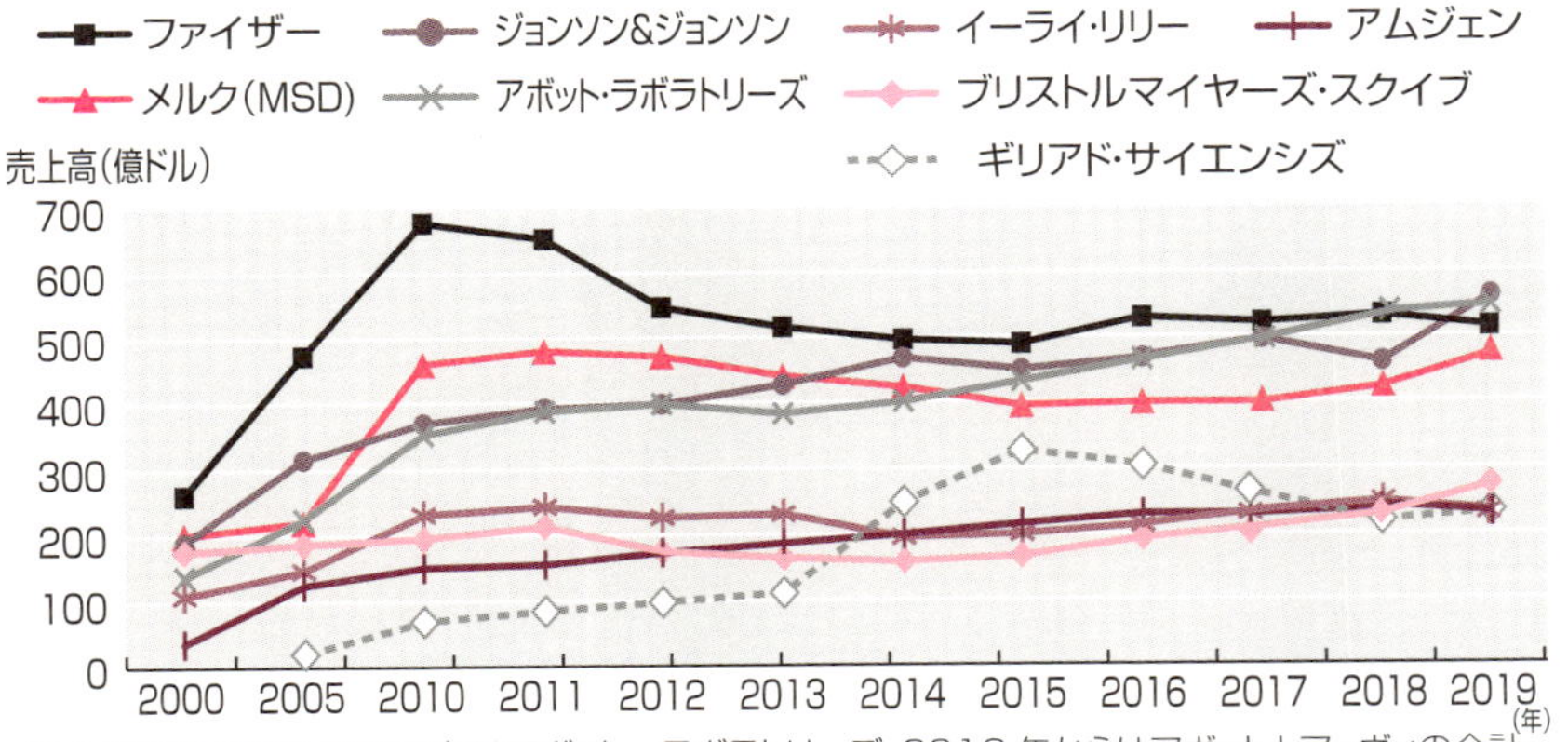

注：2000年から2012年はアボット・ラボラトリーズ、2013年からはアボットとアッヴィの合計

用語解説

***ペニシリン**　イギリスのフレミングによるペニシリン発見物語（1928年）は有名です。しかし医薬品として登場するまでには、1939年からイギリス・オックスフォード大学での治療効果と化学組成の研究、1941年から3年間にわたるアメリカ・ファイザー社などでの工業生産法の研究が必要でした。

に初めて高血圧治療薬であるベータ遮断薬を開発し、医薬品開発は新時代に入りました。効果的な生活習慣病治療薬が次々に開発されるようになりました。生活習慣病治療薬の多くは、一度使用するようになるとほぼ一生使用し続けます。このため医薬品としての市場規模が著しく拡大しました。**ブロックバスター***が一九九〇年代からは続々と生まれるようになりました。

大規模なM&A時代に突入

一九八九年にイギリスのビーチャム社とアメリカのスミスクライン社が合併して、イギリスに本社を置くスミスクライン・ビーチャム社が誕生すると、医薬品業界は大規模なM&A時代に入りました。巨大化した医薬品市場を巡る新製品開発競争に勝ち残るために、医薬品事業への集中と**M&A**による企業規模の拡大=研究開発費の増加が図られました。

さらに有望な開発製品を持っていると考えられる場合には、医薬品会社ごと買収することも行われるようになりました。**ファイザー**社による二〇〇〇年のワーナー・ランバート、その後のファルマシア、ワイス(アメリカンホームプロダクツが改名)買収が有名です。

バイオ医薬品時代に

一九八二年にヒト・**インシュリン**が作られてから、**バイオ医薬品**開発競争時代に入りました。ヒト・インシュリンの技術開発はバイオベンチャーのジェネンテック社でしたが、工業生産はイーライ・リリー社によって行われました。それまでの合成医薬品が低分子物質であるのと違ってバイオ医薬品の多くは高分子物質であり、遺伝子組み換え技術などの**バイオテクノロジー**を使ってつくられます。この技術で大企業にまで成長したバイオベンチャーが、一九八〇年創業のアムジェン社と一九八七年創業のギリアド・サイエンシズ社です。

二〇〇〇年代には、**分子標的薬***とか**抗体医薬品**と呼ばれる第二世代のバイオ医薬品時代に入りました。癌やリウマチの本格的な治療薬です。合成医薬品で巨大化した医薬品会社も一斉にバイオ医薬品に本格的に参入してきました。このため最近は、多くのアメリカの著名なバイオベンチャーが日米欧の大手医薬品会社に次々に買収されています。

用語解説

***ブロックバスター**　1品目で売上高が年10億ドルを超える医薬品の呼称です。

ヨーロッパの大手医薬品会社プロフィール

	設立	本社	売上高（億ドル）	沿革
ノバルティス	1996年合併	スイス・バーゼル	474	サンド、ガイギー、チバ、カイロン*
ロシュ	1896年	スイス・バーゼル	510	ジェネンテック*
サノフィ	2004年合併	フランス・パリ	404	ヘキスト、ローヌプーラン、サノフィ、サンテラボ、ジェンザイム*
GSK	2000年合併	イギリス・ロンドン	431	グラクソ、スミスクライン、ビーチャム
アストラゼネカ	1999年合併	イギリス・ロンドン	244	ICI、アストラ、メディミューン*
ベーリンガー・インゲルハイム	1885年	ドイツ・インゲルハイム	213	株式非公開
ノボ・ノルディスク	1923年	デンマーク・バウスベア	183	ミリポア*、シグマアルドリッチ*
メルクKGaA	1668年	ドイツ・ダルムシュタット	181	ミリポア*、シグマアルドリッチ*

注1：売上高は2019年、各国通貨表示をドル換算したので億ドル表示、*は主要な被買収会社
注2：8－4に紹介したバイエルの医薬品事業部門の売上高は約262億ドル
注3：メルク KGaAの売上高は、医薬品以外に機能化学品、試薬を含む

ヨーロッパの大手医薬品会社５社の売上高推移

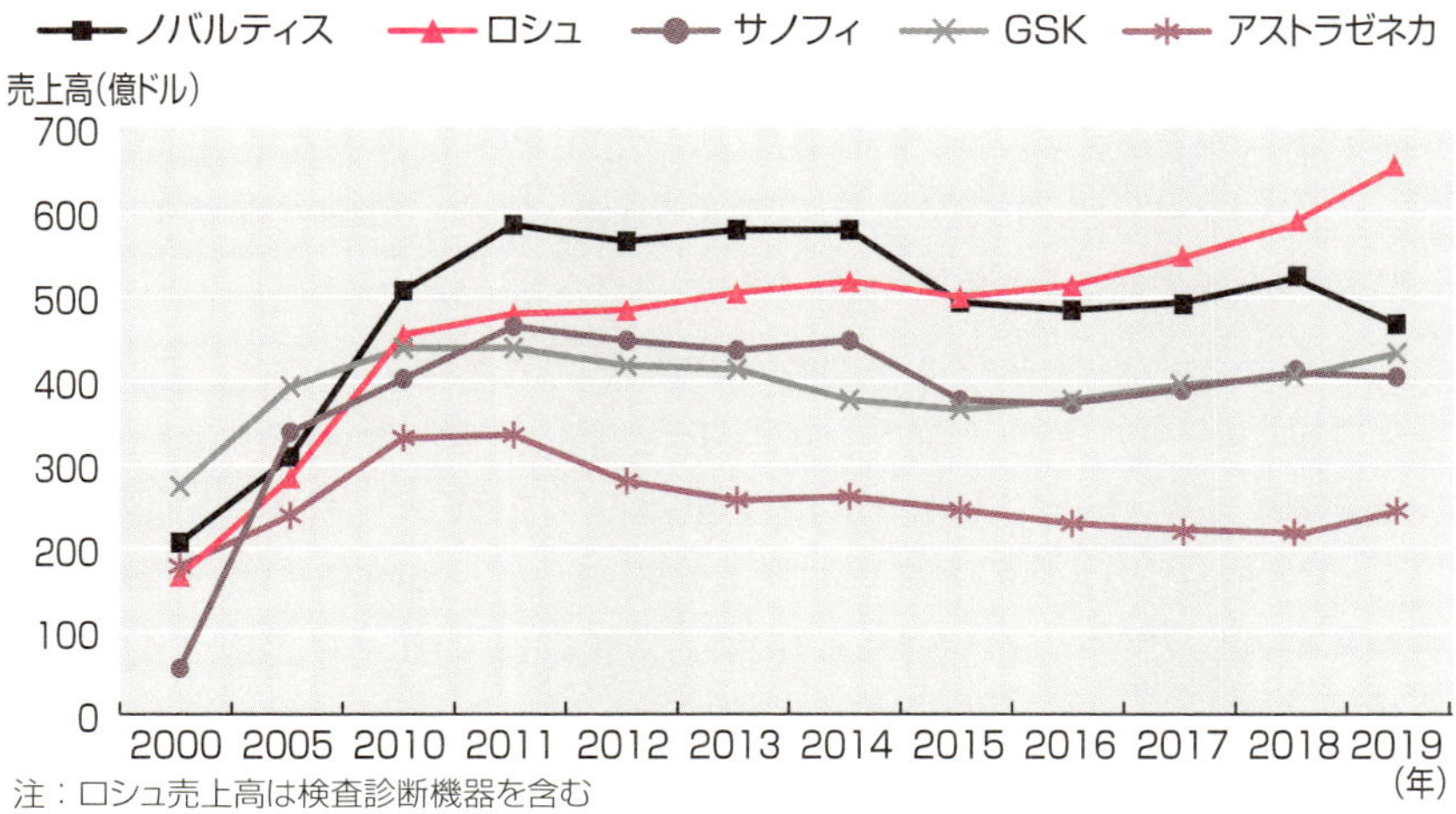

注：ロシュ売上高は検査診断機器を含む

用語解説

*** 分子標的薬** 現代の多くの医薬品開発は、病気の原因を解明した上で、原因となる何らかの標的分子（特定の酵素や細胞受容体）をねらって行われますが、特にピンポイントで標的分子をねらうことができる医薬品を分子標的薬と呼びます。

第8章 世界の主な化学会社

column

消えた名門化学会社

2008年秋にアメリカで始まった金融危機は、またたく間に先進国、新興国を含む世界各国に広がりました。アメリカのマネーゲーム体質は1980年代から始まりました。成長率の低下した事業は、再建の努力よりも、手っ取り早く分離売却する方が会社全体の投下資本利益率を短期間に改善できるので、よい経営法と考えられるようになりました。事業をじっくり育て上げるよりも、必要な事業を持つ会社を買収する道が好まれるようになったのです。買収した企業の不要と思う事業は売却し、買収資金の早期回収を図ることも日常茶飯事になりました。こうしてストーファーケミカル、ダイヤモンドシャムロック、フッカーなど歴史あるアメリカ化学会社が消えていきました。アライドケミカル社は、航空宇宙、電子部品分野に展開し、化学事業を売り払って化学会社でなくなり、名前も消えていきました。その一方で、ハンツマン、オキシデンタルペトロリアム、ケインケミカル、アリステックケミカルなど、買収で急速に大手化学会社となる企業も現れました。

このような動きは1990年代には欧州にも広がりました。ドイツの巨大化学会社ヘキストは、化学事業を次々売却したあげく、同じく事業売却でスリム化してきたフランスを代表する化学会社ローヌプーランと1999年に合併しました。医薬品とアグリビジネスのアベンティス社の誕生でした。しかし、アイデンティティを確立する間もなく、2001年にアベンティスクロップサイエンス社をバイエル社に売却し、2004年には残る部分もフランスのサノフィサンテラボ社に買収されました。こうしてヘキストは完全に消滅しました。

イギリスのICI社も同じ道をたどって消えてしまいました。1926年設立のICI社は、ポリエチレンやポリエステル繊維を世界で最初に開発した栄光ある会社でした。しかし1980年代にポリエチレン事業、ナイロン事業の売却など事業再構築を始めると、90年代には高付加価値事業へのシフトといいながらコモディティ事業以外にもさまざまな事業を次々分離、売却していきました。1993年には医薬、バイオ部門をゼネカ社として切り離し、フッ素事業、アクリル事業、触媒事業なども売却しました。2007年には最後まで残った塗料事業を狙ったアクゾノーベル社に買収されて消滅しました。一方、売却された事業を次々と買収して短期間に巨大化学会社となった会社として、欧州にもライオンデルバセル社やイネオス社が現れました。

2000年代以降もアメリカではユニオンカーバイド、ロームアンドハース、モンサント、ワイス（旧アメリカン・ホーム・プロダクツ）などの名門企業が消えています。

第9章

日本の主な化学会社

世界の化学産業の歩みと主要な会社の動向及び日本の化学産業の歩みを踏まえて、日本の主な化学会社を紹介します。日本の化学業界は専門店の寄せ集めという性格が強いので、多少無理に区分けているところもありますが、専門店分野ごとにくくって、紙面の許す範囲で、できるだけ多くの会社を紹介します。

日本経済は2008年秋アメリカ発の金融不況により急激に悪化しました。このため日本の化学会社は売上高、利益とも大幅に落ち込みました。ようやく2013年度以後は円安、景気回復によって明るさが見え、2017年度には史上最高益を更新する会社が多数生まれました。2020年度に新型コロナ禍により再び大幅に落込みますが、その後どのような構造改革によって回復してくるかに注目して下さい。

2019年度日本化学企業ランキング

	会社名	百万円 化学部門売上高	% 化学比率	百万円 化学部門営業利益	% R&D／全売上高
1	三菱ケミカルHD	3,580,510	100%	144,285	3.7%
2	ブリヂストン*	3,525,600	100%	326,098	3.0%
3	武田薬品工業	3,291,188	100%	100,408	15.0%
4	住友化学	2,225,804	100%	137,517	7.8%
5	東レ	2,214,633	100%	131,186	3.0%
6	信越化学工業	1,543,525	100%	406,041	3.2%
7	花王*	1,502,241	100%	211,723	3.9%
8	旭化成	1,447,223	67%	104,553	4.2%
9	大塚HD*	1,362,687	98%	167,733	15.5%
10	富士フイルムHD	1,356,812	59%	81,525	6.8%
11	三井化学	1,338,987	100%	71,636	2.7%
12	アステラス製薬	1,300,843	100%	243,991	17.2%
13	資生堂*	1,131,547	100%	113,831	2.8%
14	第一三共	981,793	100%	138,800	20.1%
15	住友ゴム工業*	893,310	100%	33,065	2.9%
16	出光興産	853,064	14%	36,881	0.3%
17	昭和電工*	815,954	90%	119,052	2.3%
18	豊田合成	812,937	100%	17,888	3.9%
19	帝人	787,787	92%	48,209	4.0%
20	東ソー	786,083	100%	81,658	2.3%
21	ＤＩＣ	768,568	100%	41,332	3.6%
22	日東電工	741,018	100%	69,733	4.6%
23	エーザイ	695,621	100%	125,502	20.1%
24	日本ペイントHD*	692,009	100%	78,060	2.5%
25	横浜ゴム	650,462	100%	58,564	2.3%

注１：会社名に*がついているのは2019年12月期、それ以外は2020年３月期決算
注２：ブリヂストンは自転車などがセグメント分離されていないのですべて化学とした。
　　　それとの並びから住友ゴム工業も事業すべてを化学とした。
注３：81ページエチレン生産能力からＥＮＥＯＳは、出光興産、コスモエネルギーHDに並ぶ規模の化学部門売上高を持つと考えられるが、石油等と一括して発表のため掲載できない。

2019年度日本化学企業ランキング（つづき）

	会社名	百万円 化学部門売上高	% 化学比率	百万円 化学部門営業利益	% R&D／全売上高
26	日立化成	631,433	100%	23,126	5.1%
27	ユニ・ﾁｬｰﾑ*	627,256	88%	79,112	1.1%
28	積水化学工業	616,418	55%	49,976	3.3%
29	三菱ｶﾞｽ化学	613,344	100%	34,260	3.2%
30	エア・ｳｫｰﾀｰ	569,400	70%	40,683	0.4%
31	AGC*	474,417	31%	62,961	3.1%
32	ＪＳＲ	471,967	100%	32,884	5.4%
33	クラレ*	447,668	78%	49,949	3.7%
34	住友理工	445,148	100%	8,898	3.2%
35	カネカ	444,083	74%	20,367	4.9%
36	ダイセル	412,826	100%	29,644	5.2%
37	関西ペイント	406,886	100%	31,510	1.6%
38	日亜化学工業*	404,964	100%	55,082	8.5%
39	デンカ	380,803	100%	31,587	3.9%
40	TOYO TIRE	377,457	100%	38,447	2.9%
41	ｺｽﾓｴﾈﾙｷﾞｰHD	364,658	13%	5,185	0.2%
42	ライオン*	347,519	100%	29,832	3.1%
43	岩谷産業	340,085	50%	16,491	0.4%
44	塩野義製薬	333,371	100%	130,628	14.4%
45	コーセー	327,724	100%	40,231	1.9%
46	日本ゼオン	321,966	100%	26,104	4.7%
47	協和キリン*	305,820	100%	59,353	17.5%
48	日本触媒	302,150	100%	13,178	4.9%
49	小野薬品工業	292,420	100%	77,491	23.1%
50	イビデン	290,302	98%	18,166	5.5%

注4：化学部門営業利益欄で、コスモエネルギーHDは経常利益、大塚HDは事業利益、ユニチャーム、協和キリンはコア営業利益
注5：TOYO TIREは2019年1月東洋ゴム工業が、協和キリンは2019年7月に協和発酵キリンが改称
出典：有価証券報告書

1 家庭用化学品でおなじみの会社

洗剤、歯みがき、芳香消臭剤、紙おむつ、家庭用殺虫剤などの家庭用化学品会社として、皆さんも名前をよく聞いたことがある会社を紹介します。

化学業界の代表的優良会社

花王と次節で紹介する**資生堂**は、日本の化学業界を代表する優良会社です。産業向け中間投入財を主要製品とする化学会社が広告宣伝をすることはほとんどありません。一方、消費財を扱う会社は、活発な広告宣伝活動を行っています。その中でも、花王と資生堂の**広告宣伝費**は飛び抜けています。それとともに、多くの化学会社と同じく、研究開発にも力を入れています。とくに近年は、安全面からはもちろん、より革新的な新製品を生み出そうとの意図から、**皮膚科学**のような基礎研究にまで研究領域が拡大しています。

花王と資生堂は、新製品の開発、消費者への**マーケティング**、多様な商品の**流通チャネル**構築、販売物流生産の一体化によるコストダウン、洗練された**商品デザイン**、**企業文化活動**、グローバル対応など、経営上の模範となるような行動を次々と実行しています。

成長の軌跡

創業は、小林製薬が一八八六年（明治一九年）、花王が一八八七年、ライオンが一八九一年、アース製薬が一八九二年と、日本の化学業界の中では最も早い会社が揃っています。それに対して、エステーは一九四六年（昭和二一年）、ユニ・チャームは一九六一年（昭和三六年）と、逆に化学業界では最も若い会社になります。

長瀬富郎が始めた花王は、一八九〇年に『花王石鹸』を発売しました。一九三〇年代には石けん原料の油脂化学事業にも大きく展開し、現在でも家庭用化学品会

ワンポイントコラム

【広告宣伝費＋販売促進費】 広告宣伝費だけでなく販売促進費も加えると、化学業界で大きい会社は花王1,345億円、資生堂1,286億円、ブジヂストン1,070億円です。販売促進費が大きい医薬品会社は、最近販売一般管理費の内訳を公表しなくなりました。

家庭用化学品会社の2019年度動向

百万円

会社名	全売上高	全営業利益	化学売上高	化学比率	化学営業利益	化学比率
花王*	1,502,241	211,723	1,502,241	100%	211,723	100%
ユニ・チャーム*	714,233	89,779	627,256	88%	79,112	88%
ライオン*	347,519	29,832	347,519	100%	29,832	100%
アース製薬*	189,527	3,916	189,527	100%	3,916	100%
小林製薬*	168,052	26,355	168,052	100%	26,355	100%
サンスター*	144,051	非公表	144,051	100%	非公表	非公表
エステー	47,545	3,374	47,545	100%	3,374	100%
フマキラー	44,485	1,785	44,485	100%	1,785	100%

注：サンスターは2017年に非公開企業になり本社をスイスに移転した。金属製ブレーキ部品を含む。ユニチャームはコア営業利益

家庭用化学品会社の2019年度動向

百万円

会社名	研究開発費	RD/売上高	広告宣伝費	海外売上比率
花王*	59,143	3.9%	77,545	37%
ユニ・チャーム*	7,584	1.1%	23,123	62%
ライオン*	10,744	3.1%	25,119	27%
アース製薬*	2,663	1.4%	8,303	10%以下
小林製薬*	7,110	4.2%	22,898	16%
エステー	724	1.5%	2,649	10%以下
フマキラー	688	1.5%	1,666	42%

家庭用化学品会社の2019年度事業分野別売上高

百万円

会社名	化粧品	家庭用品	洗剤	化学品	その他
花王*	642,304	255,224	359,507	245,206	
ユニ・チャーム*		620,742			93,491
ライオン*		157,829	163,672	22,455	3,562
アース製薬*		164,071			25,455
小林製薬*		157,222			10,829
サンスター*		95,120		48,931	
エステー		47,545			
フマキラー		44,485			

注：*は2019年12月決算、他は2020年3月決算
出典：有価証券報告書

ワンポイントコラム

【花王ミュージアム】 東京のすみだ事業場内にあります。花王の歴史だけでなく、広く清浄文化史も紹介しています。和歌山工場内には花王エコラボミュージアムがあります。どちらも事前予約制、入場無料です。

社の中では最も大きな化学品事業部門（中間投入財）を持っています。戦後は衣料用洗剤『ワンダフル』『ザブ』『ニュービーズ』などの合成洗剤で大きく成長し、洗剤業界トップの地位を築きました。一九八七年発売の『アタック*』は、成熟した洗剤市場に一大革新をもたらしました。**界面活性剤**を活用した商品としては衣料用・台所用・住居用洗剤、シャンプー、柔軟剤のほかに、一九六四年発売開始のコンクリート用減水剤、一九八二年発売の古紙再生用**脱墨剤**など幅広い展開をしています。さらに界面化学技術を活用した製品として複写機用**トナー**、トナーバインダーでは世界的に大きなシェアを持っています。衛生用品は高吸水性ポリマーを活用した生理用ナプキン『ロリエ』を一九七九年に、紙おむつ『メリーズ』を一九八四年に発売しています。このほか発泡入浴剤『バブ』、手軽な掃除用具『クイックルワイパー』など、家庭用化学品会社トップとして市場を創造する商品を次々と生み出してきました。

花王は一九八二年には『ソフィーナ』ブランドで化粧品業界に進出し、さらに二〇〇六年に化粧品業界二位の**カネボウ**の化粧品部門を買収して資生堂に迫る業界二位に躍進しました。また食品分野にも進出しました。一九九一年にスタートした『特定保健用食品』制度を活用して一九九九年に食用油『エコナクッキングオイル』（二〇〇九年中止）、二〇〇三年に『ヘルシア緑茶』を発売しています。

ライオンは小林富次郎が明治中期に創業して以来、石けん洗剤と歯ブラシ歯磨きの二本立てで成長してきました。花王に比べると、事業の拡散が少ないことが特徴です。しかし、一九六三年発売の解熱鎮痛剤『バファリン』で**一般用医薬品**に橋頭堡《きょうとうほ》を築き、二〇〇四年には中外製薬から『新中外胃腸薬』（スクラート胃腸薬に変更）、ドリンク剤『グロンサン』、『新グロモント』、殺虫剤『バルサン』など一般用医薬品事業を取得して、幅を広げました。

『ゴキブリホイホイ』『アースレッド』などで知られる**アース製薬**は、日本の家庭用殺虫剤のトップメーカーです。二〇一二年に**バスクリン**、二〇一四年に**白元**を買収し急成長しています。

小林製薬は、一九六六年の肩凝り薬『アンメルツ』、一九六九年のトイレ芳香消臭剤『ブルーレット』、一九七

用語解説

* **『アタック』**　アタックはセルロース分解酵素を配合することによって、それまでの洗剤の4分の1以下の使用量で同じ白さを得ることをアピールしました。洗剤の箱を一気に小型化して、大成功しました。

石けん洗剤と原料の界面活性剤の2019年出荷額

	百万円	構成比 %	内訳
石けん	66,545	11%	浴用固形、手洗用液体他
洗顔ボディ洗浄剤	76,208	13%	
合成洗剤	300,713	50%	洗濯用 198,960百万円 台所用 64,418百万円 住居家具用 37,334百万円
衣料柔軟仕上剤	110,159	18%	
漂白剤	48,501	8%	塩素系、酸素系
石けん洗剤合計	602,126	100%	
陰イオン界面活性剤	59,922	24%	洗剤・シャンプー原料
陽イオン界面活性剤	13,407	5%	柔軟剤、リンス剤、殺菌剤
非イオン界面活性剤	164,556	65%	洗剤・シャンプー原料
両性イオン界面活性剤	4,505	2%	殺菌剤、シャンプー原料
調合界面活性剤	11,507	5%	
界面活性剤合計	253,897	100%	

出典：経済産業省化学工業統計

洗濯用合成洗剤の販売額推移

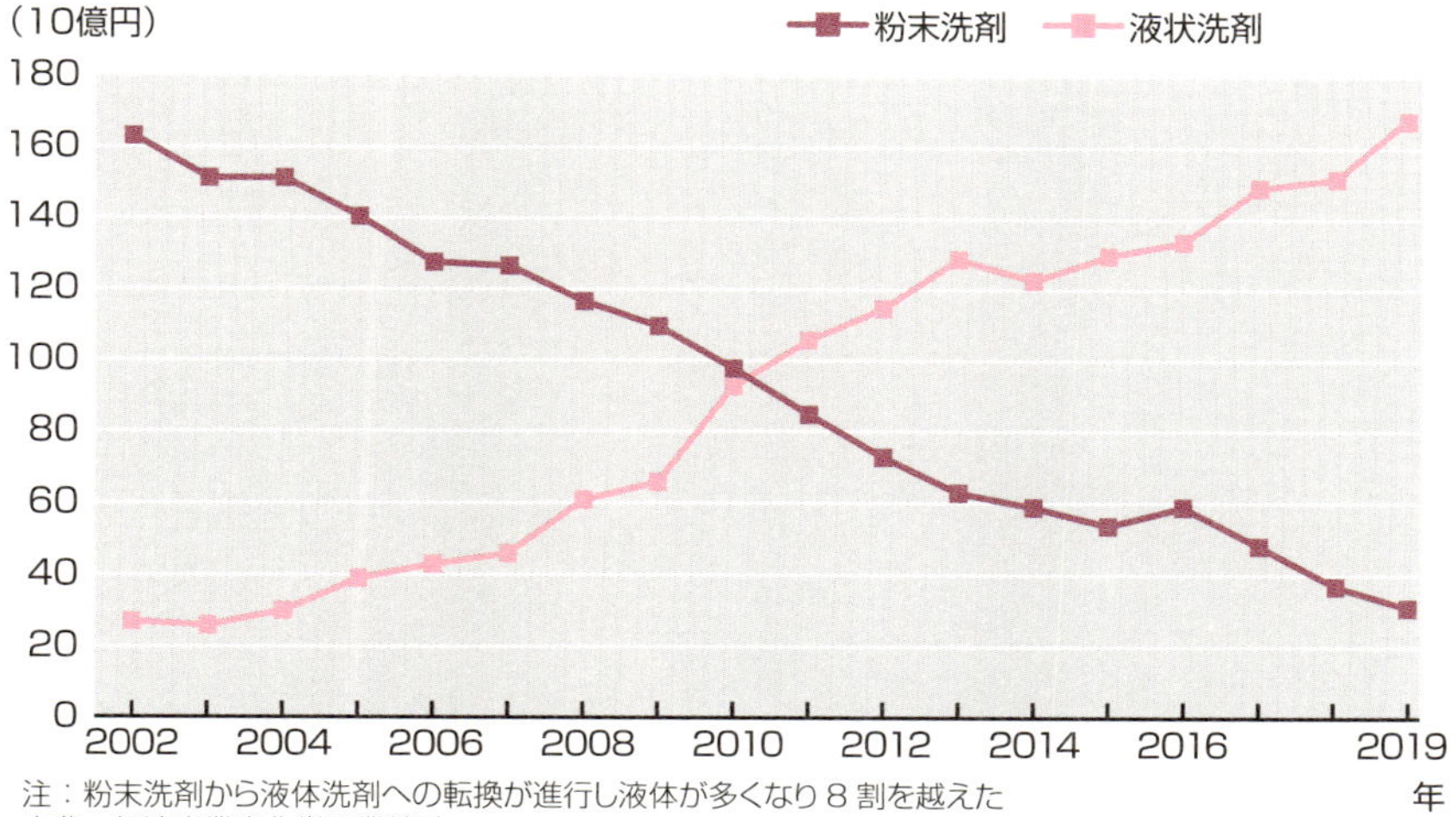

注：粉末洗剤から液体洗剤への転換が進行し液体が多くなり 8 割を越えた
出典：経済産業省化学工業統計

ワンポイントコラム

【アース製薬】 1970年に大塚製薬を中心とする大塚グループが経営再建のために資本参加し、現在も大塚グループが26.6%の議決権を持っています。

五年の芳香剤『サワデー』などのヒットによって、医薬品製剤会社から家庭用化学品会社に大きく変身しました。二〇〇八年にカイロの桐灰化学、二〇一三年に六陽製薬やジュジュ化粧品を買収するなど、最近はM&Aを活発に行っています。

ユニ・チャームは、高原慶一朗が建材会社として設立し、二年後に進出した生理用品で成功して、七四年にユニ・チャームとして新たに発足した会社です。一九八一年には紙おむつ『ムーニー』を発売しました。一九八三年の**高吸水性ポリマー**の登場によって、紙おむつ市場は一気に拡大し、もう一段の飛躍をとげました。

歯ブラシ、歯みがきで知られる**サンスター**は、一九三二年に大阪で自転車部品販売会社として創業しました。一九四六年に歯みがき事業を始め、その後はこれが主力事業になりました。しかし、現在でも自転車部品事業やシーリング材・接着剤事業も持っています。二〇〇七年に、株式を経営陣と従業員が買い取る**MEBO**（マネジメント・エンプロイー・バイアウト）を実施して株式上場を廃止し、グループ本社をスイスに移すなど、日本企業としては珍しい経営進めています。

人口減少時代を迎えて

一九六〇～七〇年代の高度成長の時代はもちろん、素材型化学工業が苦しんだ石油危機後の時代にも、日本の家庭用化学品市場は順調な成長を続けました。現在では、化学工業統計の出荷額として、化粧品で一兆八千億円、石けん洗剤で六千億円の規模になっています。しかし、国内市場はすでに成熟しています。さらに、今後はさらなる高齢化と人口減少が予想され、各社とも成長するアジア市場に期待しています。

花王と**ライオン**は、洗剤で一九六〇年代に東南アジアに進出し、現在では海外事業はかなりの規模になっています。しかし、グローバル展開としては、競合者である**P&G**などの欧米大手洗剤会社に比べて大きく遅れをとっています。

ユニ・チャームは一九八〇年代から海外展開を始めています。その中でも九〇年代にサウジアラビアに紙おむつ製造会社を設立したことはユニークです。現在では海外現地法人三五社、世界八〇カ国以上に製品を提供し、海外販売によって大きく成長しています。

ワンポイントコラム

【企業買収、事業買収】　家庭用化学品業界は企業買収や事業買収が、化学業界では珍しいほど盛んに行われています。

第9章　日本の主な化学会社

華やかな印象の化粧品会社ですが 2

化粧品会社は家庭用品会社とともに化学業界の中では例外的に広告宣伝費が多いために、名前の知られた会社がたくさんあります。

新旧・大小入り混じった業界

化粧品業界には創業が非常に古い会社と新しい会社が混在しています。創業が一六一五年（元和元年）の柳屋本店、一八二五年（文政八年）の**伊勢半**、一八七二年（明治五年）の**資生堂**、一八八五年（明治一八年）の**桃谷順天館**のように非常に長い歴史を持った会社がある一方、**花王**のように一九八二年（昭和五七年）に参入して今や業界二位になった会社、二〇〇六年に突然に参入し著名なタレントを起用したテレビCMで注目を浴びた**富士フイルム**のような新規参入会社もあります。

本章扉の次に示した日本化学企業ランキングのトップ二五位以内に化粧品売上高だけでも入る資生堂や花王のような大きな会社がある一方で、日本化学企業ランキングトップ一〇〇位以内に入るこの他の化粧品会社は**コーセー**と**ポーラ・オルビスHD**だけです。その他多くの名前の知られた化粧品会社（非上場会社も含め）でも、化学業界の中では意外と売り上げ規模が小さいことに驚かされます。

この原因は化粧品業界が化学業界の中では参入障壁が相対的に低く、特定の商品分野、販売方式で差別化して参入し、そこで一定のブランドを確立して橋頭堡を確保できる例が多いためと考えられます。半面、そこから大きく成長していく段階が試練です。

ワンポイントコラム　**【ブランド】**　一般消費者を顧客とする化粧品、家庭用化学品、一般用医薬品、タイヤなどが化学業界の中でブランドが重要な業種です。

資生堂・コーセー

資生堂は福原有信が洋風調剤薬局として東京・銀座で創業し、一八九七年に化粧水「オイデルミン」で化粧品事業に進出しました。一九〇六年にはそれまでの白粉の常識を破る有色白粉《おしろい》を発売しています。資生堂が化粧品会社へと大きく舵を切ったのは、六年に及ぶ洋行から帰国し一九一五年（大正四年）から経営に参画して二代目社長となる福原信三の時代からです。一九一五年には花椿マークを商標にし、翌年に意匠部（現在の宣伝部）を設けて芸術文化を取り込んだ独自の広告宣伝に力を入れ出しました。一九二三年にはチェインストア制度を採用し、一九三七年に花椿会を発足させるなど販売面において斬新な方策を実行しました。こうして第二次世界大戦前後の混乱期を乗り切り、戦後は一貫して化粧品トップの座を占めています。

コーセーは戦後の荒廃の中に小林孝三郎が創業した会社です。創業以来、化粧品専業会社としての道を歩んできました。

鈴木忍が始めた**ポーラ**は、生産のポーラ化成工業、販売のポーラ化粧品本舗の体制で化粧品訪問販売のトップになりました。一九八四年オルビスを設立して通信販売に、さらにその後、店舗販売にも参入しました。二〇〇六年に持株会社に移行し、二〇一〇年には上場して新展開を図っています。

国際競争の変曲点

日本の市場でも欧米の大手化粧品会社の有名ブランドは確立しています。仏・**ロレアル**社のロレアルやランコム、英蘭・**ユニリーバ**社のラックス、ダブ、ポンズ、米・**P&G**社のSK-Ⅱ、パンテーンなどはテレビCMなどでよく耳にします。

化学製品の貿易では医薬品と化粧品が第二次世界大戦後、一貫して赤字で、国際競争力の弱い業界でした。一九九〇年代以後、欧米にまで進出した会社は資生堂だけです。しかし、資生堂も欧米事業では営業赤字に苦しむ状況です。ただし、この数年、日本への海外旅行者数が急増し、日本の化粧品ブランドが海外にも知られるようになって輸出が急速に伸び、二〇一七年に貿易黒字に転換したことは注目されます。

ワンポイントコラム

【資生堂企業資料館】　静岡県掛川駅からタクシー5分の場所にあります。入場無料で、資生堂の企業文化、製品、ポスターなどのあゆみを見学できます。アートハウス（美術館）も隣接しています。

化粧品会社の2019年度動向

百万円

会社名	全売上高	全営業利益	化学売上高	化学比率	化学営業利益	化学比率
資生堂*	1,131,547	113,831	1,131,547	100%	113,831	100%
コーセー	327,724	40,231	327,724	100%	40,231	100%
ポーラ・オルビスHD*	219,920	31,137	214,886	98%	30,193	97%
マンダム	81,774	5,970	81,774	100%	5,970	100%
ファンケル	126,810	14,125	75,891	60%	11,768	83%
ノエビア	59,252	11,992	57,211	97%	11,922	99%
ミルボン*	36,266	6,751	36,266	100%	6,751	100%

化粧品会社の2019年度動向

百万円

会社名	研究開発費	RD/売上高	広告宣伝費	海外売上比率
資生堂*	31,700	2.8%	80,021	57%
コーセー	6,299	1.9%	21,468	32%
ポーラ・オルビスHD*	4,725	2.1%	11,486	11%
マンダム	1,855	2.3%	4,725	44%
ファンケル	3,440	2.7%	1,666	10%以下
ノエビア	1,097	1.9%	1,293	10%以下
ミルボン*	1,534	4.2%	非公表	16%

化粧品会社の2019年度報告セグメント別売上高（全社）

百万円

会社名	化粧品	家庭用品	洗剤	化学品	その他
資生堂*	1,097,292				34,252
コーセー	323,806				3,916
ポーラ・オルビスHD*	214,886				5,034
マンダム	81,774				
ファンケル	75,891				50,917
ノエビア	45,175				14,077
ミルボン*	36,266				

注：*は2019年12月決算、ノエビアは2019年9月決算、他は2020年3月決算
ミルボンは美容室向け等業務用を主体としている。

出典：有価証券報告書

ワンポイントコラム

【ポーラ化粧文化情報センター】　東京の五反田でポーラ文化研究所が運営する化粧文化の専門図書館です。書籍約15千冊を所蔵し、毎週水曜日に無料公開されています。ポーラ文化研究所ホームページも楽しいですよ。

化粧品の2019年出荷額

	百万円	構成比　%	内訳
香水オーデコロン	4,917	0.3%	
頭髪用化粧品	393,448	22.3%	シャンプー、リンス、整髪料、染毛料
皮膚用化粧品	887,587	50.4%	クリーム、美容液、パック
仕上用化粧品	372,981	21.2%	ファンデーション、口紅、アイメイク
特殊用途化粧品	102,213	5.8%	日焼け止め、ひげそり
化粧品合計	1,761,146	100.0%	

出典：経済産業省化学工業統計

化粧品貿易額の推移

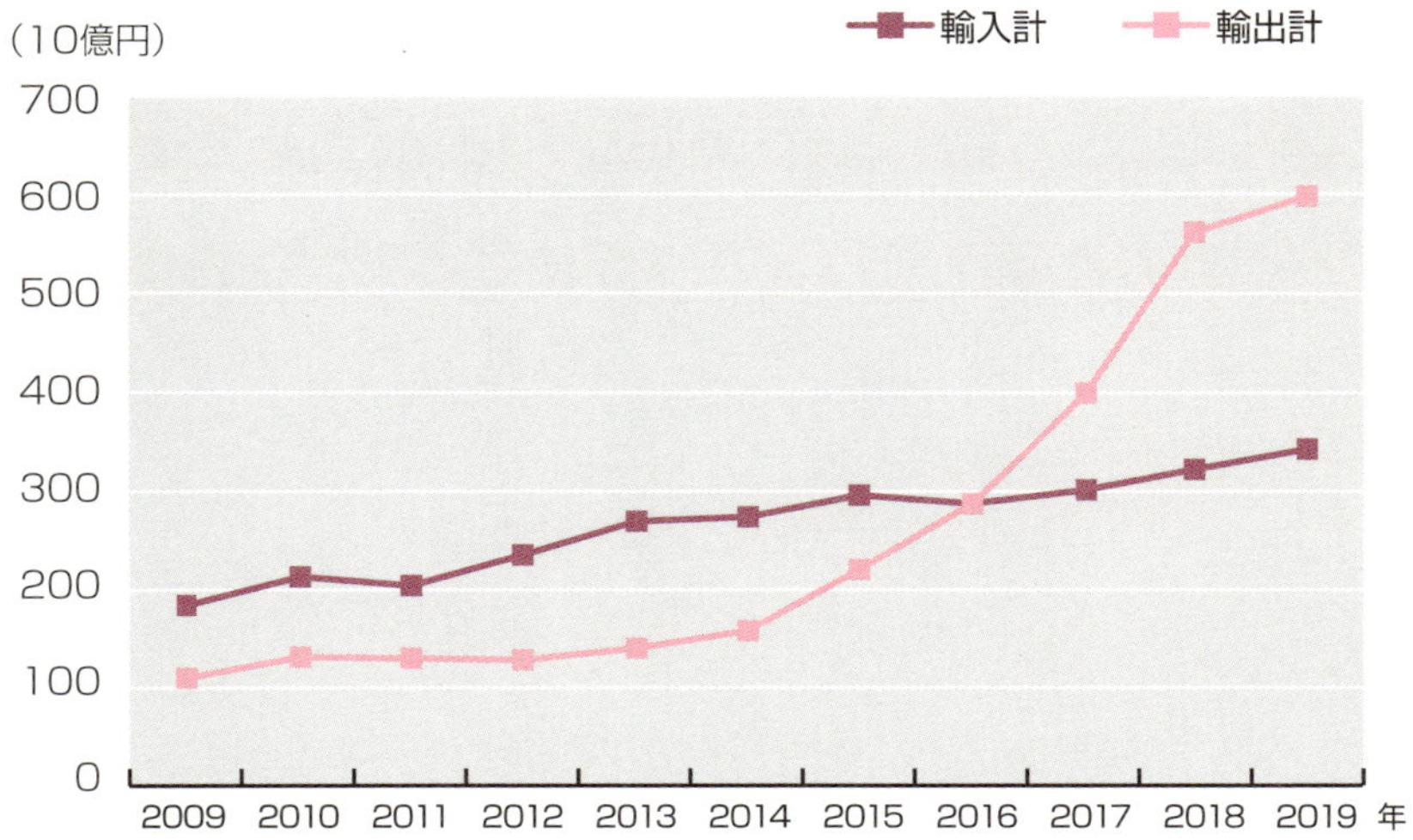

出典：財務省貿易統計

ワンポイントコラム

【日本粧業会】　ホームページに明治中期から現在までの多数の化粧品業界誌、社史をPDFで公開しています。家庭用化学品、化粧品は、化学業界の中で情報公開が最も充実しています。

3 変わりつつある樹脂成形加工会社

プラスチック成形加工業界は、大企業中心のプラスチック（樹脂、レジン）業界に付随した中小企業の業界と思われてきました。しかし、最近は大きく変わりつつあります。

ラップフィルムや農業用に使われている塩化ビニルフィルムのように、塩化ビニル樹脂を生産する大企業が内製して大きなシェアを占めている分野もあります。

そのような大量生産型の成形加工品とは別に、最近は製品の高付加価値化、機能化を図るために、大企業の樹脂会社が成形加工品まで手がけることも増えてきました。電子情報材料に使われる**機能フィルム**、記憶メディアのCD－R、DVD－R*は、大企業が作る樹脂**精密成形加工**品です。

成形加工品は、価格のわりにかさ張るため輸送費が高く、樹脂を国産化していない国でも、成形加工は樹脂を輸入して国産化し、需要をまかなうという内需産

業界構造

プラスチックは、加熱して成形できる**熱可塑性樹脂**と、加熱しても柔らかくならないので、原料モノマーや**プレポリマー**を重合させながら直接成形品をつくる**熱硬化性樹脂**に大別されます。原料モノマーや熱可塑性樹脂が大企業を中心に生産されているのに対して、樹脂成形加工は中小企業の多い産業です。工業統計によれば、二〇一八年の事業所数は約一万八千ですが、従業員三百人以上の事業所は〇・八％にすぎません。しかし成形加工業界にも、積水化学工業、豊田合成、東洋製罐のような大企業もいます。また、食品包装の

用語解説

＊ **CD、DVD**　円盤の表面に幅0.5ミクロン、長さ0.8～3.6ミクロンの凹凸（ビット）が作られ、これがデジタル信号になります。凹凸の付いた金型を円盤に押し当てて、ハンコを押すようにプラスチック表面を精密加工して作られます。

業の性格の強い産業でした。しかし近年、スーパーのレジ袋などでは輸入が増加しています。従来はグローバル化が進まない業界と思われてきましたが、近年は自動車プラスチック部品会社がグローバル展開によって急成長していることが注目されます。

積水化学工業

積水化学工業は日本のプラスチック成形加工業界のパイオニアというべき会社です。一九四七年に設立され、翌年にはわが国最初のプラスチック自動射出成形事業を開始しています。一九五二年に塩ビ管、五三年にポリエチレンフィルム、五六年に雨樋《とい》、五七年にポリバケツ、六三年にFRP浴槽、六八年に**発泡ポリエチレン**製浴室用スノコと、日本で初めてのプラスチック製品の生産を次々と開始しました。

包装フィルム・容器会社

エフピコはスーパーで食品を販売するときに使われる**トレー**の会社です。一九六二年に広島県福山で、福山パール紙工として創業し、PSP（**ポリスチレンペーパー**）加工事業を開始し、一九八九年に現在の社名に変更しました。一九九〇年代初めから、使用済みトレーやPETボトルなどをスーパーから回収し、ペレット*（樹脂の粒）に戻してから再度トレーとして再生するリサイクル事業を開始し、二〇一九年度までに回収量が累計で四四万トンになりました。

東洋製罐は、金属缶とプラスチック容器を主に、ガラス、紙容器も含めて、広く〝包む〟ことを企業**ドメイン**としている会社です。二〇一九年度の売上高が八千億円に近い大きな会社です。プラスチック包装容器でも大手企業です。しかし、プラスチック容器のみの状況が把握できないので、表から除外してあります。

吉野工業所（売上高約二千億円）も非上場会社のため業績を示せませんが、樹脂成形加工業界ではトップ5に入る大きな会社です。とくにペットボトルをはじめとしたプラスチックボトル技術に定評があり、東京本社工場を中心に関東に多数の工場を持っています。

グローバル展開で急成長の会社

一九四九年創業の**豊田合成**は、トヨタ自動車系のプ

用語解説

＊**ペレット**　プラスチック会社で重合反応で作られた熱可塑性樹脂の多くは、安定剤を加えながらペレットと呼ばれる粒に成形されて出荷されます。ペレットを受け入れた成形加工会社は、着色の必要がある時はマスターバッチといわれるペレットを加えながら加熱溶融して成形します。

プラスチック成形加工会社の2019年度動向（全社）

百万円

会社名	全売上高	全営業利益	研究開発費	RD/売上高	海外売上比率
豊田合成	812,937	17,888	31,374	3.9%	54%
積水化学工業	1,129,254	87,768	37,146	3.3%	24%
ニフコ	288,012	29,737	3,212	1.1%	67%
エフピコ	186,349	15,507	1,229	0.7%	10%以下
ダイキョーニシカワ	182,219	8,995	2,768	1.5%	20%
タキロンシーアイ	139,432	7,372	1,165	0.8%	16%
積水化成品工業	136,155	3,725	2,769	2.0%	36%

プラスチック成形加工会社の2019年度動向（化学部門）

百万円

会社名	化学売上高	化学比率	化学営業利益	化学比率	化学内訳
豊田合成	812,937	100%	17,888	100%	除外なし
積水化学工業	616,418	55%	49,976	57%	ライフライン、機能プラ
ニフコ	260,641	90%	25,285	85%	合成樹脂成形
エフピコ	186,349	100%	15,507	100%	除外なし
ダイキョーニシカワ	182,219	100%	8,995	100%	除外なし
タキロンシーアイ	139,432	100%	7,372	100%	除外なし
積水化成品工業	136,155	100%	3,725	100%	除外なし

プラスチック成形加工会社の2019年度製品分野別売上高

百万円

会社名	製品分野名	売上高	製品分野名	売上高	製品分野名	売上高
豊田合成	自動車部品の４地域別セグメント管理なので製品分野別はなし					
積水化学工業	環境ライフライン	223,707	高機能プラ/メディカル	387,881	住宅その他	517,664
ニフコ	合成樹脂成形品	260,640	ベッド家具他	27,371		
エフピコ	簡易食品容器	186,349				
ダイキョーニシカワ	自動車部品	182,219				
タキロンシーアイ	建築資材	46,310	環境資材	55,639	高機能資材/フィルム他	37482
積水化成品工業	生活分野	58,101	工業分野	78,053		

注：2020年３月決算
出典：有価証券報告書

ラスチック・ゴムの自動車部品を事業の柱とした会社です。プラスチックだけでなく、**シーリング**材、ホースなどのゴム工業製品も製造しています。広く高分子加工技術をコアとする会社といえるでしょう。

石油危機を契機に自動車燃費向上のため、プラスチック活用による自動車の**軽量化**が図られてきました。二一世紀に入り地球環境問題に対応して、最近はもう一段のプラスチック比率向上が図られています。豊田合成はこの波に乗って成長してきました。

自動車産業のグローバル展開とともに、自動車用部品会社のグローバル化も近年急ピッチに進んでいます。豊田合成は近年、海外生産比率が上昇するとともに、高い成長を続けています。

豊田合成にはもう一つ新しい芽が育ちました。**青色LED**と**白色LED**です。一九八〇年代に赤崎勇教授（名古屋大学、現在は名城大学、二〇一四年ノーベル賞受賞）が世界で初めて開発に成功した高輝度**青色発光ダイオード**（**LED**）の工業化を、豊田合成は共同研究で成功させました。これに続いて、高輝度白色ＬＥＤの開発も着々と進みました。

ニフコは一九六七年に日本工業ファスナーとして創業し、プラスチックの工業用ファスナーの生産会社としてスタートした新しい会社です。英語の頭文字を取って、一九七七年にニフコに社名変更しました。このファスナーは、二枚の板を貼り合わせるのに工具を使わないでワンプッシュで行うための部品です。このようにニフコは、自動車等の生産工程の省力化、コストダウンに寄与するプラスチック部品開発を行ってきました。工業用プラスチック部品は食品用や家庭用プラスチック製品のように目につくものでありませんが、着実に市場が成長して、現在ではニフコの売上高は樹脂加工会社では相当な規模になりました。さらに自動車会社の海外生産にともなって、一九八三年の台湾を皮切りに、アジア、北米、ヨーロッパに展開し、豊田合成と並ぶ高い海外生産比率の会社になっています。

ダイキョーニシカワは豊田合成と同様に自動車部品用プラスチック成形加工品の製造を主体とする会社です。「こんなとこまでプラスチック?!」を合言葉に自動車の外装・内装部品はもちろん、エンジン周りまで自動車のプラスチック化を進めて成長しています。

プラスチックの代表的な成形加工法と製品

成形加工法	説明	製品
射出成形法（インジェクション）	成形材料を加熱溶融させて予め閉じられた金型内に射出充填した後、固化又は硬化して成形品とする成形方法です。複雑な形状の製品を大量生産するのに適します。	工業部品、バケツ
中空成形法（ブロー）	成形材料を加熱溶融させてチューブ状に押し出し、金型で挟み、内部に空気を吹き込んで中空品を成形する方法。ブロー成形機、ブロー成形用ダイ、ブロー成形用金型で構成されています。	ボトル（ポリエチレン、ポリプロピレン、ポリスチレンなど）
2軸延伸ブロー（コールドパリソン）	射出成形法によって得られたプリフォーム（半製品）の胴壁部のみ再加熱し、ブロー用金型内で内部に延伸ロッドを突き出し、高圧空気を吹き込んで中空品を成形する方法。	PETボトル ポリプロピレンボトル
押出成形法	成形材料を加熱溶融させてダイ（口金）を通して連続的に押し出す成形法。押出機、ダイ、引取装置から構成されます。	フィルム、シート パイプ、雨とい、繊維
インフレーション法	押出成形法のひとつで、リング状のダイから押出されたチューブをピンチロールで閉じ空気を吹き込んで膨らませながら連続的に巻き取っていく。	袋、フィルム（ポリエチレン）
熱成形法（サーモフォーミング）	シート状の原反を加熱軟化させ、金型とシートの隙間を真空にしてシートを金型に密着冷却して絞り加工する成形方法。	トレー、容器
カレンダー加工	成形材料をいくつもの熱ロールによって圧延する成形法。	フィルム、シート レザー、床材（塩化ビニル樹脂、ゴムなど）

出典：吉野工業所ホームページほか

ワンポイントコラム

【3Dプリンティング技術】 液状の感光性樹脂、ひも状の熱可塑性樹脂などを使って、2次元の断面形状を積層していくことによって、金型を使わずに3次元の製品をつくる成形法です。

二〇〇七年に西川化成（一九六一年にウレタンフォーム会社として創業）とジー・ピー・ダイキョー（一九五三年に自動車用幌の縫製加工会社として創業）が合併して設立されました。両社とも自動車用プラスチック成形加工品に関わる長い歴史を持ってきました。ダイキョーニシカワは広島県・山口県に主要事業所を展開し、主要顧客はマツダですが、その他にダイハツをはじめとする多くの自動車会社や自動車部品会社を顧客としています。

積水化成品工業はシート、発泡製品に強みがあります。二〇一九年にドイツの自動車部材会社を買収し海外販売比率が倍増しました。

多角化で急成長の会社

アイリスオーヤマは、最近は家電会社として注目されていますが、もともとは一九五八年にブロー成形の町工場として大阪で創業した樹脂成形加工会社です。一九六四に創業者である父の逝去に伴い、一九歳の大山健太郎（現社長）が経営を引き継ぎました。

一九七〇年代から八〇年代に上げ底メッシュ構造の植木鉢・白色プランターなどのプラスチック製園芸用品、犬小屋・フェンス・トイレなどのプラスチック製ペット用品、中身が見えるクリア収納ケースなど、誰も気付かなかった需要を掘り起こし、次々と製品化して提供してきました。たとえば、収納とともに探すという需要が収納ケースにあることに気付いてプラスチックの得意な透明な製品を提供して大ヒットしました。

さらに注目されるのは、**ホームセンター**という新流通ルートの重要性に早くから気づき、しかもメーカーだけでなく**ベンダー**（問屋）の機能も同時に受け持つメーカーベンダーシステムを確立したこと、これを支える情報システム、全国配送網、セールスエイドスタッフ制度などを整備したこと、急成長する中国市場に製造小売業という他の日本企業にない業態で進出したことなど、次々に新しい経営手法を開発したことです。

家電への進出は二〇一二年です。グループ売上高は二〇一〇年に二〇〇〇億円弱が、二〇一九年には約五千億円に達しています。非上場を貫き、東京に本社（東大阪市から一九八九以降は仙台市）を置かない経営もユニークです。

4 グローバル競争の嵐の中の医薬会社

医薬品には病院や医院で医師が使ったり、処方したりする〝医療用医薬品〟と、薬局で買える〝一般用医薬品〟があります。医薬品売上高の九割強を医療用医薬品が占めます。

横ばいとなった生産額

日本の高齢化が進むとともに、総医療費は二〇〇〇年度三〇兆円、対国民所得比七・八%から、一七年度には四三兆円、対国民所得比一〇・七%に急増しています。これに対し医療保険費抑制のために、厚生労働省の薬価引き下げ、**後発医薬品**（**ジェネリック医薬品**）と**一般用医薬品**の振興政策により、医薬品生産額は二〇一一年をピークに横ばいになっています。高額癌治療薬として話題になった『**オプジーボ**』に対して厚生労働省は二〇一七年二月に薬価を半分に引下げました。しかし、その後も画期的ではあるものの高額な新薬の開発が世界的に続いており健康保険制度は揺れています。

一方、製薬大手五社である**武田薬品工業**、**アステラス製薬**、**第一三共**、**大塚HD**、**エーザイ**は、各社が開発した新薬を武器にアメリカを中心にグローバル化を急速に進めてきましたが、新薬の世代交代の成否により二〇一〇年代に明暗が分かれています。

武田薬品工業

武田薬品工業は、江戸天明の時代、一七八一年に初代近江屋長兵衛が大阪道修町で和漢薬の商売を始めたことから始まりました。

明治になって、一八七一年に四代目武田長兵衛が洋

ワンポイントコラム

【杏雨書屋】　武田薬品の大阪工場（十三）内にある杏雨書屋は、日本、中国の本草医書を中心とする図書資料館で、国宝、重要文化財もあります。歴史ある会社らしいCSR活動です。

薬の輸入を開始し、一九〇七年にはドイツ・バイエル社製品の一手販売権を得ました。このように歴史のある日本の製薬会社の多くは、薬の販売からスタートしています。一八九五年に製薬事業を開始しますが、本格化するのは第一次世界大戦でドイツからの輸入が途絶えてからです。一九四三年に現在の社名に変更しました。

戦後はビタミンや抗生物質で成長するとともに、新薬の研究も活発となりました。一九八〇年代後半になると、自社開発した癌治療薬、潰瘍治療薬、高血圧症治療薬などの新薬が欧米でも販売されるようになりました。一九九七年にアイルランドに初の海外生産拠点を、その後アメリカに研究開発拠点を設立しました。

二一世紀に入り、グローバル製薬企業に向けて大きく踏み出しました。まず、医薬品以外の事業を売却し、医薬品事業への集約を図りました。ウレタン事業を**三井化学**に、農薬事業を**住友化学**に、ビタミンバルク事業をBASFジャパンに、動物薬事業をシェリング・プラウ(現在のメルク)に、食品事業をキリンビール、ハウス食品になどです。それとともに、日米欧三極開発体制の強化を図っています。二〇一〇年主力開発医薬品の特許切れ問題*への対応や急速なグローバル展開を狙って二〇一一年スイスのナイコメッド社、二〇一二年海外四社、二〇一七年米国のアリアド社の経営統合を行い、二〇一九年一月にはアイルランドの**シャイアー**社を約六兆円強で買収しました。これは日本企業として過去最高額の買収となりました。この負債圧縮のために二〇二〇年度にアリナミンを含む一般用医薬品事業を売却しました。

アステラス製薬と第一三共

二〇〇二年、世界大手製薬会社**ロシュ**(スイス)による**中外製薬**の買収という大きなショックによって、日本の医薬品業界は改めてグローバル競争の渦中にいることを認識させられ、それ以後、急速に再編成に動き出しました。

アステラス製薬は、二〇〇五年四月に山之内製薬(一九二三年大阪で創業)と藤沢薬品(一八九四年大阪で創業)が合併してできた会社です。また、**第一三共**は、二〇〇五年九月末に三共(一八九九年**タカジアスターゼ***の発売で創業)と第一製薬(一九一五年創業)の共同持

用語解説
*2010年問題 2010年前後に大型医薬品の特許が一斉に切れ、後発医薬品が参入したために価格が大幅に下落し、大手医薬品会社の海外売上高が大きく減少した問題のこと。8-13に示すように、世界の医薬品業界でも現実化し2010年代に世界の大手医薬品会社の売上高は停滞または低下しています。

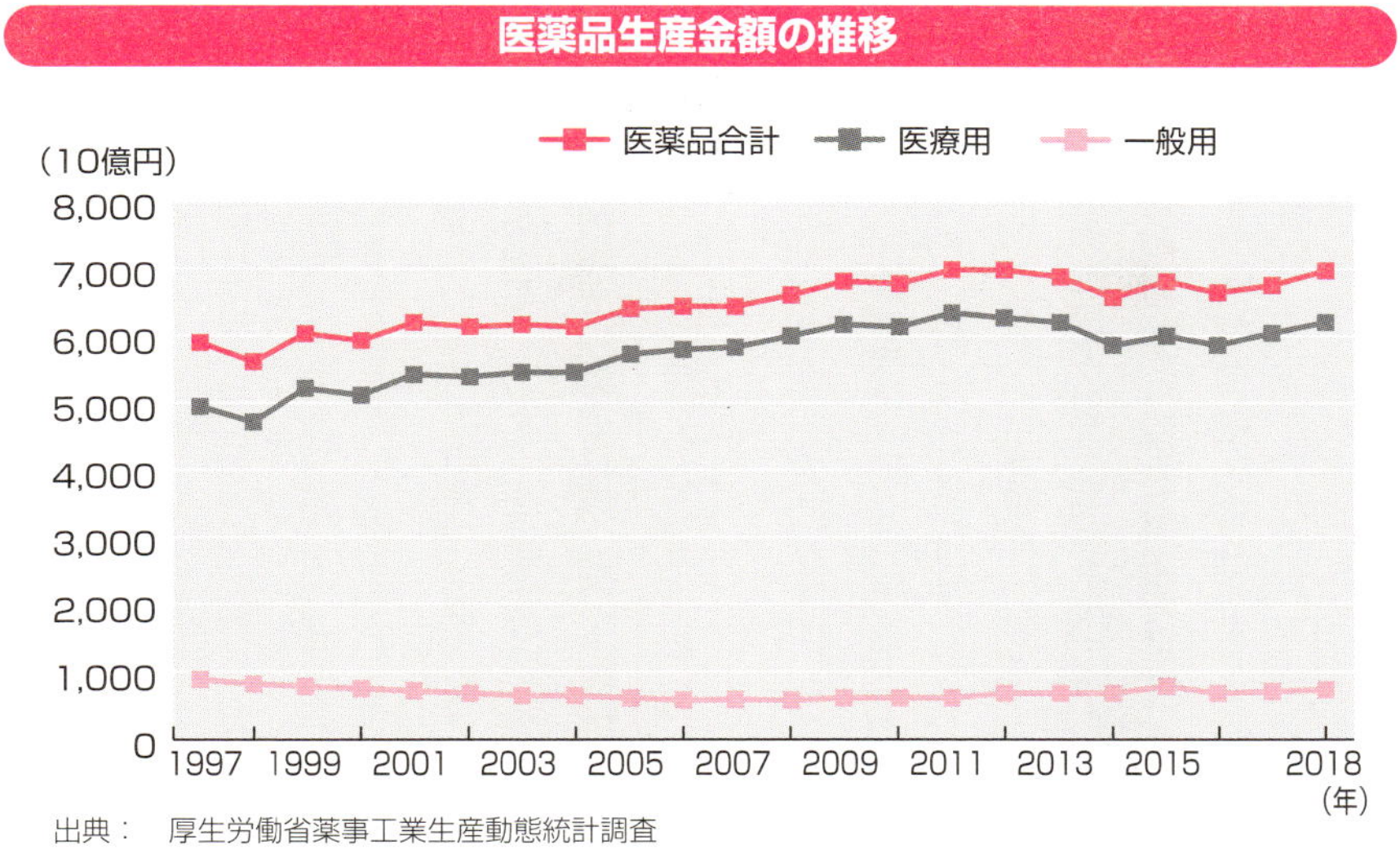

出典：　厚生労働省薬事工業生産動態統計調査

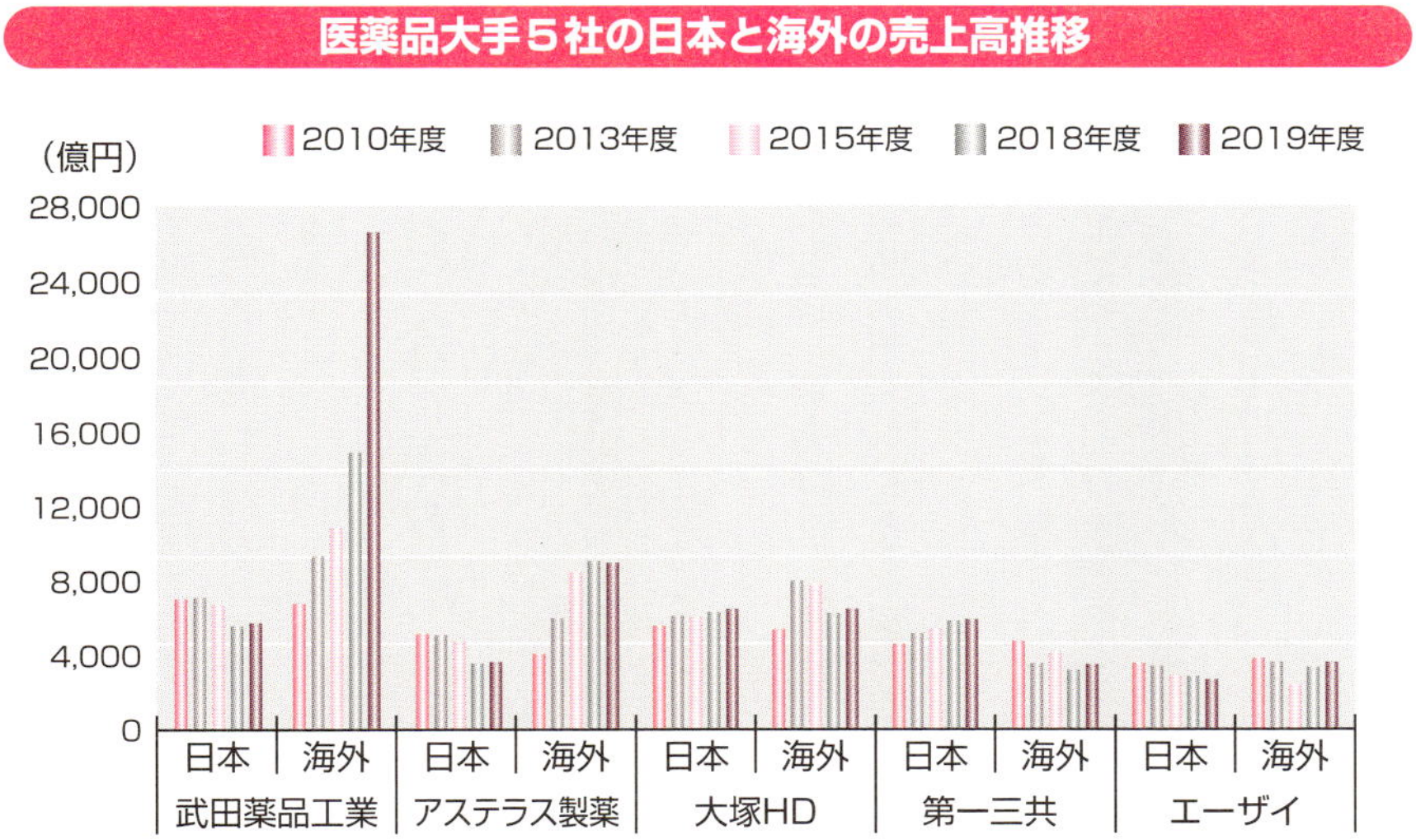

出典：有価証券報告書

用語解説

＊**タカジアスターゼ**　夏目漱石の『吾輩は猫である』に猫の飼い主のクシャミ先生が胃弱のためタカジアスターゼを飲む日常が描かれています。
第4章コラムも参照してください。

株会社として発足し、二〇〇七年四月に旧両社を吸収合併して完全な統合会社となった会社です。アステラス製薬は、統合直前の二〇〇四年に両社の一般用医薬品事業を分社化し、二〇〇六年に第一三共に売却しました。第一三共は合併後、農薬などの非医薬品事業のグループ外での完全自立や売却などを進めました。

二〇〇五年には、大日本製薬と住友製薬の合併による**大日本住友製薬**、〇七年の**田辺三菱製薬**、〇八年の**協和キリン**と再編成の動きは続きました。

エーザイと大塚HD

エーザイは、一九三六年に内藤豊次が桜ヶ岡研究所を設立したことに始まり、一九四四年に日本衛材と合併、一九五五年に現在の社名に変更しました。医薬品業界では比較的新しい会社です。グローバル展開は早く、一九七〇年代にアジア、八〇年代に欧米に進出しました。九〇年代初頭には研究開発の世界三極体制を完成させました。大型商品の交替期で売上高の低迷が続いていましたが、二〇一〇年代後半に脱しました。

大塚HDは二〇一〇年に上場しましたが、一九二一年徳島鳴門で大塚武三郎が創業した大手医療用医薬品会社です。『ボンカレー』『オロナミンC』『オロナインH軟膏』『ポカリスエット』などでおなじみの一般用医薬品、医薬部外品、栄養飲料、食品など幅広い事業展開もしています。

大手五社に次ぐ五社

大手五社に次ぐ規模の医薬品会社として売上高五千億円前後の田辺三菱製薬と大日本住友製薬があります。九―九で紹介する三菱ケミカルHD、住友化学傘下の医療用医薬品を主体とする会社です。

その次に売上高三千億円前後の塩野義製薬、協和キリン、小野薬品工業が続きます。**塩野義製薬**は一八七八年に和漢薬の薬種問屋として創業し、一九四三年に現在の社名に改称しました。武田薬品工業とともに大阪道修町を代表する老舗の医薬品会社です。創業者・初代塩野義三郎は、一八〇八年大阪道修町で創業した薬種問屋・塩野屋吉兵衛商店から分家して創業し、約一〇年後に洋薬に転換しました。一方、塩野屋吉兵衛商店は一九〇八年に香料を主業とするようになり、一

用語解説

＊**後発医薬品**　特許が切れた医薬品を他の会社が製造するもので、ジェネリック医薬品ともいいます。欧米に比べ日本では普及率が低いため、医療費抑制の視点から、厚生労働省が推奨しています。

大手医薬品会社の2019年度動向（全社）

百万円

会社名	全売上高	全営業利益	研究開発費	RD/売上高	海外売上比率
武田薬品工業	3,291,188	100,408	492,400	15.0%	82%
大塚HD*	1,396,240	176,585	215,789	15.5%	51%
アステラス製薬	1,300,843	243,991	224,226	17.2%	71%
第一三共	981,793	138,800	197,465	20.1%	38%
エーザイ	695,621	125,502	140,116	20.1%	60%
塩野義製薬	333,371	130,628	47,949	14.4%	62%
協和キリン*	305,820	59,353	53,500	17.5%	39%
小野薬品工業	292,420	77,491	67,679	23.1%	31%
大正製薬HD	288,527	21,460	22,876	7.9%	24%

海外展開が進んだ医薬品会社の2019年度地域別別売上高（全社）

百万円

会社名	日本	米国	欧州	アジア	その他
武田薬品工業	592,786	1,595,922	645,528	165,401	291,551
大塚HD*	689,734	399,569	306,937		
アステラス製薬	375,174	448,083	477,586		
第一三共	607,712	183,081	95,728	95,271	
エーザイ	279,696	160,773	128,962	126,190	
塩野義製薬	125,834	11,457	176,824	19,254	

注：米国欄は米州または北米の場合もある。欧州欄は中東、アフリカを含む場合もある。
注：*は2019年12月決算、他は2020年3月決算
出典：有価証券報告書

大手外資系医薬品会社の2019年度動向

会社名	売上高/億円	従業員数/人	工場・研究所
中外製薬*（ロシュ傘下）	6,862	7,394	工場（浮間、藤枝、宇都宮）、研究所（御殿場、浮間、鎌倉）
ファイザー	4,586	4,513	工場（名古屋、横浜パッケージセンター）
MSD（米メルク傘下）	3,746	約3300	工場（埼玉県妻沼）
ノバルティスファーマ	3,305	4,095	工場（兵庫県篠山）
日本イーライリリー	2,532	約3000	工場（西神戸）
バイエル薬品	2,525	約2520	工場（滋賀県甲賀）
サノフィ	2,329	2,432	工場（川越）、物流センター（三郷、茨木）
グラクソスミスクライン	2,235	約2800	工場（今市）
日本ベーリンガーインゲルハイム	1,893	1,618	研究所（神戸）
ノボノルディスク	885	1,014	工場（郡山）

出典：各社ホームページ

九二九年に**塩野香料**に改称しました。塩野義製薬と塩野香料は現在も大阪道修町に本社を並べています。塩野義製薬は戦後は抗生物質に強い会社として成長しました。現在も感染症と疼痛・神経を主要疾病領域に定めています。最近では二〇一八年三月に発売された経口抗インフルエンザ薬ゾフルーザが有名です。

協和キリンはキリンホールディングス傘下の医療用医薬品会社です。一九四九年創業の**協和発酵工業**が株式交換により二〇〇八年にキリンホールディングスの傘下（二〇二〇年末で五三・八％の議決権）に入るとともに、キリンビールの医薬品事業を担ってきたキリンファーマと二〇〇八年に合併して**協和発酵キリン**（二〇一九年七月に協和キリンに改称）となりました。協和発酵工業は、戦後、**加藤辨三郎**《かとうべんざぶろう》が設立した発酵技術を基盤とするベンチャーで、化学品（発酵法ブタノールが有名）、医薬品（抗生物質が有名）、調味料（発酵法グルタミン酸ソーダを開発）、食品、酒類、さらにバイオ事業と幅広く展開しました。しかし、一九八三年加藤の死後、二〇〇〇年代に入ると酒類、化学品、食品を次々と売却または分割してバイオ事業（アミノ酸、ペプチド、核酸、糖関連物質など）と医薬品事業に特化し、二〇〇八年にキリンＨＤ傘下になりました。なお、バイオ事業は二〇〇八年に分割されてキリンＨＤ一〇〇％子会社の**協和発酵バイオ**となりました。

小野薬品工業は一七一七年に初代小野市兵衛が大阪道修町で薬種仲買人として創業した会社です。一九四八年に現社名に改称しました。二〇〇〇年代から二〇一〇年代半までは売上高一四〇〇億円前後の会社でした。『**オプジーボ**』が二〇一四年末に米国で、二〇一五年末に日本で承認されたことにより、二〇一六年度にはこの売上高だけで一〇三九億円、さらに特許権利用対価収入で二六七億円に達しました。その後、薬価が半分に切り下げられたものの、効能追加による使用拡大によって二〇一九年度売上高は二九〇〇億円台に急増しました。なお、『オプジーボ』は二〇一八年にノーベル賞を受賞した本庶佑《ほんじょたすく》京都大学特別教授との共同研究によって開発されました。

大正製薬ＨＤ

大正製薬ＨＤは一九一二年創業の**一般用医薬品**の

トップ企業です。『パブロン』『リポビタン』など、おなじみのブランド商品がたくさんあります。二〇〇八年三月には**ビオフェルミン製薬**を、二〇一二年には**トクホン***を子会社化しました。

しかし近年、日本の一般用医薬品市場は六千億円前後で停滞しており、大正製薬HDの一般用医薬品事業も長らく低迷してきましたがアジア、欧州への展開により二〇一九年度は二一〇〇億円の大台に達し、低迷を脱しました。しかし、**医療用医薬品**の縮小により会社全体の売上高は横ばいです。

大手に次ぐ医薬品会社

参天製薬、**ロート製薬**は、眼科用医薬品という独自の分野に強みを持つ医薬品会社です。一般用医薬品としての点眼薬でよく知られた両社ですが、参天製薬は医療用眼科薬の売上高も非常に大きな会社です。一方、ロート製薬は点眼薬と胃腸薬『パンシロン』で有名でしたが、一九七五年に米国メンソレータム社から商標専用使用権を取得し、現在では化粧品も含めたスキンケア事業が最大の分野になっています。

明治ホールディングスはお菓子の㈱明治で有名ですが、一九四〇年代半にペニシリンの国産化に成功して以来、抗菌薬の医薬品会社としてもよく知られてきました。医薬品事業は、医療用医薬品・農薬・動物薬を主体とする**Meiji Seika ファルマ**が担っています。二〇一八年七月に化学及血清療法研究所の事業を引き継いだKMバイオロジクスを連結子会社にしてワクチン・血漿分画製剤事業も傘下に加えました。

近年、日本でも後発医薬品の需要が大きく伸びています。**沢井製薬**、**日医工**、**東和製薬**は日本の大手ジェネリック医薬品専業メーカーとして急速に成長してきました。沢井製薬は二〇一七年五月に米国後発医薬品専業のアップシャー・スミス・ラボラトリーズを買収したことにより、一挙に海外売上高比率が二割を越えました。ジェネリック医薬品分野には第一三共、明治HDなど新薬メーカーも多数参入しています。

貼付薬『サロンパス』で有名な**久光製薬**は、一八四七年(弘化四年)創業の歴史のある会社です。経皮吸収という特徴ある医薬品使用法を追求している会社と言えましょう。

用語解説

***トクホン**　鈴木由太郎は1901年に鈴木日本堂を創立し、1933年に外用消炎鎮痛貼付薬の生産販売を始めました。それまでの貼付薬が火であぶらなければならないのに対して、そのまま貼るだけで済むことでヒットしました。製品名は武田信玄の主治医で江戸時代の名医・永田徳本に由来します。

日本国内でのグローバル競争

日本で活動している大規模な医薬品会社は今までに紹介した会社以外にも多数存在します。

ひとつは世界の大手医薬品会社の日本法人である外資系会社です。日本での製造販売に加えて輸入販売も行っています。医薬品の輸入額は二〇〇〇年以降急増し、現在では三兆円になっています。**ロシュ**社系の**中外製薬**の売上高が約七千億円、次いで**ファイザー**日本法人が四千億円台、メルク社系の**MSD**、**ノバルティスファーマ**が三千億円台、**イーライリリー**日本法人、**バイエル薬品**、**サノフィ**、**グラクソスミスクライン**が二千億円台です。各社とも一〇〇〇名から七五〇〇名の社員を抱え、日本国内に営業・物流拠点だけでなく、工場、研究所も持って事業展開しています。日本の製薬トップ五社等が海外でグローバル競争に打って出ている一方で、世界の大手医薬品会社はすでに日本市場で大きな存在になっています。日本市場での売上高でみると、トップ一〇社でみても、トップ二〇社でみてもほぼ半分は外資系会社が占めることになり、化学業界の他分野では見られない内なるグローバル競争がすでに定着しています。サノフィ傘下のエスエス製薬の売上高は四〇七億円で日本の一般用医薬品会社トップ五前後になります。

もうひとつはすでに紹介した三菱ケミカルＨＤや住友化学のような化学業界の異業種から医薬品事業に参入している会社です。医薬品だけでなく人工腎臓のような人工臓器、診断キッドなど、プラスチック技術も活用した幅広い製品展開をしている会社もあります。

二〇〇八年に富山化学工業を買収して医薬品事業に社運を賭けて参入した**富士フイルム**ＨＤは、医薬品だけの正確な数字は不明ですが、中期経営計画では、医薬品、メディカルシステム（X線画像診断装置などの医療機器）、再生医療、化粧品、健康食品事業を含めて二〇一六年度の三八四〇億円を二〇一九年度には五〇〇〇億円まで伸ばすとしています。一九七〇年代から医薬品事業に取り組んできた帝人は医薬品で一五〇〇億円規模、旭化成は医薬品・医療事業で三四〇〇億円の規模になっています。

大手に次ぐ医薬品会社の2019年度動向

百万円

会社名	医薬売上高	医薬比率	研究開発費	RD/売上高	海外売上比率
参天製薬	241,555	100%	23,341	9.7%	32%
明治HD	203,742	16%	31,446	2.5%	10%以下
日医工	190,076	100%	13,743	7.2%	18%
ロート製薬	188,327	100%	7,082	3.8%	39%
沢井製薬	182,537	100%	13,487	7.4%	21%
興亜	145,566	34%	26,794	6.3%	42%
久光製薬	140,992	100%	10,504	7.5%	31%
ツムラ	123,248	100%	6,270	5.1%	10%以下
日本新薬	116,637	100%	13,994	12.0%	19%
東和薬品	110,384	100%	8,566	7.8%	10%以下
キョーリン製薬HD	109,983	100%	10,987	10.0%	10%以下
持田製薬	101,799	100%	11,884	11.7%	10%以下
科研製薬	86,853	97%	6,418	7.2%	10%以下

注：久光製薬は2020年2月決算、他は2020年3月決算
ロート製薬のスキンケア関連事業には化粧品が多く含まれる
研究開発費、RD/売上高、海外売上高比率は全社ベース

医薬品貿易額の推移

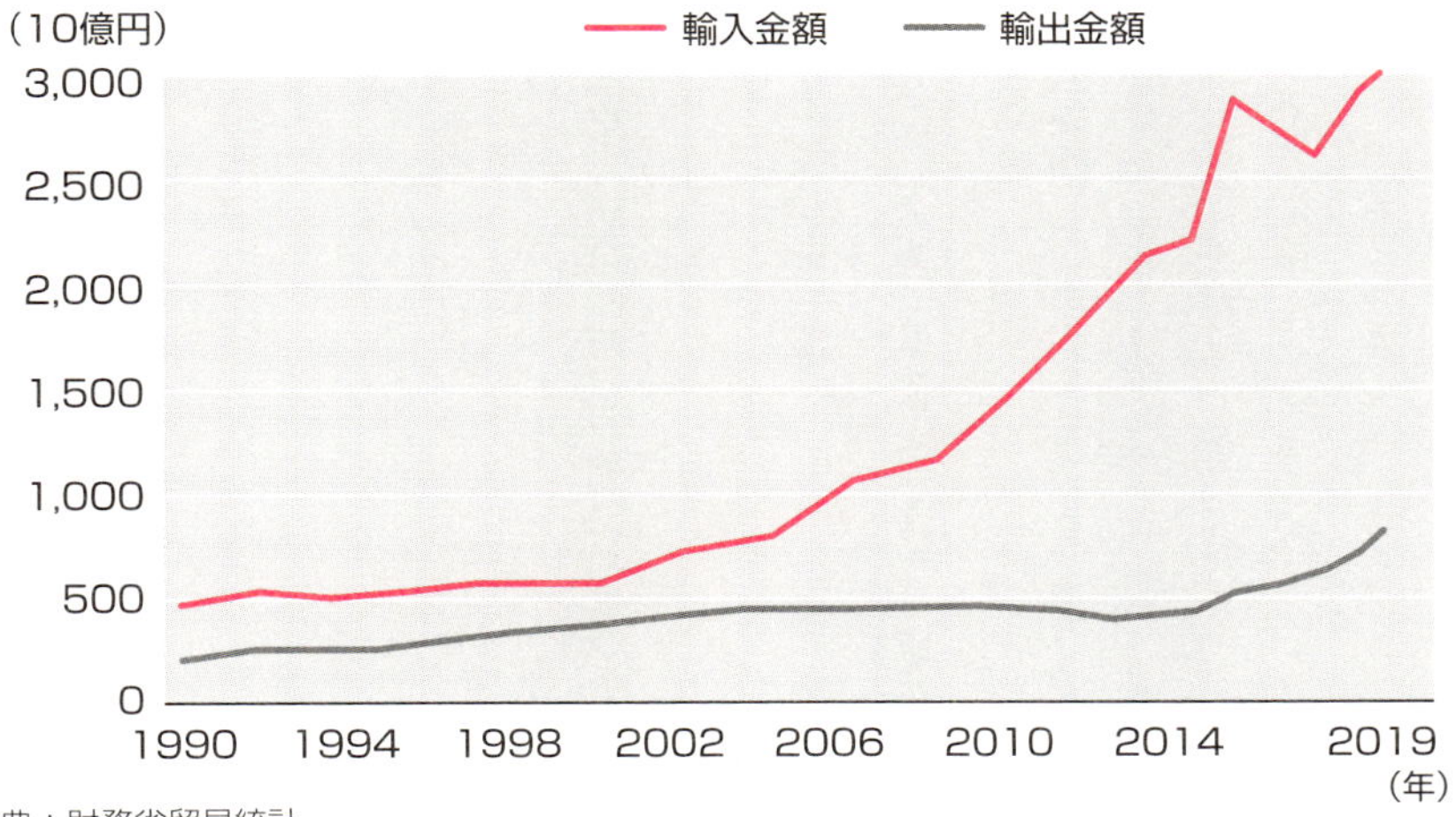

出典：財務省貿易統計

第9章 日本の主な化学会社

5 自動車と二人三脚のゴム製品会社

ゴム製品業界は、工業統計では二〇一八年で事業所数が三八七六もある中小企業の多い産業です。しかし、タイヤ会社は大きな四社に限られています。

ゴムの発見とゴム工業

第三章、第四章、第八章でゴム工業の歴史を述べる機会がなかったので、ここで少し紹介しましょう。

コロンブスがアメリカ大陸を発見したとき、原住民がゴムの球で遊んでいたのを見たことが、欧州人にゴムが知られるようになった始まりといわれています。その後、一七三五年に初めてゴムの資料がアマゾン探検者によって欧州に送られました。イギリスの有名な化学者（酸素発見者）プリーストリーは、ゴムの最初の実際的な用途として消しゴムを作りました。また、**ゴム引き布**が防水布として使われるようになりました。しかし、まだ限られた用途にすぎませんでした。

ところが、一八三九年にアメリカのグッドイヤーが偶然にゴムの**加硫法***を発見し、ゴムの弾性を活用する幅広い用途開発ができるようになりました。日本でも、一八八六年に東京で初めてのゴム製品工場〝土屋護謨製造所〟が生まれています。

大きなゴム関連産業

ゴム製品業界は、天然ゴム・合成ゴムを主原料に、加硫促進剤・老化防止剤のようなファインケミカル製品である**有機ゴム薬品**、**カーボンブラック**、**ホワイトカーボン**などを副原料として、自動車タイヤ・チューブ、ゴムベルト、ゴムホース、運動靴、工業部品などを生産しています。このうち天然ゴムは輸入に依存しますが、その他はほぼすべて日本で生産しています。

原料を含めてゴム関連業界は、日本の化学業界の大

用語解説

* **ゴムの加硫法**　ゴムに硫黄を加えて加熱すると、硫黄がゴム分子同士を橋掛けするので、ゴム弾性が得られるようになります。

きな一角を占める産業です。世界及び日本の自動車産業の好調を背景に比較的順調に成長してきましたが、最近は生産がやや低下しています。

タイヤ会社

タイヤ・チューブはゴム業界の最大分野で、おおむね新ゴム消費量の八割、合成ゴム消費量の六割を占めています。中小企業が多いゴム業界の中で、タイヤ・チューブの生産は大企業に限られています。日本でも四社です。世界の中ではフランスの**ミシュラン**、日本の**ブリヂストン**、アメリカの**グッドイヤー**の三大会社のシェアが二〇〇四年の五四%から二〇一九年には三八%と大きく低下しました。

空気入りゴムタイヤは、一八八八年アイルランドのダンロップが自転車用に発明しました。イギリスのダンロップ社は二〇世紀初頭には世界最大のタイヤメーカーでした。一九〇九年には神戸に支店を設けて日本にも進出し、一九一三年にはダンロップ護謨を設立して、自動車タイヤの日本での生産を開始しました。戦後、住友グループが資本参加し、一九六三年住友グ

世界のタイヤ市場シェア2019（売上高ベース）

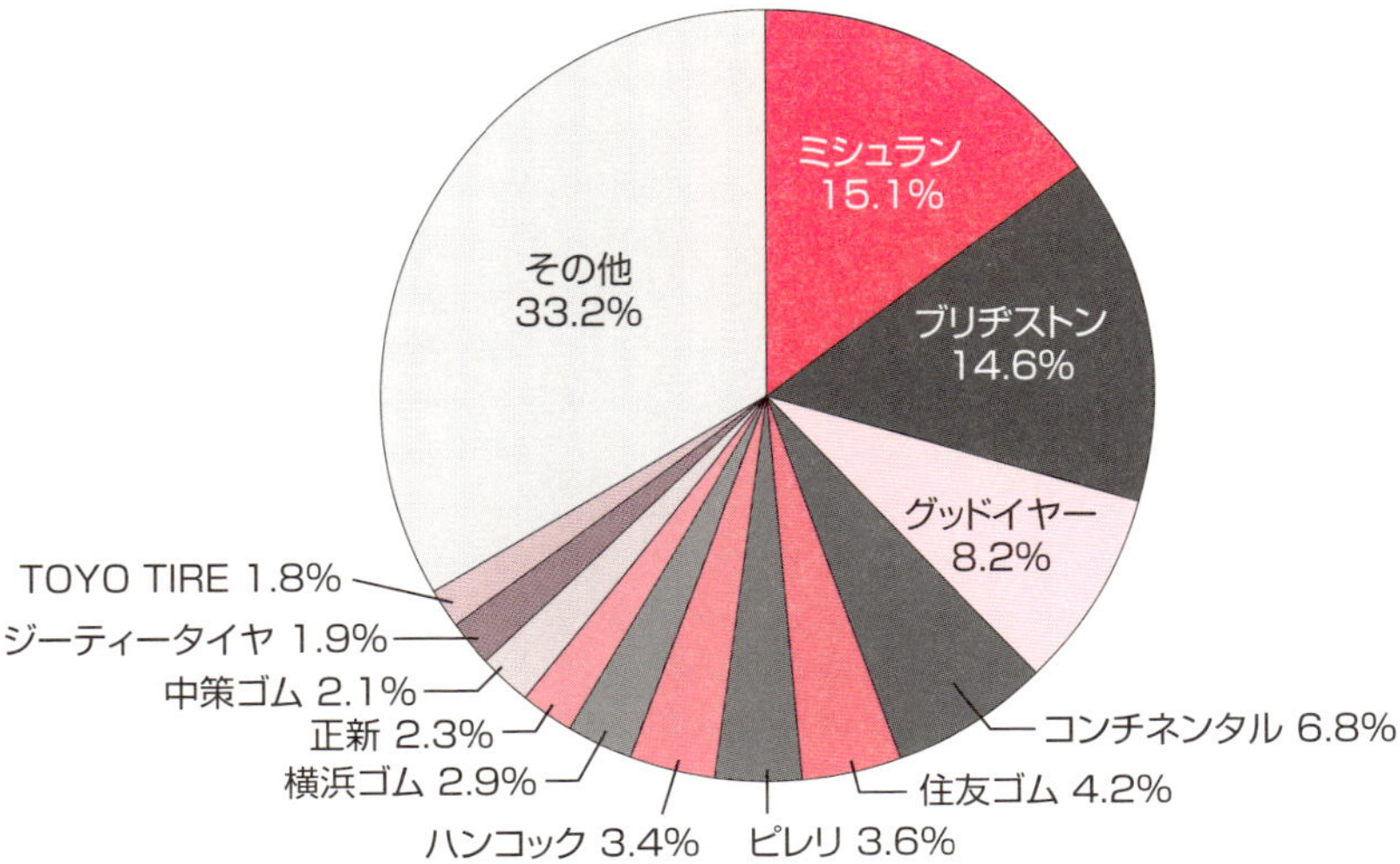

出典：ブリヂストンデータ2020　2020.9.14版

ワンポイントコラム

【ゴムとバネの弾性は別物】　鉄などの固体を引っ張ると、内部エネルギーが増加するエネルギー弾性を示します。一方ゴムは、硫黄の架橋点間のゴム分子セグメントが滑り動くだけのエントロピー弾性を示します。

ループの経営となったのが**住友ゴム工業**です。

アメリカの**グッドイヤー**社は、一八九八年創業され、米国自動車産業の発展の波に乗って、一九一六年には世界のタイヤ業界のトップになりました。のちにブリヂストンに買収される**ファイアストン**社は、一九〇〇年創業で米国第二位のゴム会社として発展しました。**ミシュラン**社は一八八九年創業で、タイヤ生産開始は一八九五年です。一九八八年にタイヤ部門をミシュランに売却した**グッドリッチ**社は、一八七〇年アメリカで設立され、のちにゴム事業に進出しました。グッドリッチ社は一九一七年には横浜電線製造（現在の古河電気工業）と合弁で横浜護謨を設立し、タイヤ生産を開始しました。これが現在の**横浜ゴム**です。**TOYO TIRE**は一九四五年に東洋ゴム工業として設立され一九五三年タイヤ生産を開始し、二〇一九年に改名しました。

ブリヂストン

ブリヂストンは、一九三一年に**石橋正二郎**が九州の久留米で設立した会社です。石橋は家業の仕立物屋を伸ばして、一九一八年に日本足袋を設立しました。一九二一年から石橋考案の**地下足袋**の製造を始めて、ゴム加工にも着手し、さらにゴム靴にも進出しました。

こうしたゴム加工技術の蓄積の上に立って、苦労の末に一九三〇年には国産初の自動車タイヤも完成させました。日本足袋はタイヤ部を分離独立させて、ブリヂストンにしました。ブリヂストンの社名が、創業者である石橋の名前から来ていることは有名な話です。日本国内に販売網を整備するとともに、早くからアメリカ自動車会社への輸出努力を開始しました。戦後はグッドイヤー社との技術提携によって設備の近代化を進め、一九五三年には日本のタイヤ業界のトップ企業になりました。合成ゴムの国産化のために、一九五七年に**国策会社**である日本合成ゴム（現在の**JSR**）が設立されました。ブリヂストンはこの政策に積極的に協力して一二％の出資を行うとともに、石橋正二郎が初代の日本合成ゴム社長に就任しました。一九八八年に米国ファイアストンを買収し、その後欧州、中国にも進出し、グローバル展開では日本の化学会社の中で群を抜きますが、最近は世界二位に停滞気味です。

ワンポイントコラム

【タイヤコード】 タイヤはゴムだけでできているのではありません。大量のカーボンブラックが加えられます。またナイロン、ポリエステル、アラミドなどの合成繊維や、スチールなどのタイヤコードがタイヤの骨格を作っています。

ゴム製品会社の2019年度動向（全社）

百万円

会社名	全売上高	全営業利益	研究開発費	RD/売上高
ブリヂストン*	3,525,600	326,098	105,283	3.0%
住友ゴム工業*	893,310	53,878	26,198	2.9%
横浜ゴム*	650,462	58,564	15,029	2.3%
住友理工	445,148	8,898	14,210	3.2%
TOYO TIRE*	377,457	38,447	11,092	2.9%
オカモト	90,503	7,345	1,147	1.3%
バンドー化学	90,247	2,056	4,421	4.9%

ゴム製品会社の2019年度地域別売上高

百万円

<table>
<tr><th>会社名</th><th>日本</th><th>北米</th><th>欧州</th><th>アジア他</th></tr>
<tr><td>ブリヂストン*</td><td>666,843</td><td>1,658,057</td><td>660,406</td><td>540,292</td></tr>
<tr><td>住友ゴム工業*</td><td>328,818</td><td>156,561</td><td>129,574</td><td>278,357</td></tr>
<tr><td>横浜ゴム*</td><td>270,199</td><td>174,852</td><td colspan="2">205,411</td></tr>
<tr><td>住友理工</td><td>176,715</td><td>67,177</td><td colspan="2">201,256</td></tr>
<tr><td>TOYO TIRE*</td><td>104,527</td><td>191,881</td><td colspan="2">81,051</td></tr>
<tr><td>オカモト</td><td>66,031</td><td>11,609</td><td>437</td><td>12,424</td></tr>
<tr><td>バンドー化学</td><td>48,789</td><td colspan="2">9,896</td><td>31,561</td></tr>
</table>

ゴム製品会社の2019年度報告セグメント別売上高

会社名	セグメント名	売上高	セグメント名	売上高
ブリヂストン*	タイヤ	2,944,119	多角化	581,480
住友ゴム工業*	タイヤ	767,551	ｽﾎﾟｰﾂ、産業品他	125,759
横浜ゴム*	タイヤ	451,698	工業品他	198,763
住友理工	自動車用品	377,907	一般産業用品	67,241
TOYO TIRE*	タイヤ	332,837	自動車部品他	44,619
オカモト	産業用製品	57,802	生活用品他	32,700
バンドー化学	自動車部品	38,902	産業資材他	51,343

注：*は2019年12月決算、他は2020年3月決算
出典：有価証券報告書

ワンポイントコラム

【スポーツ用品会社】 シューズ、ボールなどスポーツ用品にはゴムがよく使われます。国産スポーツ用品会社には**アシックス**、**アルペン**、**ミズノ**、**デサント**、**アキレス**などがあります。ゴム製品の貢献度は不明なので紹介していません。

ゴム製品の生産量推移

単位：タイヤは千本、その他は新ゴム量トン

	2016年	2017年	2018年	2019年
自動車タイヤ	146,892	145,473	147,304	147,093
ゴムベルト	22,022	21,963	21,678	19,351
ゴムホース	34,621	37,019	38,835	34,277
工業用品	169,341	175,295	179,675	176,478
医療用品	5,306	5,411	5,501	6,118
運動用品	2,942	2,676	2,806	2,808

出典：日本ゴム工業会

ゴム原料の生産推移

単位：トン

		2016年	2017年	2018年	2019年
ブタジエン		872,703	915,644	858,406	887,621
合成ゴム					
	ＳＢＲ	598,144	619,286	579,324	543,018
	ＢＲ	288,649	317,816	306,900	304,596
	ＮＢＲ	103,114	116,671	113,246	113,156
	ＣＲ	121,085	123,878	126,114	122,662
	ＥＰＤＭ	228,599	227,842	231,035	216,643
その他含め計		1,564,184	1,621,260	1,569,496	1,531,092
カーボンブラック		556,623	587,731	612,990	587,423
有機ゴム薬品		15,918	17,443	18,029	16,520

注：ＳＢＲには紙加工などに使われるラテックスも含む
出典：経済産業省化学工業統計

6 グローバル化に動く印刷インキ、塗料会社

印刷インキ、塗料、接着剤も、非常に古くから使われてきた化学製品です。樹脂と溶剤・ワニスが基材であり、これに顔料が入ると印刷インキや塗料になります。

業界構造と最近の動向

工業統計によれば、二〇一八年の事業所数で、印刷インキは九八、塗料四六〇、接着剤一六二となっています。樹脂やゴムの成形加工業界に比べると、一桁も二桁も少ない産業です。二〇一八年の出荷額としては、塗料が一兆一千億円、印刷インキが三千億円、接着剤が三千九百億円になります。石けん洗剤八千億円、化学繊維三千億円と比べても、それほど規模の小さな産業でないことがわかります。しかし、印刷インキ最大手の**DIC**（ディーアイシー）が化学業界全体の二一位、塗料最大手の日本ペイントHDが二四位、塗料業界第二位の関西ペイントが三七位、印刷インキ業界第二位の**東洋インキ製造**が五三位で、接着剤のウエイトの高い会社は七〇位以内に一社もいない状態です。

瞬間接着剤『アロンアルファ』（七-四参照）で有名な**東亜合成**も、全売上高が一五百億円に対して接着剤事業の売上高は一一二億円に過ぎません。**木工用接着剤**『ボンド』*で有名な**コニシ**も、接着剤事業は五百億円の規模です。消費財のみならず、合板向けなど中間投入財としての接着剤事業を持つ大企業もありますが、いずれもそれほど大きな規模ではありません。

このようにインキ、塗料、接着剤工業は大きな企業が少なく、大きな再編成も起っていない産業です。欧

用語解説

* **ボンド**　『ボンド』は酢酸ビニル樹脂の水性エマルジョン接着剤です。セメダイン社の『セメダイン』は酢酸ビニル樹脂の溶剤系接着剤が多く見られますが、水性エマルジョン製品もあります。

米ではそれなりの規模の塗料事業を持っている会社があり、塗料事業などをめぐって大きな再編成が起きていることと比べても不思議でした。ところが、二〇一三年一月シンガポールの塗料会社**ウットラム・グループ**による日本ペイント株の大規模買付提案によって激震が走りました。同年三月提案取り下げでとりあえず落着しました。翌年十月に日本ペイントは持株会社に移行し、二〇二一年初にウットラムが日本ペイントHDを子会社化して決着する見込みとなりました。

印刷インキ会社

DICは、一九〇八年設立の大日本インキ化学工業が創業百年を迎えて二〇〇八年に改名した会社です。グローバルに事業展開する国際企業であることを明確にする意図から、英文表記の社名にしたと説明しています。

創業者の川村喜十郎、二代勝巳、三代茂邦の川村家三代の社長時代に、印刷インキからインキ用・**塗料用樹脂**、**成形用樹脂**、さらに**人造大理石**や浴室部材、最近は電子情報材料にまで事業範囲を拡大しました。それとともに、一九八六年のサンケミカルのグラフィクアーツ事業買収、八七年のライヒホールド買収（二〇〇五年売却）、九九年のトタールフィナの印刷インキ部門買収など多くの買収を行って印刷インキの世界シェア約三〇%を握るグローバル企業になりました。しかし、近年、印刷物の減少から印刷インキ需要の伸びが悪化しているため非インキ事業にも注力し、この点でも他の印刷インキ会社に大きな差を付けています。

塗料会社

日本ペイントHDは一八八一年創業の、日本で最も歴史ある化学会社の一つです。大阪の本社一階『歴史館』に創業期の資料が展示されています。海軍軍艦の白色塗料国産化から始まりました。**関西ペイント**は一九一八年岩井勝次郎（岩井産業、現在の双日の創設者）が創業した会社です。

歴史の長い両社ですが、事業内容はほぼ塗料専業が現在まで続いています。二〇一〇年代から関西ペイントが先行してアジアへの展開が始まりましたが、その後両社の道は大きく分かれました。

ワンポイントコラム

【川村美術館】　千葉県佐倉市にあるDIC総合研究所に隣接して、川村美術館があります。川村家3代の社長による西洋美術、日本画のコレクションが展示されています。3代各人の好みの違いがはっきりわかります。ぜひ訪れて下さい。

インキ・塗料会社の2019年度動向

百万円

会社名	化学売上高	化学比率	化学営業利益	研究開発費	RD/売上高	海外売上比率
DIC*	768,568	100%	41,332	27,936	3.6%	64%
日本ペイントHD*	692,009	100%	78,060	17,416	2.5%	74%
関西ペイント	406,886	100%	31,510	6,582	1.6%	65%
東洋インキSCHD*	279,892	100%	13,174	8,077	2.9%	46%
リンテック	204,366	85%	11,938	7,860	3.3%	49%
サカタインクス*	167,237	100%	6,225	3,474	2.1%	61%
コニシ	135,180	100%	7,115	1,644	1.2%	10%以下
エスケー化研	96,028	100%	11,236	824	0.9%	15%
中国塗料	87,729	100%	3,498	1,802	2.1%	60%

注：リンテックの「洋紙・加工材」事業は、化学部門でないとした。
コニシの化成品商社事業及び塗料／接着剤技術を生かした建設請負事業も化学部門とした。

インキ・塗料会社の2019年度報告セグメント別売上高

百万円

	セグメント名	売上高	セグメント名	売上高	セグメント名	売上高
DIC*	印刷インキ	416,377	機能樹脂	265,248	顔料液晶他	86,943
日本ペイントHD*	自動車塗料	149,643	汎用塗料	370,690	その他塗料他	171,673
関西ペイント	自動車塗料	126,716	工業塗料	114,782	その他塗料他	165,386
東洋インキSCHD*	印刷インキ	143,969	色材機能材	65,100	塗加工材他	70,821
リンテック	印刷材・産業工材	122,436	電子・光学材	81,929	洋紙・加工材	36,361
サカタインクス*	印刷インキ	130,951	機能性材料	12,359	印刷機材他	23,927
コニシ	接着剤	49,979	土木建設	30,844	化成品商社他	54,355
エスケー化研	建築仕上塗材	86,021	断熱材耐火材	8,150	その他	1,855
中国塗料	船舶用塗料	70,274	工業用塗料	12,353	コンテナ用塗料他	5,100

注：*は2019年12月決算、他は2020年3月決算
出典：有価証券報告書

ワンポイントコラム

【茂木兄弟による亜鉛華製造】 茂木兄弟（4-2参照）が亜鉛を燃焼して亜鉛華（酸化亜鉛）をつくった目的は、無鉛白粉《むえんおしろい》の原料用でした。しかしこれでは販売量が少ないので塗料に展開しました。日本ペイントの誕生です。

7 転身が終わった合成繊維会社

合成繊維は不思議な業界です。一九七〇年代以来、本業が縮小を続けていながら、大きな再編成も起らず、各社が合成繊維で培った化学技術を生かしながら事業構造転換を進めてきました。二〇一七年四月に三菱レイヨン(一九三三年創業)が合併により三菱ケミカルとなり、長期に亘った転身は終わりました。

合成繊維生産量の急減

繊維産業の不況、縮小は、一九七〇年代以来の聞き飽きた話となりました。かつて日本各地にあった繊維産地といわれた地域は、その多くが今では見るかげもなくさびれています。

しかし二〇〇〇年頃を境に、もう一段の縮小が始まりました。一九七〇年代から九〇年代の繊維産業の縮小は、衣服縫製、織編物、紡績、**染色加工**で起きていました。その間も何とか、九〇年代前半までは、合成繊維の生産量は七〇年代頃のレベルを持ちこたえてきました。しかし、九〇年代後半、ついに合成繊維生産の大幅な縮小が始まりました。この背景には**ユニクロ**に代表される衣服輸入の急増と、中国の合成繊維大増産がありました。日本だけでなく、アメリカ、欧州、さらには韓国、台湾までも、合成繊維工業が縮小しました。日本では、二〇〇三年に**旭化成**がかつては代表的事業であった**アクリル**繊維から撤退しました。日本の合成繊維工業は、衣料用繊維から産業用に移行しました。

事業構造転換

ところが、合成繊維会社がこの間に大赤字に陥ったかというと、そんなことはありません。すでに事業構造転換が進んでおり、繊維事業のウエイトが低下していたからです。旭化成やクラレは株式欄でも、すでに繊維会社から化学会社に移っています。

ワンポイントコラム

【工程の長い繊維産業】 繊維産業は、綿花、羊毛、合成繊維短繊維や長繊維を購入して紡績、織物、編物、染色加工、縫製と非常に長い工程を経て流行の激しい衣服をつくります。糸ワタ段階の準備は1年以上前から始まります。

合成繊維で培った力は、ムダになったわけではありません。マーケティング力やあか抜けた宣伝力は、基礎化学品会社には追いつけない財産です。また、**中空糸**を使った人工腎臓、**超極細繊維**を使った人工皮革、高強度の**炭素繊維***を使った航空機材料などは、合成繊維技術なしでは開発できない製品です。

東レ

東レは一九二六年に東洋レーヨンとして創立され、一九五〇年代に**ナイロン**繊維事業で、続いて**ポリエステル**繊維事業で大成功して、日本の合成繊維会社トップの地位を不動にしました。合成繊維生産の始めから、合成繊維原料である化学品への遡及、ナイロン樹脂、ポリエステルフィルムなどへの展開も開始するなど、化学技術を核に幅広い事業展開を行ってきました。一九七〇年に東レに社名を変更しました。七〇年代から炭素繊維、**人工皮革**、**印刷平版**、**人工腎臓**などの新事業展開を活発に行うとともに、海外展開も始めました。

東レはナイロン以来**デュポン**社との関係が深く、デュポン社を経営のモデルにしているといわれてきました。しかし、二〇〇〇年代にデュポン社が合成繊維事業を売却したのに対して、東レは日本の合成繊維会社の中ではもっとも繊維事業へのこだわりを明確にしています。

それとともに、前述したように、非繊維事業への転換も順調に進めています。炭素繊維はアクリル繊維では弱小会社であった東レが、皮肉にもアクリル繊維を原料に始めた事業で、世界のトップに立っています。約四〇年間かけて、一つの事業セグメントを構える規模にまで育て上げました。

一九八〇年代に遺伝子組み換え技術を使った**インターフェロン**の生産によって医薬品分野に進出したときには、やや**落下傘**的な新事業展開でした。しかし、**DNAチップ**など、その後の医薬関連の事業展開は、高分子技術を活用した展開方法に戻っています。

帝人

帝人は一九一八年に創業され、日本で最初にレーヨンの生産を始めた会社として、戦前、戦後、レーヨンのトップ企業でした。その後、合成繊維への進出で東レに大きく後れを取りました。しかし一九五七年に東レ

用語解説

***炭素繊維**　合成繊維会社がアクリル繊維を原料に作っているPAN系炭素繊維のほかに、石油ピッチを原料とする炭素繊維もあります。ピッチ系炭素繊維は、1963年に群馬大学工学部大谷杉郎教授が発明し、現在では三菱ケミカル、日本グラファイトファイバー、クレハ、大阪ガスケミカルが生産しています。

とともにイギリスICI社から技術導入して始めた**ポリエステル**繊維事業(東レと帝人の名を取って『テトロン』の共同商標を使用)によって、東レと並ぶ合成繊維トップ企業になりました。

合成繊維事業が成熟した一九七〇年代にトップダウンで行った多くの多角化事業が失敗し、一時は低迷していました。しかし、その中からポリカーボネート事業と医薬品事業が育ち、またグローバル展開もあって着実に事業転換を進めています。二〇〇〇年に日清紡傘下にあった東邦レーヨンを買収してPAN系炭素繊維で東レに次ぐ世界第二位の地位を確立しました。一九八七年に自社開発技術によって工業化したパラ系**アラミド**繊維事業についても、二〇〇〇年に旧アクゾのアラミド繊維事業を投資会社から買収しました。このように合成繊維事業についてはM&Aを活用して急速に高機能産業用繊維への特化を進めています。

クラレと東洋紡

クラレは一九二六年にレーヨン会社として設立され、一九五〇年には日本で発明された合成繊維**ビニロン**を最初に工業化し、さらにポリエステル繊維メーカーとして発展してきました。ビニロンを工業化する際に原料の酢酸ビニル、ポバール、ビニロンと一貫して内製化したため、ビニロンが合成繊維としては期待したほどの成長ができなかった後も、**ビニルアセテート**事業の幅広い技術力を蓄積して、ガスバリア性に優れたエバールフィルムや、液晶偏光フィルムのベースフィルムとして圧倒的なシェアを誇る光学用ポバールフィルムを開発するなど着実な事業展開を進めてきました。二〇一四年六月デュポン社のビニルアセテート事業を買収し、酢酸ビニル、ポバール事業に加えてポリビニルブチラールやそのフィルム事業も入手し、ビニルアセテート事業では世界第一位の地位を獲得しました。

一九六五年に開発した**人工皮革**クラリーノはランドセル、靴、手袋、衣料に広く展開しています。

東洋紡は戦前には世界最大規模の紡織会社〝東洋紡績〟として日本を代表する名門会社でした。戦後は合成繊維へのシフトや脱繊維への転換にも遅れましたが、現在では完全に化学会社に転身しました。創業百三十年の二〇一二年に社名を変更しました。

ワンポイントコラム

【ポバールファミリー】 ポバールは水溶性樹脂で繊維加工剤、接着剤に使われます。また配向性が強いことからヨウ素を吸着させて偏光フィルムに使われます。エバールフィルムはガソリンタンクや食品包装に、ポリビニルブチラールフィルムは自動車のフロントガラスに使われ、破損時のガラスの飛散を防ぎます。

合成繊維会社の2019年度動向

百万円

会社名	全売上高	全営業利益	化学売上高	化学比率	化学営業利益	化学比率
東レ	2,214,633	131,186	2,214,633	100%	131,186	100%
帝人	853,746	56,205	787,787	92%	48,209	86%
クラレ*	575,807	54,173	447,668	78%	49,949	92%
東洋紡	339,607	22,794	263,650	78%	19,611	86%
ユニチカ	119,537	5,467	119,537	100%	5,467	100%

注：帝人のその他、クラレのトレーディング、東洋紡の繊維・商事、不動産その他は化学事業外とした

合成繊維会社の2019年度動向

百万円

	研究開発費	RD/売上高	地域別売上高		
			日本	アジア	欧米他
東レ	66,900	3.0%	961,742	817,102	435,789
帝人	34,500	4.0%	477,528	173,422	202,796
クラレ*	21,170	3.7%	184,491	139,074	252,239
東洋紡	11,300	3.3%	229,834	73,029	36,744
ユニチカ	3,624	3.0%	199,860	34,884	

注：ユニチカの地域別売上高は内部売上高を含む

合成繊維会社の2019年度製品分野別売上高

百万円

会社名	セグメント名	売上高	セグメント名	売上高	セグメント名	売上高	セグメント名	売上高
東レ	繊維	883,137	化学ライフ	824,064	炭素繊維	236,922	その他	270,510
帝人	繊維/製品	306,312	マテリアル・複合材	327,532	ヘルスケア	153,942	その他	65,959
クラレ*	ビニルアセテート	225,127	イソプレン機能材	136,078	繊維	50,816	トレーディング他	163,783
東洋紡	フィルム樹脂	158,833	産業マテリアル	65,405	ヘルスケア	39,412	繊維他	75,957
ユニチカ	高分子	56,411	機能材	13,093	繊維	49,894	その他	137

注：*は2019年12月決算、他は2020年3月決算
注；東レの化学ライフは、機能化成品とライフサイエンスの合計、その他は環境エンジニアリングとその他の合計
出典：有価証券報告書

8 産業・医療ガス会社にもM&Aの波

産業・医療ガスは、酸素、窒素、アルゴン、アセチレン、半導体材料ガスなどです。東京ガス、大阪ガスなどが供給する都市ガスや、石油会社などが販売するLPガスのような燃料用のガスではありません。

製品と業界構造

産業・医療ガスは、幅広い産業や医療現場で使われる典型的な中間投入財です。医療ガスには酸素、窒素、亜酸化窒素、炭酸ガスなどがあります。産業ガスの生産は産業界の動向を敏感に反映します。新分野として**半導体材料ガス**が成長しています。

酸素、窒素、アルゴンは、空気の分離によって製造されます。酸素ボンベは病院などで見かけたことがあると思いますが、**酸素**の最大の需要先は鉄鋼業と化学産業です。**窒素**は化学産業で原料として使われるほか、化学工場や石油工場などで保安用に、また半導体製造プロセスでも大量に使われます。酸素と窒素は、大量消費先の鉄鋼工場や化学工場内にガス会社自身が設備を設置するか、あるいはユーザーと共同して設置するケースもあります。**アルゴン**は空気の中に〇・九％含まれている不活性ガスです。どんな条件下でも反応しない安定なガスなので、鉄鋼、金属精錬、溶接、電球封入、半導体製造などに使われます。**炭酸ガス***は飲料用に使われるほか、アーク溶接の**シールドガス***用、半導体製造の洗浄用などに使われます。有用物質の抽出溶媒として、また特異な化学反応を起こす溶剤として、超臨界炭酸ガスが注目されていますが、本格的実用化はあと一歩です。**アセチレン**は溶接や切断用に使われているのをよく見かけると思います。

このほか最近は、**四塩化ケイ素**や**シラン**などのケイ素系、**六フッ化エタン**や四フッ化メタンなどのフッ素系、**三フッ化窒素**などの窒素系をはじめ、ホウ素、砒素、硫

用語解説

＊**炭酸ガス**　炭酸ガスは圧力を加え冷却し、液化して出荷します。炭酸ガス飲料への充填用に大量に使われます。液化炭酸を噴出させると、多量の気化熱を奪われるために、液化炭酸が固体になります。これがドライアイスです。常圧では温度を上げても液化せず、直接気体になります。昇華という現象です。

黄系など、さまざまな半導体材料ガスの生産が伸びています。

日本酸素HDとエア・ウォーター

工業統計で、産業、医療ガス業界に該当する圧縮ガス・液化ガス製造業は、この数年事業所数が二六〇程度で推移しています。産業・医療ガスは装置産業なので、たくさんの中小企業から成るような産業ではありませんが、需要家との結びつきや流通業からの参入などから、企業が分散していました。

しかし、近年業界再編が進んでいます。二〇〇〇年に大同ほくさんと共同酸素の合併により**エア・ウォーター**が生まれ、二〇〇三年に外資系の日本エア・リキードが大阪酸素工業を合併しました。二〇〇五年に業界最大手の日本酸素と大陽東洋酸素の合併により**大陽日酸**（二〇二〇年**日本酸素HD**に改称）が誕生し、二〇一四年に大陽日酸は**三菱ケミカルHD**の傘下に入りました。大陽日酸は一九八〇年代、九〇年代からアメリカと中国に進出していましたが、二〇一八年一二月にプラックスエア社の欧州事業を買収し、欧州にも進出を始めました。

産業・医療ガス会社の2019年度動向（全社）

百万円

会社名	全売上高	全営業利益	化学売上高	化学比率	研究開発費	RD/売上高
日本酸素HD	850,239	93,921	825,121	97%	3,389	0.4%
エア・ウォーター	809,083	50,616	569,400	70%	3,422	0.4%
岩谷産業	686,771	28,728	340,085	50%	2,494	0.4%

注：日本酸素HDは三菱ケミカルHD傘下、2020年10月太陽日酸から改称

産業・医療ガス会社の2019年度セグメント別売上高

百万円

会社名	セグメント名	売上高	セグメント名	売上高	セグメント名	売上高
日本酸素HD	ガス事業	825,119	魔法瓶等	25,118		
エア・ウォーター	ガス事業	376,878	化学品	27,479	エネルギー他	404,723
岩谷産業	産業ガス	190,520	マテリアル	149,565	エネルギー他	346,685

注：ガス事業には産業ガス、医療ガス、ガス機器を含む。化学品はガス以外の化学品
　　岩谷産業は、製造もあるが、流通活動が大きいと考えられる。
注：2020年3月決算
出典：有価証券報告書

用語解説

＊**シールドガス**　アーク溶接を行うとき、空気に触れると、窒素が金属に溶けて泡となる溶接欠陥が発生します。シールドガスによって溶接点が空気と接触しないようにするとともに、シールドガスが電離してアークを作ります。

9 戦略再構築進行中の基礎化学品会社

基礎化学品会社は日本の化学企業ランキング上位に名を連ね、かつては総合化学会社、石油化学会社と呼ばれてきた会社ですが、現在大きな曲がり角にいます。

一九八〇年代からの戦略

基礎化学品会社は、日本の化学業界の中核を自負してきました。日本の化学業界ランキングの上位を占めるのはもちろん、世界のランキングでもトップテンに入ることを目標にしてきました。日本の最大の化学業界団体である**日本化学工業協会***の会長は、今でも基礎化学品業界の出身者が占めています。本書のように化学業界を紹介する書籍では、内容の大半を基礎化学品会社のことで占めてきたのが普通でした。

表に示した七社に**昭和電工**、**ENEOS**を加えた九社が、石油化学コンビナートの中心的存在である**エチレンプラント**を運営している会社です（八一ページ参照）。東ソーと昭和電工は九―一〇で紹介します。ENEOSは化学事業業績が公表されないので紹介できません。

石油化学が成熟した一九八〇年代以来、石油化学工業の業界再編成の必要性が叫ばれるとともに、基礎化学品会社は次の成長分野を求める戦略を展開してきました。社内研究開発による新事業・機能化学事業の創造です。一九九〇年代に経済のグローバル化が本格化すると総合化学の看板を捨て、事業の選択と集中を進めました。その間に、三菱化学や三井化学の誕生のような、同じ企業グループ内での合併や合成樹脂など石油化学誘導品事業分野での事業統合、事業撤退が起きました。二〇一六年四月には水島地区エチレン製造事業の統合が実行されました。三菱ケミカル旭化成エチレンが発足するとともに旭化成のエチレン設備が

用語解説
***日本化学工業協会**　多くの化学会社が会員であるとともに、さまざまな化学産業団体も加入しているので、団体連合会の性格も持つ業界団体です。化学物質安全、品質管理、国際関係など化学業界全体に関わる課題を主体に活動しています。

基礎化学品会社の2019年度動向

百万円

会社名	全売上高	全営業利益	化学売上高	化学比率	化学営業利益	化学比率
三菱ケミカルHD	3,580,510	144,285	3,580,510	100%	144,285	100%
住友化学	2,225,804	137,517	2,225,804	100%	137,517	100%
旭化成	2,151,646	177,264	1,447,223	67%	104,553	59%
三井化学	1,338,987	71,636	1,338,987	100%	71,636	100%
出光興産	6,045,850	-3,860	853,064	14%	36,881	－
東ソー	786,083	81,658	786,083	100%	81,658	100%
コスモエネHD	2,738,003	13,893	364,658	13%	経常5,185	37%

注：出光興産は2019年4月昭和シェル石油と経営統合後、潤滑油が高機能材となり化学に算入

基礎化学品会社の2019年度動向（全社）

百万円

会社名	研究開発費	RD/売上高	海外売上比率
三菱ケミカルHD	133,400	3.7%	43%
住友化学	174,300	7.8%	66%
旭化成	90,966	4.2%	40%
三井化学	36,400	2.7%	45%
出光興産	17,400	0.3%	22%
東ソー	18,200	2.3%	45%
コスモエネルギーHD	4,448	0.2%	10%

基礎化学品会社の2019年度セグメント別売上高

百万円

会社名	セグメント名	売上高	セグメント名	売上高	セグメント名	売上高	セグメント名	売上高
三菱ケミカルHD	ケミカルズ	1,057,054	機能商品	1,081,612	ヘルスケア	413,140	産業ガス他	1,028,704
住友化学	石油化学	656,929	機能化学	659,905	医薬品	515,845	健康農業他	393,125
旭化成	マテリアル	1,093,145	ヘルスケア	337,788	住宅	704,423	その他	16,290
三井化学	素材・モビリティ	984,504	ヘルスケア	143,016	農業・包材	193,822	その他	17,645
東ソー	石油化学	159,140	クロルアルカリ	297,356	機能化学	185,042	その他	144,543

注：2020年3月決算
出典：有価証券報告書

ワンポイントコラム

【エチレンセンター会社】 石油化学コンビナートでエチレンプラントを運営する会社です。欧米の石油化学工場では、お互いがパイプライン網でつながっているので、エチレン会社が"センター"という意識は日本ほど強くありません。

停止しました。二〇一七年四月にはＪＸエネルギーが東燃ゼネラル石油を吸収合併するエネルギー業界の再編成に伴い、東燃化学がＥＮＥＯＳ傘下になる再編成も起きました。

　二一世紀に入って、世界企業ランキングでは、アジアや中東の新興企業が台頭し、また日本でもゴム・樹脂加工、医薬品、電子情報材料会社がグローバル展開によって急成長している中で、業界再編成においても、事業構造転換においても、またグローバル展開においても、基礎化学品会社の動きの遅さが目に付くようになり、戦略の再構築が急ピッチで行われています。

三菱ケミカルホールディングス

　三菱ケミカルホールディングス（**三菱ケミカルＨＤ**と略）*は、二〇〇五年一〇月に設立された持株会社です。現在は傘下に事業会社として**三菱ケミカル**、**田辺三菱製薬**、**日本酸素ＨＤ**、**生命科学インスティテュート**の四社を持っています。図に示すように、多くの会社が合併と事業統合整理を繰り返しながら、二〇一七年四月に現在の体制になりました。三菱ケミカルＨＤとなってから、Ｍ＆Ａや傘下企業間での事業再編成を活発に行っており、基礎化学品会社の中では最も経営者の意志が見える動きをしています。

　一九九四年一〇月、三菱化成と三菱油化が合併して**三菱化学**が誕生しました。それは〝グローバル一〇〟のスローガンを掲げた、華々しいスタートでした。ところが発足後、期待に反して業績低迷が続き、二〇〇〇年前後には純利益段階で二～四百億円の赤字を計上する状態でした。

　しかし、ようやく二〇〇三年頃から業績が安定してきました。機能化学・機能材料の強化に加えて、合併によって医薬品事業の拡大を急速に図りました。一九九九年に東京田辺製薬と、二〇〇一年にウェルファイドと合併し、二〇〇七年一〇月には田辺製薬と合併しました。ヘルスケア部門の二〇一九年度売上規模は四千百億円になりました。二〇〇一年度は約一千億円だったので、合併によって医薬品事業の急速な拡大が達成されました。その後伸び悩んでおり、三菱ケミカルＨＤの製薬事業の海外展開はこれからの段階です。

　しかし鹿島第一エチレンプラントを二〇一四年停止、

用語解説

***ホールディングス**　純粋持株会社の解禁は5-1で説明しました。三菱ケミカルHDは化学業界の中で最も有効にこの制度を活用しています。

また初の三菱グループ外展開となる日本酸素HDの子会社化、三菱化学・三菱樹脂・三菱レイヨンの経営統合による三菱ケミカルの二〇一七年四月発足など活発な戦略的活動が最近は目立ちます。

住友化学

住友化学は石油化学や基礎化学品から、医薬品、農薬、精密化学品、電子情報材料まで幅広く手がける、**総合化学**会社らしさを残した数少ない会社といえます。堅実な経営で着実に成長してきました。

石油化学では、一九八〇年代半ばの**シンガポールコンビナート**に続いて、二〇一〇年に操業開始した**サウジアラビア・ラービグプロジェクト**が有名です。第二期も二〇一七年に完成しました。その一方で千葉エチレンプラントを二〇一五年に停止しました。すでにグローバルに事業を進めている農薬事業も含めて、基礎化学品会社の中では最もグローバル展開の進

三菱ケミカルホールディングスの体制と成立経緯

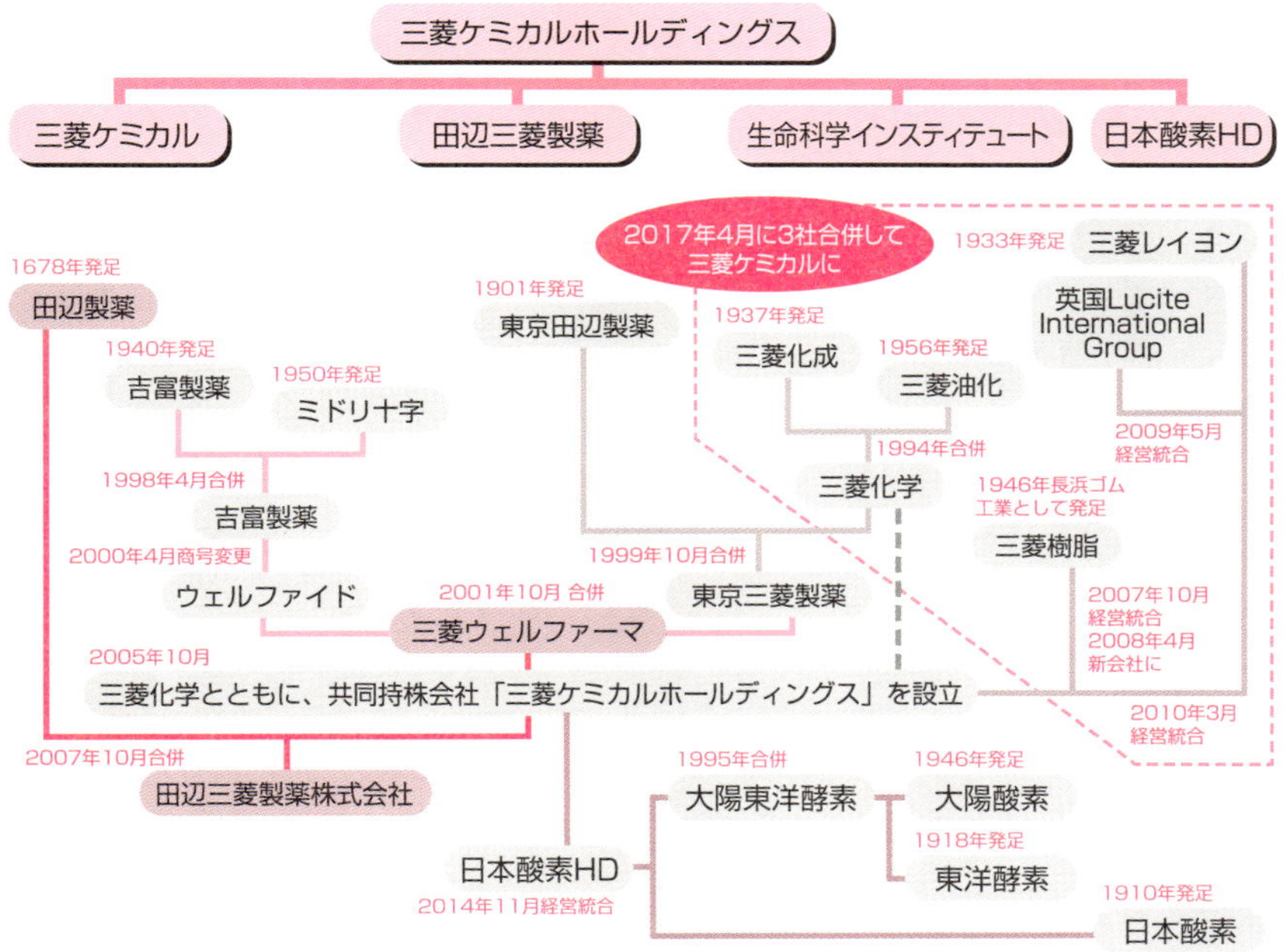

ワンポイントコラム

【ラービグ】　サウジアラビアの石油化学コンビナートの多くは、原油・天然ガス産地であるペルシア湾岸にあります。しかしアラビア半島を横断するパイプラインの紅海側出口のヤンブーやその南約180kmのラービグにも建設されています。

んだ会社です。

一方、医薬品事業は、従来は基礎化学品会社の中では唯一の成功例といえる状況で、長年にわたって住友化学の業績を支えてきました。しかし、二〇〇五年に大日本製薬と住友製薬の合併があったものの、製薬大手に大きく水を開けられた状態になりました。住友化学がグローバル競争の中で、今までのような〝総合化学〟というアイデンティティをどこまで保って行けるのか注目されます。

三井化学と旭化成

三井化学は一九九七年に、三井東圧化学と三井石油化学工業が合併して誕生した会社です。合併後、三菱化学とは違って、事業の選択と集中をすばやく進め、業績が向上しました。しかしその後、「機能化学品事業の拡大によって成長を図る」との戦略は成果が出ず、機能化学品事業の収穫期を迎えた他社の事業構造変化に比べても、また利益面での貢献という面からも、その不調ぶりが目立ちました。二〇〇八年秋の金融不況以後は不採算事業からの撤退を繰返し規模の縮小が続きましたが、最近は利益も安定し積極展開のきざしが見えてきました。

旭化成は旧日本窒素肥料系の会社として、一九四六年に現在の商号で再出発しました。その後、レーヨンと火薬の会社から、合成繊維、石油化学、建材、住宅、食品、エレクトロニクス、医療用医薬品と〝芋づる式〟といわれた事業展開で拡大してきました。食品事業を売却した後、二〇〇三年一〇月から持株会社に移行しました。しかし、これによって、かつてのアメーバのような新事業展開力が薄れてしまいました。たとえば世界最初のコンセプトを生み出したリチウムイオン二次電池やノンホスゲン法ポリカーボネート技術*などは、かつてなら一つの会社をつくるほどの事業展開を行えたでしょうが、技術売却程度に止まってしまいました。しかし、長らく模索してきたヘルスケア事業では米国の**クリティカルケア事業**買収や新薬開発などようやく成長の芽が育ってきました。二〇一六年四月に化学・繊維の事業会社を持株会社が吸収合併し、事業持株会社旭化成と六事業会社の体制に変更しました。

用語解説

*ノンホスゲン法ポリカーボネート技術　ポリカーボネートは優れた透明なエンジニアリングプラスチックです。従来法はホスゲンとＢＰＡから製造されました。旭化成は炭酸ガス、酸化エチレン、ＢＰＡからの製法を開発し、2002年に工業化以来2016年時点で世界の16%にまで普及させました。改良法も完成しています。

第9章　日本の主な化学会社

10 新風を呼んでいる無機化学会社

化学産業は酸アルカリ・化学肥料など、無機化学が中心の時代が長く続きました。二〇世紀半ばからは、高分子を含めて、有機化学に中心が移りました。しかし今、無機化学から新しい風が吹き始めています。

無機化学会社？

信越化学工業は**塩化ビニル樹脂**の世界トップ企業です。**昭和電工**も大分で石油化学コンビナートを運営する石油化学会社です。したがって無機化学会社ではないと思われるでしょう。工業統計の狭義の化学工業（標準産業分類中分類一六）では、有機化学工業系製品の出荷額が二七兆円に対して、無機化学系製品の出荷額は二兆円にすぎません。狭義の化学工業に属する無機化学工業製品だけで大手化学会社になることは不可能です。

しかし、**日亜化学**は一九九三年に**窒化ガリウム**による**青色LED**を開発して急成長し、二〇一九年には売上高四千億円規模の会社になっています。機能化学を追求する中で、今までのコンセプトにとらわれない、新しい無機化学への期待が高まっています。信越化学工業も、昭和電工も、そのような新しい無機化学を拓いている会社として注目されるのです。

信越化学工業

信越化学工業は塩化ビニル樹脂のほかにも、**セルロース誘導体**や**フォトレジスト**のような世界トップクラスの有機化学製品を多数持っている化学会社です。それとともに、金属ケイ素、**半導体シリコン***、合成石英、**ケイ素高分子**シリコーン*のようなケイ素化学ファミリー

用語解説

***シリコンとシリコーン**　シリコンは半導体などに使われるケイ素そのものです。シリコーンはケイ素樹脂をいいます。シリコーンは、ケイ素と酸素のシロキサン結合を骨格にし、ケイ素にアルキル基が付いた分子構造をしています。耐熱性、絶縁性の高いユニークな高分子です。プラスチック、合成ゴム、油として使われます。

でも、世界トップクラスの製品が並びます。九—一一で述べる「電子情報材料会社」とも、九—一二で述べる「独自の強みのある分野を持つ化学会社」ともいえる会社です。アメリカ、欧州、アジアへとグローバル展開の進んだ会社としても有名です。

信越化学工業は一九二六年に新潟県直江津でカーバイド、石灰窒素肥料を生産する会社として設立され、電気化学会社として成長しました。一九三九年には**金属ケイ素**の製造も開始しています。戦後は一九五三年に**シリコーン**を、一九五七年には電解苛性ソーダを始め、カーバイド・アセチレンと塩素を利用して塩化ビニル樹脂事業を開始しました。一九六〇年には**高純度シリコン**、一九六二年にはセルロース誘導体の生産も開始しました。このように見てくると、化学会社らしい製品のつながりを重視した事業拡大を行っているとともに、いたずらな事業の拡大を追わず、現在スポットライトを浴びている製品も非常に長い期間をかけてじっくりと育て上げてきたことがわかります。レア・アース*（希土類元素）や**レア・アース磁石**のような、新しい無機材料への取り組みも注目されます。

昭和電工

昭和電工の創業者は、日本化学産業史上で野口遵（九八ページ参照）と並ぶ新興企業家として有名な**森矗昶**《のぶてる》です。一九三九年に日本電気工業と昭和肥料を合併して、昭和電工を設立しました。長野や福島のような水力発電地域で電気化学工業を起こし、アンモニア・化学肥料、アルミニウム、**カーボン電極**などを生産してきました。また、アルミニウム原料**ボーキサイト**から**アルミナ**を得て、セラミックス事業にも展開しました。

戦後は川崎、さらには大分で石油化学事業を広く展開したので、二〇一九年でも売上高では石油化学が二七％を占める最大の事業部門になっています。しかし、二〇〇二年に総合化学から個性派化学会社への転換を打ち出し、無機化学系製品を中心とした会社への事業転換を図っています。世界トップクラスの**ハードディスク**事業を育て上げ、二〇一八年黒鉛電極の高騰という神風を受けて二〇二〇年に日立化成を買収し、電子情報材料会社へと果敢に舵を切りました。半面、大きな負債を抱えることになり、一部事業の売却も予想さ

用語解説

***レア・アース**　周期表の3族、スカンジウム、イットリウム、ランタノイドの17元素。希土類元素と呼ばれます。化学的性質がよく似ているため、分離精製が難しい。以前からカラーテレビの蛍光体に使われてきましたが、近年、磁石材料（電気自動車モーター）、電池材料、電子材料として注目されています。

信越化学工業連結セグメント売上高推移

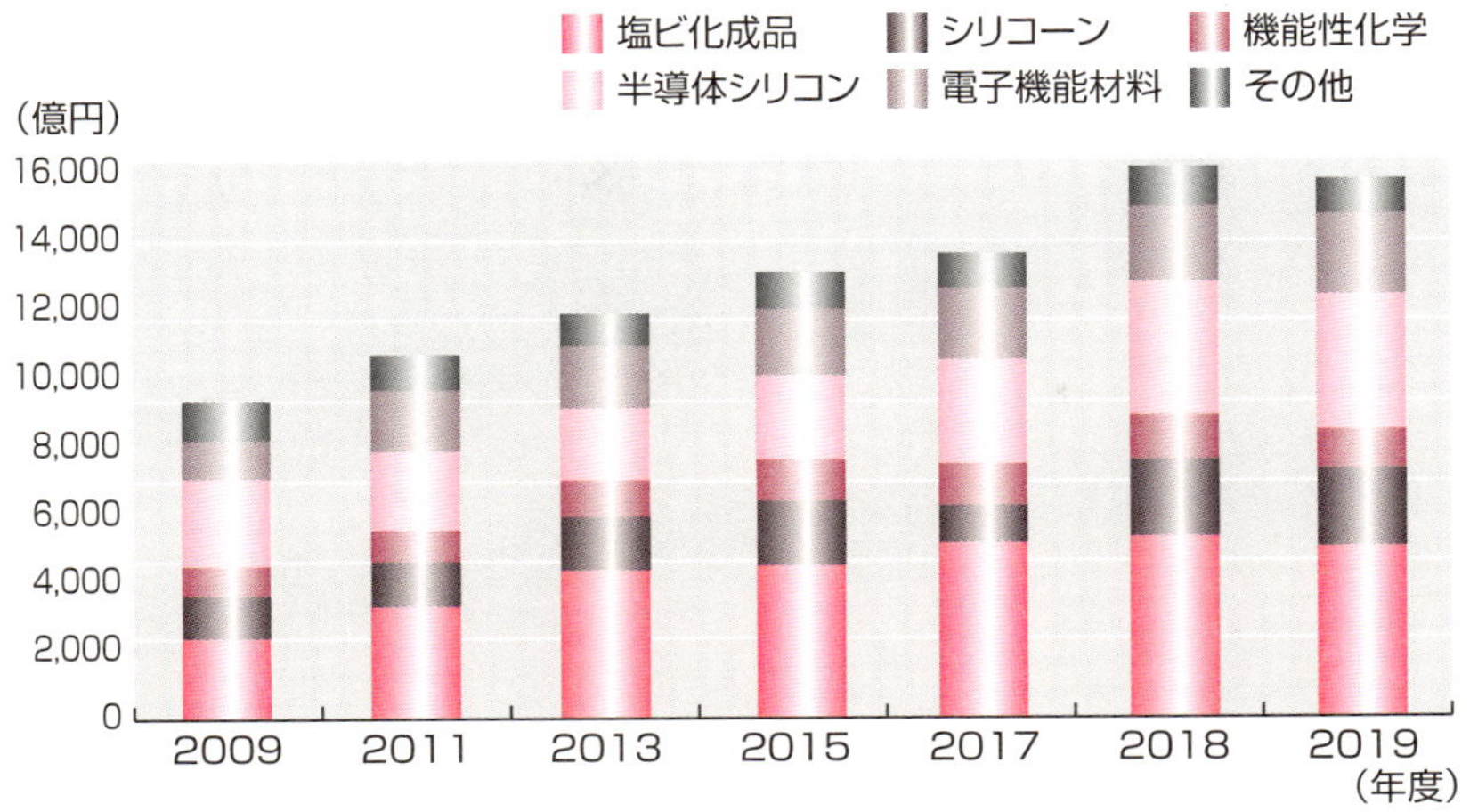

信越化学工業連結セグメント営業利益推移

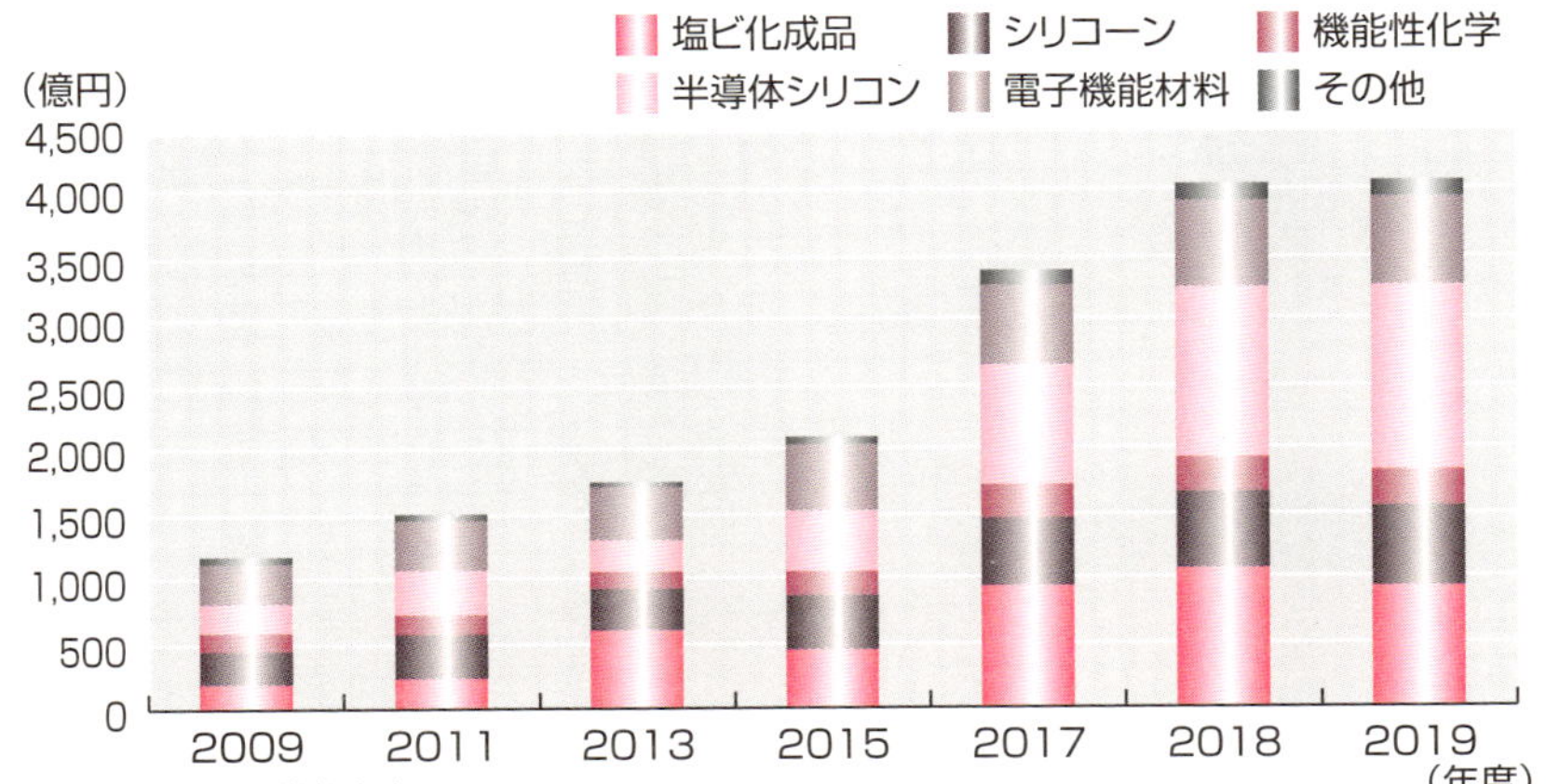

出典：有価証券報告書

れています。

トクヤマと東ソー

トクヤマは一九一八年にソーダ灰生産会社である日本曹達工業として設立され、一九三九年に徳山曹達に、さらに一九九四年に現在の会社名になりました。山口県周南市（昔の徳山市）を本拠とする会社です。戦後、電解ソーダ事業に進出し、その塩素を使って**プロピレンオキサイド**、塩化ビニル、さらにポリプロピレンへと石油化学分野にまで展開しました。

二〇〇一年にポリプロピレンから撤退し、無機化学品や薄膜太陽電池の原料になる**多結晶シリコン**などの無機化学系製品への事業展開を強化し、一時は、営業利益では多結晶シリコンなどの特殊化学品部門が柱となりました。ところが、二〇一二年に世界的な価格崩れで赤字となり、新鋭のマレーシア工場売却を含め、構造改善に追い込まれました。

同じ周南市を本拠としてきた会社に**東ソー**がいます。一九三五年に東洋曹達工業として設立され、翌年ソーダ灰の生産を開始しました。戦後、塩化ビニルモノマーの製造を開始するなど、トクヤマとよく似た事業展開をしてきました。東ソーはトクヤマよりも石油化学事業に深く入り込み、一九六八年に多くの出資者とともにエチレン運営会社新大協和石油化学を設立し、徳山に続いて四日市でも石油化学事業を開始しました。一九九〇年には新大協和石油化学を合併し、九一九で述べた基礎化学品会社になりました。石油化学事業での東ソーの強みは、電解ソーダ事業からの塩素を活用した塩化ビニル、イソシアネートなどの**塩素系事業展開**です。二〇一三年に日本ポリウレタンを完全子会社化しました。

一方、東ソーは、無機化学系事業にも軸足のある基礎化学品会社です。**ゼオライト***、**ジルコニア**、**二酸化マンガン**などの昔からの無機化学品事業に加えて、**ITO***ターゲットをはじめとする、薄膜作成のための**スパッタリングターゲット**事業もあります。しかし、経営戦略として、昭和電工のような明確な無機化学志向は打ち出されておらず、将来の中核となるような、新しい無機化学事業の芽がまだ見えていません。

用語解説

*ゼオライト　分子レベルの細孔を持つアルミノケイ酸塩の総称で、シリカ／アルミナ比の変更や鋳型となる有機塩基化合物の使用によって結晶構造や細孔径をコントロールできます。選択性の高い吸着材、分子ふるい、イオン交換体、触媒や担体として利用されます。

無機化学に強い化学会社の2019年度動向（全社）

百万円

会社名	全売上高	全営業利益	研究開発費	RD/売上高	海外売上比率
信越化学工業	1,543,525	406,041	49,536	3.2%	73%
昭和電工*	906,454	120,798	20,605	2.3%	44%
日亜化学*	404,964	55,082	34,481	8.5%	65%
デンカ	380,803	31,587	15,031	3.9%	41%
東海カーボン*	262,028	54,344	2,460	0.9%	74%
トクヤマ	316,096	34,281	9,193	2.9%	19%
東亜合成*	144,955	13,782	3,731	2.6%	16%
大阪ソーダ	105,477	9,698	2,187	2.1%	26%

無機化学に強い化学会社の2019年度動向（化学）

百万円

会社名	化学売上高	化学比率	化学営業利益	化学比率	
信越化学工業	1,543,525	100%	406,041	100%	除外なし
昭和電工*	815,954	90%	119,052	99%	アルミ加工除く
日亜化学*	404,964	100%	55,082	100%	除外なし
デンカ	380,803	100%	31,587	100%	除外なし
東海カーボン*	249,387	95%	51,117	94%	工業炉他除く
トクヤマ	229,480	73%	30,446	89%	セメント除く
東亜合成*	144,955	100%	13,782	100%	除外なし
大阪ソーダ	105,477	100%	9,698	100%	除外なし

無機化学に強い化学会社の2019年度セグメント別売上高

百万円

会社名	セグメント名	売上高	セグメント名	売上高	セグメント名	売上高	セグメント名	売上高
信越化学工業	半導体シリコン	387,631	電子機能材	225,111	シリコーン機能化学	341,668	塩ビ化成他	589,113
昭和電工*	無機	221,453	電子材料	95,702	化学・石化	381,081	アルミ他	208,217
日亜化学*	光半導体	278,440	蛍光体他	126,523				
デンカ	インフラ・無機	54,802	電子・先端	68,028	ゴム・樹脂	149,325	生活環境他	108,646
東海カーボン*	黒鉛電極	91,317	カーボンブラック	101,751	ファインカーボン	30,369	工業炉他	38,589
トクヤマ	化成品	92,755	特殊品	43,726	ライフアメニティ	54,347	セメント建材他	125,267
東亜合成*	基幹化学・無機	73,815	ポリマー	29,112	接着剤	11,174	樹脂加工他	30,851
大阪ソーダ	基礎化学品	48,263	機能化学品	41,639	住宅設備他	15,574		

注：*は2019年12月決算、他は2020年3月決算
出典：有価証券報告書

用語解説

* ITO　酸化インジウムすずの頭文字。フラットパネルディスプレイの透明電極膜材料として重要な材料になりました。

11 大化けした電子情報材料会社

日本の化学会社は、一九八〇年代から機能化学品の自社内開発を進めてきました。二一世紀に入って、成功した会社が一気に成長しました。しかし、二〇〇八年以後、景気変動の波が大きくなりました。

電子情報材料

電子情報材料の範囲の捉え方については、人により、企業により、さまざまです。しかし、そのような定義にこだわらず、化学を軸に今までにない範囲にまで電子情報材料事業を拡大して急成長している会社が、二一世紀に入って続々と生まれてきました。逆に過去の化学事業コンセプトにとらわれすぎて、せっかくの電子情報材料事業の芽を枯らしてしまった化学会社もたくさんあります。

電子情報材料は、一九八〇年代からは、まず半導体、回路関連で伸びました。一九九〇年代からは、ディスプレイ関連で次の成長の波がやってきました。そして、二〇一〇年代に次の波（LEDや電池材料）が来ました。電子情報材料は、日本の強力なエレクトロニクス機器会社や部品会社との連携があったおかげで成長できました。しかし、一九九〇年代に円高が進むとともに、これら機械メーカーの海外移転が進み、また台湾、韓国、最近は中国などで強力な現地メーカーも生まれてきました。したがって第三の波は、第一、第二の波の進め方とは変わらざるを得ません。

電子情報材料は、量の大きな製品ではないので、輸出に向く商品です。電子情報材料会社の海外販売比率は、五割～八割と非常に高くなっています。それとともに近年、日東電工を筆頭に海外展開も活発化してきました。半面、この分野を安易に東アジアで展開すると、エレクトロニクス機器事業と同じように競合企業を生み出すことになりましょう。十分な注意が必要です。

電子情報材料会社の2019年度動向（全社）

百万円

会社名	全売上高	全営業利益	研究開発費	RD/売上高	海外売上比率
日東電工	741,018	69,733	33,765	4.6%	76%
日立化成	631,433	23,126	32,200	5.1%	64%
ＪＳＲ	471,967	32,884	25,425	5.4%	58%
日本ゼオン	321,966	26,104	15,274	4.7%	56%
イビデン	295,999	19,685	16,200	5.5%	68%
住友ベークライト	206,620	10,285	10,338	5.0%	58%
東京応化工業*	102,820	9,546	8,879	8.6%	76%

電子情報材料会社の2019年度地域別売上高

百万円

会社名	日本	北米	欧州	アジア	その他
日東電工	180,643	58,537	45,264	455,664	907
日立化成	229,823			272,241	129,369
ＪＳＲ	198,238	60,403		67,022	146,304
日本ゼオン	142,303	26,075	32,355	117,620	3,613
イビデン	93,385	26,472	38,011	137,397	732
住友ベークライト	85,791	24,581	20,095	76,154	
東京応化工業*	24,549	9,709		62,887	5,672

注：JSRのアジアは中国、その他は中国以外アジア・欧州、東京応化のアジアは台湾韓国中国計

電子情報材料会社の2019年度セグメント別売上高

百万円

会社名	セグメント名	売上高	セグメント名	売上高	セグメント名	売上高
日東電工	オプトエレクトロニクス	390,905	インダストリアルテープ	302,678	ライフサイエンス他	47,432
日立化成	機能材料	238,303	先端部品	393,130		
ＪＳＲ	デジタルソルーション他	144,805	ゴム/樹脂	273,886	ライフサイエンス他	53,275
日本ゼオン	高機能材料	91,749	エラストマー	176,956	その他	53,262
イビデン	電子関連	132,170	セラミックス	88,427	その他	75,400
住友ベークライト	半導体材料	49,824	高機能樹脂	84,882	QOL他	71,914
東京応化工業*	材料	98,986	電子装置	3,833		

注：*は2019年12月決算、他は2020年3月決算
出典：有価証券報告書

第9章　日本の主な化学会社

ＪＳＲと日本ゼオン

　ＪＳＲと日本ゼオンは、両社とも代表的な合成ゴム会社でした。ＪＳＲは石油化学工業が日本で始まるときに、合成ゴムの国産化を図るために、一九五七年の**合成ゴム製造事業特別措置法**によって設立された**国策会社**「日本合成ゴム㈱」でした。一九六〇年に合成ゴム原料の**ブタジエン**、タイヤに使われる合成ゴムの主力製品である**SBR（スチレンブタジエンゴム）**の生産を開始しました。その後、さまざまな合成ゴムを事業化し、またゴムを使うことから**ABS樹脂**の生産も開始して、合成樹脂事業にも進出しました。

　JSRは一九六九年に政府株式の売却が完了して、民間会社になりました。その後も現在まで合成ゴムのトップ企業の地位にあります。しかし、石油危機後、事業の多角化を図って、業績変動の大きい合成ゴム事業中心から脱却する経営戦略を取りました。

　一九七九年には半導体製造のための**フォトレジスト**の販売を始めて、電子情報材料事業に進出しました。フォトレジストは**感光性高分子***なので、合成ゴムや合成樹脂で培った高分子技術が活用できる展開でした。一九八八年には液晶表示材料の**配向膜**や保護膜の販売を開始しています。その後、液晶表示関連材料としては、位相差拡大フィルム、着色レジスト、液晶パネルが大型化して採用が進んだ**感光性スペーサー**などに電子情報材料は拡大していきました。電子情報材料事業はＪＳＲの中では、九〇年代までは**エラストマー**や合成樹脂などの利益に支えられた育成事業でした。しかし、二一世紀に入ると急拡大して、二〇〇二年度以後は中核事業に成長しました。ＪＳＲの売上高は、〇二年度の二千五百億円から、〇七年度には四千億円へと五年間で一・六倍になりました。〇八年度以後は不況からの回復が遅れていましたが、約一〇年かけて停滞状態から抜け出しました。

　一方、**日本ゼオン**は一九五〇年に塩化ビニル樹脂会社として、アメリカの**グッドリッチ**社と古河グループの合弁会社として設立されました。一九五九年には日本で初めて合成ゴムを製造しています。グッドリッチ社は一九七〇年に撤退しましたが、その後も塩化ビニル樹脂と合成ゴム会社として発展しました。ナフサを分

用語解説

***感光性高分子**　特定の波長の電磁波・光を吸収して、架橋、分解、重合などの反応を起こす高分子。もともと印刷製版用に発展し、その後、ICやMEMSの製造に不可欠なフォトレジストとして脚光を浴びました。光硬化塗料や医療用材料などにも応用されています。

JSRセグメント別売上高推移

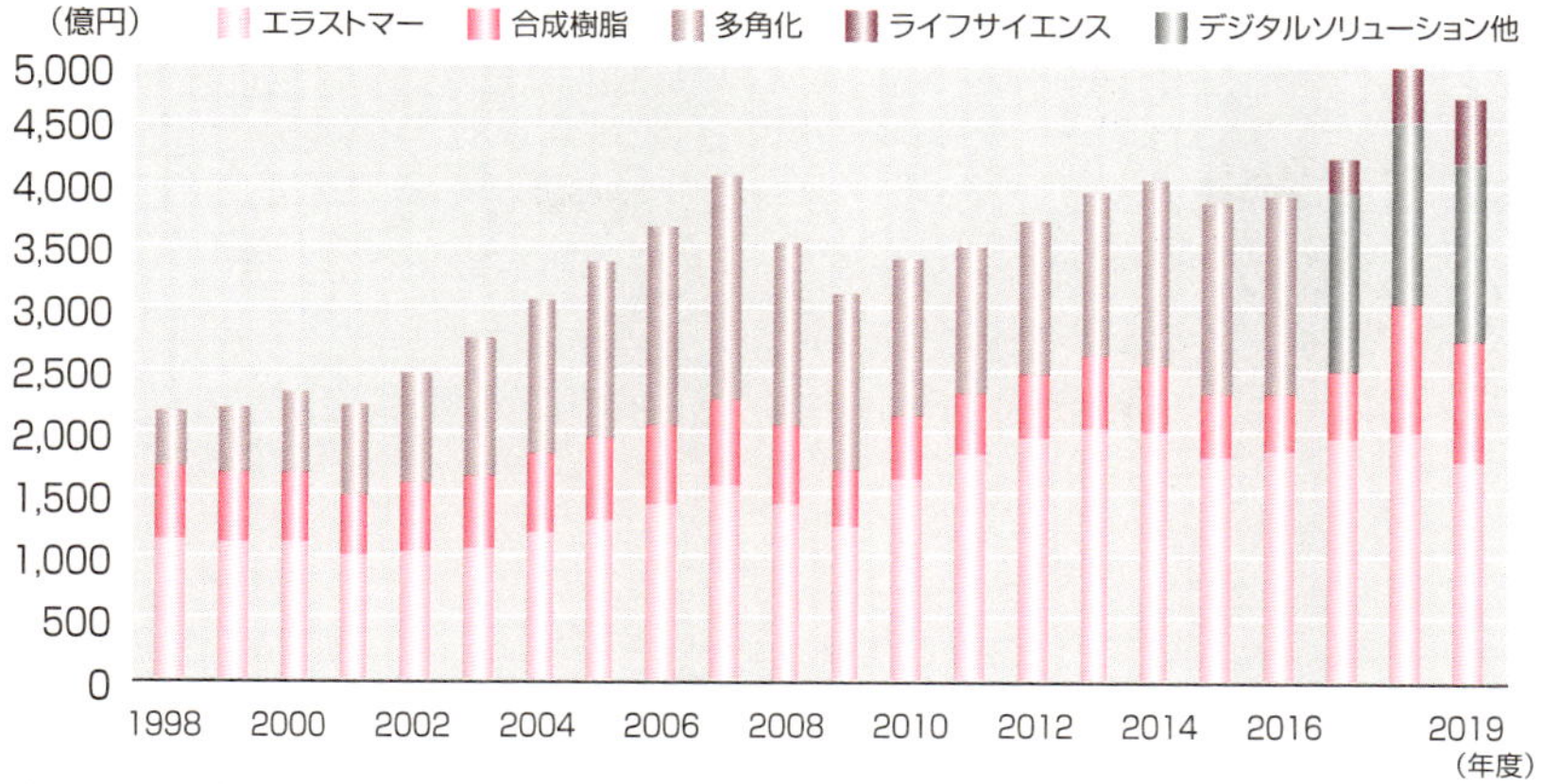

注：2018年度に合成樹脂が大きく伸びたのは連結対象子会社が他社と統合したため
　　エラストマーは弾性体の意味で、ゴムと同義
出典：有価証券報告書

JSRセグメント別営業利益の推移

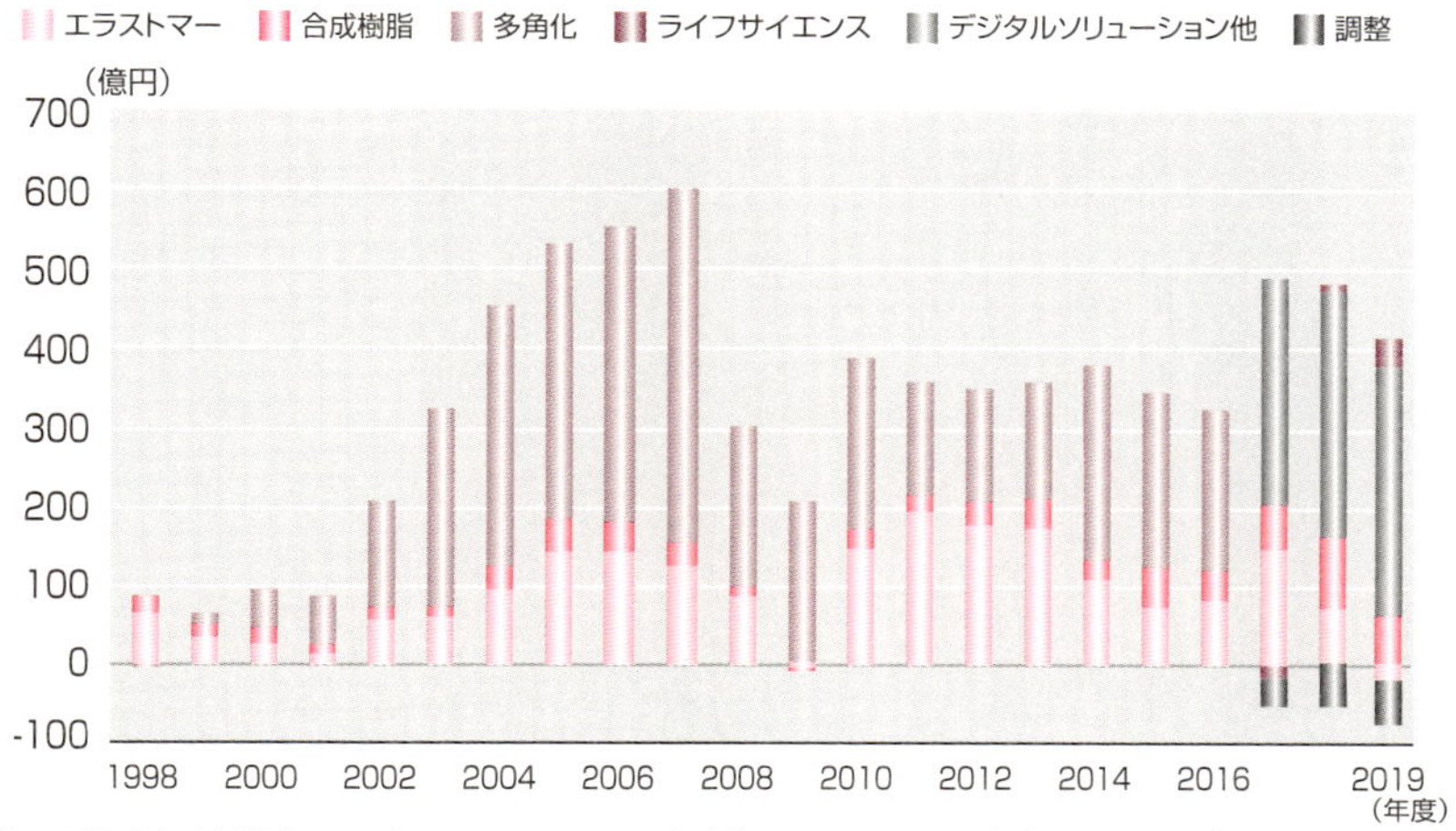

注：2009年度以前はエラストマーにエマルションを合算している。2018年度に多角化セグメントを
　　デジタルソリューション、ライフサイエンス、その他に分割したので、2017年度も新しいセグメントで表示
出典：有価証券報告書

ワンポイントコラム

【国策会社】　日本は明治初期の官営工場を除くと、国が出資して設立した化学会社は、大正時代の「日本染料製造」と1950年代の「日本合成ゴム」しかありません。民間企業家の活力あふれた社会なのです。

解した際に発生する炭素四と炭素五の留分を活用する会社として成長し、この延長線上に**シクロオレフィンポリマー**が生まれました。これが携帯電話の写真レンズや液晶用の**光学フィルム**に使われるようになって、電子情報材料事業が成長しました。二〇〇〇年には創業事業である塩化ビニル樹脂から撤退し、合成ゴムも特殊ゴムに特化する一方で、アメリカで特殊ゴム事業の買収を行ってグローバル展開を進めています。

日東電工とイビデン

日東電工は、電気絶縁材料の会社として、一九一八年に創業されました。戦後は**ビニルテープ**などに進出し、〝**粘着**〟という事業コンセプトから、一九六二年に**紙粘着テープ**事業を開始し、包装用テープメーカーのリーダーになりました。そのほかにも、表面保護フィルムや**マスキングフィルム**など、さまざまな展開を進めました。特定の素材のメーカーであるよりも、化学を深く理解し、化学をユーザーの問題解決に活用するメーカーです。アメリカの**3M**社のようです。

電子情報材料への進出も同様です。一九六六年に製造を開始した**半導体封止材料**をはじめとして、回路基板、偏光フィルムなど、電子製品・部品メーカーが進む方向にいち早く展開するとともに、さまざまなところで粘着フィルム技術を活用しています。「グローバルニッチトップ戦略*」を打ち出し、成長するマーケットを選択して、その中のすべてではなく**ニッチ**な分野を対象に絞って、固有の差別化された技術を生かし、世界シェアＮＯ１を狙っています。最近は核酸医薬品受託製造事業が急成長しています。

イビデンは一九一二年に、大垣でカーバイドやフェロマンガンなどの電気化学製品を製造する会社として始まりました。戦後はメラミン化粧板などの建材事業を加え、さらに一九七二年に**プリント配線板**で電子材料事業に進出しました。一九八八年にはプラスチック**IC パッケージ基板**の生産も始めました。この二つが現在のイビデンの電子情報材料事業の主体となっています。

日東電工とイビデンは、二〇〇三年度から〇七年度に急成長しました。〇八年度以降の不況でとくにイビデンの業績が大きく落ち込み、その後の回復も遅れており、事業構造改革を進めています。

用語解説

＊**グローバルニッチトップ戦略**　ニッチは生物学用語で、生物が選んでいる生活の場のこと。ニッチを棲み分けていれば生存競争が起きず安定的に共存できます。これが経営学に応用され、さらに日東電工の経営戦略に使われました。

日東電工業績推移

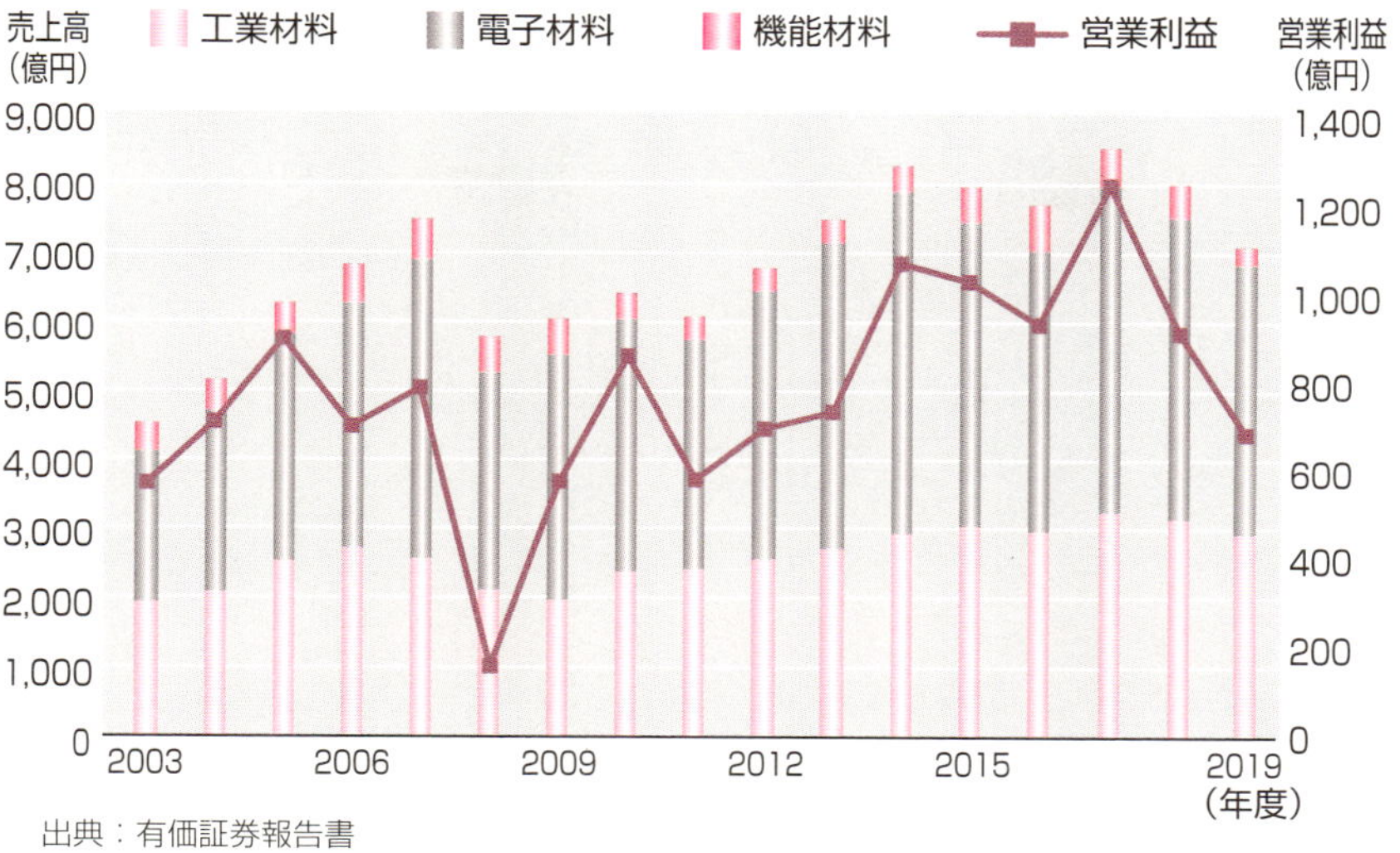

出典：有価証券報告書

イビデン業績推移

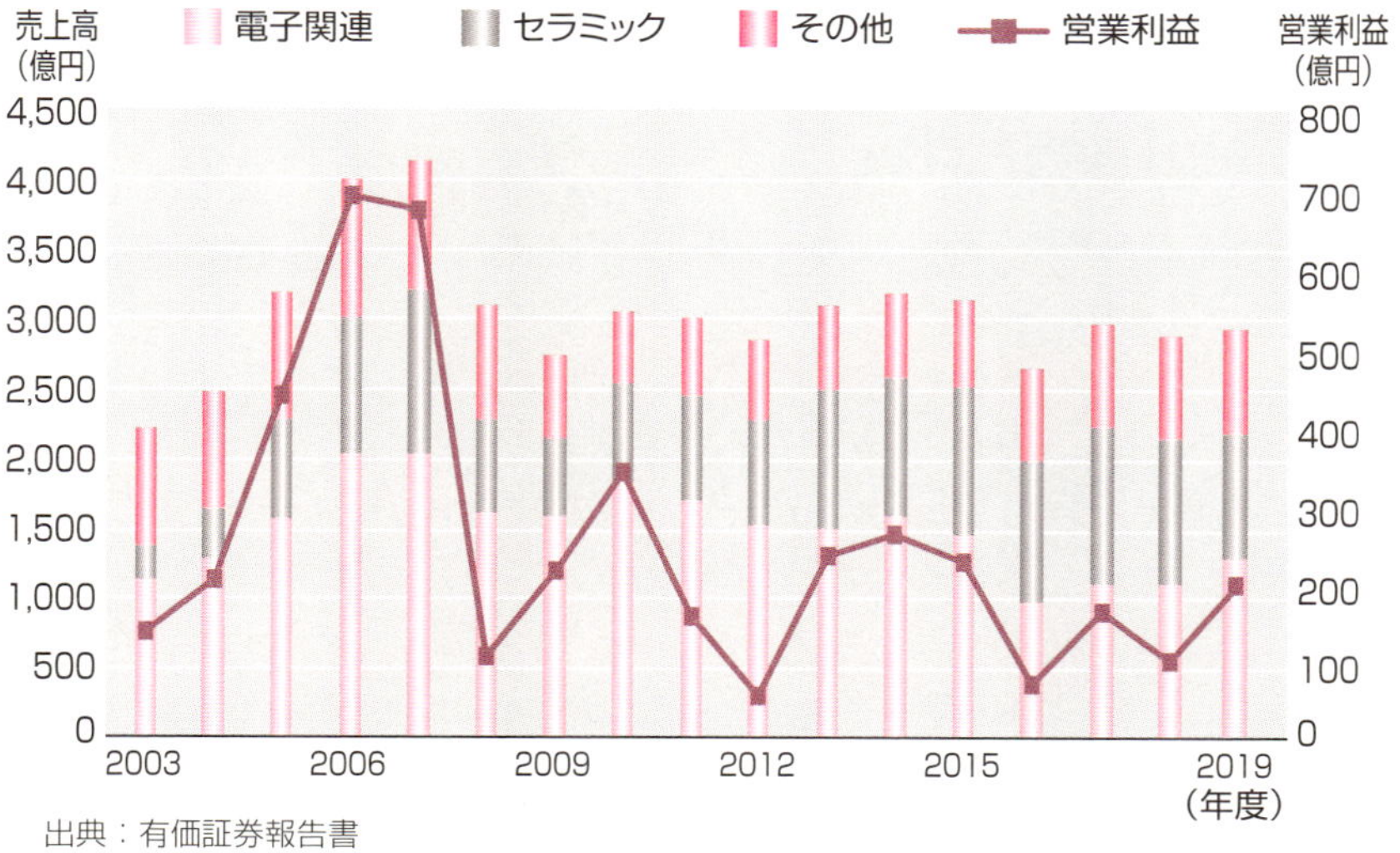

出典：有価証券報告書

12 独自の強みのある分野を持つ化学会社

幅広い広がりを持つ化学業界の中で、独自の強みを持つ分野を築き上げてきた会社が日本にはたくさん存在します。その中から数社を紹介しましょう。

写真化学

写真感光材料は世界では一五〇年以上の歴史のある業界で、二〇世紀末にはアメリカの**イーストマン・コダック**、蘭独のアグファ・ゲバルト、日本の富士写真フイルムとコニカの四大メーカー体制が築かれていました。しかし、一九九〇年代末に急速に普及した**デジタルカメラ**、さらに二一世紀に登場したカメラ内蔵の携帯電話によって写真感光材料業界に激震が走り、世界の多くの写真感光材料会社が倒産や事業撤退に追い込まれました。富士写真フイルムも同様の事態に陥りましたが、写真光学で培った力で乗り越えました。

二〇〇六年に持株会社の**富士フイルム**ホールディングスと事業会社の富士フイルム、富士ゼロックスの体制に移行するとともに、富士フイルムの事業構造転換を急速に進めました。その際に写真感光材料事業から単に撤退するのではなく、その事業の中で培われた強みを見直し、それを中核に事業転換を図ったことにより、約一〇年間で構造改善が完了しました。フィルム製造技術を生かして**フラットパネルディスプレイ**に使われる多彩な機能フィルム事業で成功し、また写真化学に必要な精密有機合成技術を生かして医薬品事業に展開、さらに広告宣伝力を生かして化粧品事業に参入するなどの新事業を行いました。

写真感光材料事業は縮小したものの、完全に撤退したわけではありません。デジタルカメラが普及しても、紙媒体に印刷する需要が完全になくなるわけではなく、印画紙は写真フィルムほど急速に需要がなくなったわけではありません。また、かつてのヒット商品であるレンズ付きフィルムも最近は再び注目を浴びていま す。富士フイルムには同様に一時すっかり忘れられたが、再び注目を浴びている商品として磁気テープがあります。短期的視点だけでない経営、商品や技術にとことんこだわる風土も富士フイルムの特徴です。

フッ素化学

フッ素*化学製品は、**テフロン**で有名な**フッ素樹脂**、**フッ素ゴム**、過酷な条件に耐える**フッ素系イオン交換膜**、抜群の耐候性のフッ素系塗料、**撥水撥油剤**、半導体用ガス、**空調冷媒用ガス**、**光ファイバー**や**光導波路**など、他の元素では到達できない性能を持った化学製品が揃っています。それを生産する代表的な会社がダイキン工業とAGCです。両社とも化学会社でないように思われるかもしれませんが、フッ素化学では他の化学会社の追随を許さない優れた技術力を持つ会社です。

ダイキン工業は一九二四年大阪金属工業所として創設され、ラジエーターなどを作る会社でした。創業早々から**フッ素系冷媒**の研究も始め、一九三五年に合成に成功し、四二年に量産を開始しています。フッ素系冷媒を使った冷凍機も、一九三五年に生産を開始しました。戦後はフッ素樹脂、フッ素ゴムを開発し、一九九〇年代からはアメリカ、中国などに進出しています。

AGCは**旭硝子**という板ガラス会社として一九〇七年に設立され、二〇一八年に社名を変更しました。一九一七年にはガラス原料ソーダ灰の生産から化学事業を始めました。一九六〇年代後半から電解苛性ソーダ事業、さらに塩化ビニルや塩素系溶剤などの化学事業を拡大し、七〇年代にフッ素事業に参入しました。その後は幅広いフッ素化学を展開し、**フッ素化学**のトップ企業になっています。ガラス事業でグローバル化が進んでいるAGCらしく、フッ素事業でのグローバル展開も進めています。一九九九年にはイギリスICI社のフッ素事業を買収し、米国や英国に進出しました。

二〇一九年七月韓国向けの安全保障輸出管理強化で注目された高純度フッ化水素は、ステラケミファと森田化学工業が強みを持つ製品です。森田化学は一九一七年にフッ化水素を初めて国産化した老舗です。

用語解説

*フッ素　塩素、臭素、ヨウ素と並ぶハロゲン元素の一員。炭素との結合において、他のハロゲンにない特徴を持つので、フッ素の入った有機化合物はユニークな性質、性能を発揮します。

天然ガス化学

三菱ガス化学は、一九一八年創業の三菱江戸川化学と、一九五一年創業の日本瓦斯化学工業が、一九七一年に合併して誕生した会社です。七―一で紹介した**脱酸素剤**『エージレス』に会社名が書いてあるので、名前を知っている方も多いと思います。現在では、このような特殊機能材や**過酸化水素**、**エンジニアリングプラスチック**、電子工業薬品が、営業利益に大きく貢献する会社に変わっています。

しかし三菱ガス化学は、一九五一年に新潟で天然ガスから**メタノール**の生産を開始して以来、天然ガス化学を一貫して追求してきた会社でもあります。一九八三年操業開始のサウジアラビアを始め、ベネズエラ、ブルネイなど、天然ガス化学のグローバル展開を進める唯一の日本の化学会社です。

セルロース化学

ダイセルは、一九一九年に**セルロイド**会社八社が合併して設立された会社です。

セルロイドは、植物の主成分であるセルロースに硝酸を反応させて作った熱可塑性の樹脂です。硝酸をたくさん反応させると**火薬**になります。セルロイドは、プラスチックが登場する以前は、セルロイド人形、写真・映画フィルム、櫛などにたくさん使われていましたが、今ではギターのピックぐらいにしか使われていません。

セルロイドは、発火しやすい欠点を持つ樹脂です。しかしダイセルは、そこから火薬事業を開始し、現在では自動車**エアバック**用**インフレータ**（衝突時の安全装置）などに発展しました。

セルロイドの燃えやすい欠点を改良したものが、セルロースを**無水酢酸**と反応させてつくられる**酢酸セルロース**です。これは現在ではタバコのフィルタとして使われています。また、ダイセルは、ここから酢酸・酢酸誘導体事業、さらに有機酸事業に展開しました。

食品添加物の**カルボキシメチルセルロース**のような水溶性セルロースへの展開も行っています。

九―一〇で紹介した信越化学工業もセルロース誘導体を食品、医薬品、工業用途に向けて幅広く展開しています。またカチオン化セルロースは、シャンプーのコ

ワンポイントコラム

【セルロイド】　19世紀半ばにビリヤード（玉突き）の象牙の代替品として開発されました。これは成功しませんでしたが、熱可塑性樹脂としてさまざまに使われて発展しました。日本では海亀タイマイのべっ甲細工の代替となりました。動物保護に関係してきた樹脂と言えましょう。

ンディショニング基剤として広く使われており、花王、ライオンなど界面活性剤が得意な会社が生産しています。最近はセルロースナノファイバーに関心が高まっており、多くの企業が研究しています。

酸化反応

酸化反応は、多くの有用な化学品を作ることができるので、多くの化学会社が利用しています。しかし酸化反応は、暴走して爆発したり、いたずらに炭酸ガスを作ってしまう難しさがあります。日本触媒は、酸化反応のプロと呼ぶべき会社です。

日本触媒は一九四一年にヲサメ合成化学工業として創業されました。この会社は、バナジウム触媒を使って、ナフタリンから酸化反応により、**無水フタル酸**を作る会社でした。無水フタル酸は、塩化ビニル樹脂の**可塑剤**として使われます。

戦後は、酸化反応技術を活用して、**無水マレイン酸**、アントラキノンなどを生産しました。その後、石油化学工業が発展すると、エチレンと酸素から直接**酸化エチレン**を作る国産技術を開発し、ポリエステル原料の**エチレングリコール**で大きく成長しました。さらに、プロピレンの酸化物である**アクリル酸**事業にも進出しました。

現在では、酸化エチレンとアクリル酸を基本に、そこから誘導されるさまざまな機能製品事業（**高吸水性ポリマーSAP**、塗料、**エチレンイミン**など）に大きく展開しています。酸化反応とその触媒にこだわり続けている会社といえるでしょう。

界面活性剤と高分子薬剤

界面活性剤を活用した大きな用途は、九―一で紹介した洗剤です。**界面活性剤**とは物質と物質の境（気体と液体、液体と固体、混ざり合わない液体と液体など）に作用して境の性質を著しく変える物質です。洗浄作用だけでなく、浸透、乳化、分散、起泡、消泡、帯電防止、殺菌・抗菌など様々な作用があります。洗剤以外にも、繊維や髪の柔軟剤、化粧品や農薬用の乳化剤・可溶化剤、塗料用の顔料分散剤、コンクリートの減水剤、古紙再利用のための**脱墨剤**、プラスチックに練りこまれる**殺菌剤**、様々な繊維加工剤など多彩な用途に活用されます。

ワンポイントコラム

【欠陥エアバッグ問題】　超優良企業の自動車部品会社タカタが、2017年6月民事再生法適用になりました。「他山の石」として原因や経緯をしっかり学ぶことが重要です。

日本には、繊維加工・処理剤として界面活性剤を活用することから始まった特徴ある化学会社が数社います。**三洋化成工業**もそのような会社です。しかし、界面活性剤専業会社で売上高一千億円を超えることはなかなか困難です。これに対して、三洋化成工業にはもう一つの柱があります。高分子を成形材料としてでなく、高分子の特徴を生かした薬剤として利用する商品群です。高分子**凝集剤**、**高吸水性ポリマーSAP**、製紙用高分子薬剤、様々なバインダー用高分子などです。

発酵化学、ライフサイエンス

味の素は、鈴木三郎助が一九〇七年に鈴木製薬所を設立したことに始まります。翌年に東京大学の池田菊苗教授が昆布からうま味を取り出す研究に成功すると小麦（一九三四年からは大豆）を原料に味の素の生産を始めました。一九六〇年からは**糖蜜**を原料に発酵法による生産が始まり、この技術の延長線上に現在では多くのアミノ酸、核酸製品が生まれています。

味の素は食品会社と思われるかもしれませんが、グルタミン酸ソーダ（味の素の成分）をはじめとする食品添加物は化学製品の一大分野であり、また味の素の製造に使われている**発酵化学**は重要な化学反応です。発酵化学は、アルコール、アミノ酸、核酸、抗生物質の生産ばかりでなく、遺伝子組換え技術による医薬品の製造など、最新のライフサイエンス・バイオテクノロジー分野においても重要な技術です。発酵化学が得意な化学会社が日本には味の素、**キリンHD**（その子会社の**協和発酵バイオ**）、**タカラHD**（その子会社の**タカラバイオ**）、**カネカ**など多数います。

カネカは一九四九年鐘淵紡績の化学・食品事業部門の分離独立から始まった会社です。塩化ビニル樹脂企業化の成功によって事業基盤を築き、さらに一九五七年に難燃性合成繊維モダクリルに進出して難渋した末にウイッグで成功しました。このようにカネカは高分子技術、高分子加工技術をベースとした樹脂、樹脂成形加工、電子情報材料事業を次々に展開する一方で、パン酵母、ショートニング、医薬品原料、栄養剤などの発酵化学事業も幅広く展開してきました。化学会社らしい、技術や原料・製品の地下茎を伸ばして事業を拡大する志向の強い会社です。発酵化学関連事業につい

独自分野を持つ化学会社（その1）の2019年度動向（全社）

百万円

会社名	全売上高	全営業利益	化学売上高	化学比率	研究開発費	RD/売上高	海外売上比率
富士フイルムHD	2,315,141	186,570	1,356,812	59%	157,880	6.8%	57%
AGC*	1,518,039	101,624	474,417	31%	47,450	3.1%	65%
ダイキン工業	2,550,305	265,513	179,883	7%	67,967	2.7%	77%
三菱ガス化学	613,344	34,260	613,344	100%	19,696	3.2%	55%
ダイセル	412,826	29,644	412,826	100%	21,295	5.2%	54%
日本触媒	302,150	13,178	302,150	100%	14,774	4.9%	54%
三洋化成工業	155,503	12,439	155,503	100%	5,322	3.4%	39%
味の素	1,100,039	48,773	231,663	21%	27,596	2.5%	57%
カネカ	601,514	26,014	444,083	74%	29,389	4.9%	39%
荒川化学工業	72,967	2,574	72,967	100%	3,041	4.2%	37%
ハリマ化成G	71,799	3,752	71,799	100%	2,634	3.7%	57%

独自分野を持つ化学会社（その1）の2019年度セグメント別売上高

百万円

会社名	セグメント名	売上高	セグメント名	売上高	セグメント名	売上高	セグメント名	売上高
富士フHD	イメージング	332,603	ヘルス/マテ	1,024,209	ドキュメント	958,329		
AGC*	化学品	474,417	板ガラス	740,920	電子部材	265,215	その他	37,485
ダイキン工業	化学品	179,883	空調機器	2,309,116	その他	61,304		
三菱ガス化学	ガス化学	157,158	芳香族化学	200,174	機能化学	200,396	特殊材他	55,614
ダイセル	セルロース	75,744	有機合成	80,142	合成樹脂	165,779	火工品他	91,160
日本触媒	基礎化学品	120,068	機能性化学品	170,389	環境・触媒	11,693		
三洋化成工業	生活産業用	53,726	プラ加工用	21,453	輸送機用	42,770	住設・他用	37,552
味の素	ライフサポート	95,308	ヘルスケア	136,355	食品	852,986	その他	15,389
カネカ	マテリアル	241,795	QOL	154,837	ヘルスケア	46,352	食品他	158,528
荒川化学工業	製紙薬品	18,912	粘接着剤	25,836	コート樹脂	16,092	機能材料他	12,125
ハリマ化成G	製紙用薬品	18,928	ローター	27,655	樹脂化成品	18,188	電材他	7,024

注：味の素のグルタミン酸ソーダ売上が食品と合算のため化学比率は小さく計算されている
注：*はは2019年12月決算、他は2020年3月決算　出典：有価証券報告書

ては、鐘淵紡績から引継いだパン酵母に加えて、一九五一年に始めた発酵法ブタノール、一九六二年に開始した化学調味料(リボタンパク)の基盤の上に医薬品原料や栄養剤(サプリメント・還元型コエンザイムQ10で有名)事業を展開し、最近は医療機器、遺伝子検査診断、再生医療などの先端ライフサイエンス事業に果敢に挑戦しています。

ロジンの化学

ロジンは松ヤニ(松脂)と呼ばれる松の木の樹液から得られる天然樹脂です。分子量約三〇〇のアビエチン酸などを主成分としています。野球の投手や体操選手が滑り止めに使います。化学工業ではロジンを原料に、紙の**サイズ剤**(にじみ止め防止)、粘着剤の製造に不可欠な粘着付与剤(**タッキファイヤー**)、合成ゴム製造のための乳化剤など多くの製品がつくられます。荒川化学工業とハリマ化成グループは、ロジンの化学を得意とする会社です。

荒川化学工業は一八七六年に大阪でロジンと**テレビン油**(松から得られる精油で塗料溶剤)を取り扱う商店として創業しました。一九一四年にはロジン関連製品の製造に進出しました。一九四三年に荒川林産化学に改称し、一九七七年に現在の社名に変更しました。一九三七年にロジン変性フェノール樹脂、一九五四年にロジン系サイズ剤などロジンを使った製品分野を開拓するとともに、開拓した製紙用薬品や改質剤分野ではロジン以外を原料(石油樹脂やポリアクリルアミドなど)とする製品も開発してきました。

ハリマ化成グループは荒川化学工業と売上規模も製品分野もよく似た会社です。一九四七年に播磨化成工業として創業し、二〇一二年に持株会社であるハリマ化成グループとなりました。創業以来一貫して「松の化学でこたえていく」ことを標榜しています。

なお、荒川化学工業、ハリマ化成グループと並ぶ製紙用薬品・印刷インキ用樹脂会社として、**星光PMC**(売上高約二八〇億円)があります。DIC(九—六)が議決権の約五五%所有する連結子会社です。一九五一年にサイズ剤製造で創業した星光化学工業と、一九六三年に製紙用薬品会社としてスタートしたディック・ハーキュレス社(一九九二年に合弁解消、日

独自分野を持つ化学会社（その2）の2019年度動向（全社）

百万円

会社名	全売上高	全営業利益	化学売上高	化学比率	研究開発費	RD/売上高	海外売上比率
大日精化工業	155,108	4,850	155,108	100%	2,992	1.9%	29%
高砂香料工業	152,455	2,660	152,455	100%	12,005	7.9%	56%
日産化学	206,837	38,647	206,837	100%	17,161	8.3%	47%
日本化薬	175,123	17,485	175,123	100%	11,000	6.3%	27%
日油	180,917	26,874	180,917	100%	6,148	3.4%	29%
チッソ	144,852	-759	138,896	96%	6,425	4.4%	28%
宇部興産	667,892	34,033	285,225	43%	12,890	1.9%	28%
日本製鉄	5,921,525	-406,119	210,338	4%	4,000	1.9%	35%
ADEKA	304,131	22,517	233,125	77%	14,398	4.7%	46%
クレハ	142,398	18,041	127,941	90%	5,995	4.2%	28%
石原産業	101,066	6,188	101,066	100%	9,150	9.1%	49%

独自分野を持つ化学会社（その2）の2019年度製品分野別売上高

百万円

会社名	セグメント名	売上高	セグメント名	売上高	セグメント名	売上高	セグメント名	売上高
大日精化工業	顔料	24,154	プラ着色剤	84,460	印刷インキ	28,105	高分子他	18,387
高砂香料工業	フレーバー	91,850	フレグランス	40,740	香料成分	12,145	化学品他	7,718
日産化学	農業化学品	58,693	機能性材料	57,831	化学/医薬	31,798	卸売その他	58,500
日本化薬	機能化学	71,540	医薬	47,774	セイフsys	46,990	その他	8,817
日油	機能化学品	117,270	化薬	31,838	ライフSci	30,369	その他	1,438
チッソ	液晶等	26,119	加工品	58,615	化学品樹脂	28,112	電力他	32,002
宇部興産	化学品	285,225	建設材エネ	290,674	機械	88,931	その他	3,062
日本製鉄	ケミ&マテ	210,338	製鉄	5,207,033	エンジニア	296,443	システム	207,709
ADEKA	化学品	164,176	ライフSci	60,403	食品他	79,551		
クレハ	機能製品	41,842	化学製品	24,331	樹脂製品	43,473	建設他	32,750
石原産業	無機化学品	51,527	有機化学品	46,174	その他	3,364		

注：2019年3月決算、日本製鉄の研究開発費、RD／売上高はケミカル＆マテリアルのみ
出典：有価証券報告書

本ＰＭＣに改名）が二〇〇三年に合併した会社です。

ファインケミカル分野

少量多品種の化学製品分野を伝統的に**ファインケミカル**と呼んでいます。二〇一八年の工業統計出荷額によって市場規模をみると、最大の医薬品で八・五兆円、化粧品で二・一兆円に対して、**農薬**で三千六百億円、**香料**で一千八百億円、試薬で一千億円となります。染料・**顔料**については正確な数字が得にくいのですが、無機顔料も含めて約四千億円程度と推定されます。このほかにも、**樹脂添加剤**（可塑剤や充填材を除く）、**有機ゴム薬品**、食品添加物、飼料添加物、**触媒**、石油添加剤、産業火薬、水処理薬品、製紙用薬品、コンクリート用薬品、金属表面処理剤などたくさんのファインケミカル製品があります。

ファインケミカル分野の市場は医薬品が極度に大きく、他の市場分野は化粧品を除くと一つ一つは相当に小さいことが特徴です。表に示す**大日精化工業**、**高砂香料工業**、**日産化学**、**日本化薬**、**日油**、**チッソ**などは、顔料、香料、農薬、火薬、液晶材料などのそれぞれの分野で強みを持つ会社です。このような独自の強みを持つ会社が多数存在することが日本の化学業界の厚みを増していることは確かです。その一方で、日本でのそれぞれの市場規模は限られており成熟化しています。グローバル競争が激化する中で今後成長していくためには、日本市場で培ってきた強みを生かしてグローバル市場に出て行けるか否かが大きな課題と言えます。

しかし、その前に一〇－七で述べる**業界再編成**によって、自社の強みとする分野の日本市場において圧倒的な地位を確立することが優先事項のように思えます。たとえば日本香料工業会の会員数は、商社や海外香料会社の子会社を除いた製造会社だけでも百社近くを数えます。この数字から、小さな日本市場で過当競争を繰り返しているか、または差別化した極度に小さな市場を各社がひたすら死守して生き残りを図っている姿が想像されます。香料業界トップの高砂香料ですら、日本の化学会社の化学品売上高ランキングでは八〇位くらいの規模なのです。同様なことは農薬業界など多くのファインケミカル分野についても言えます。ファインケミカル業界の再編成は喫緊の課題です。

ファインケミカル製品の代表的な分類例

	分類例（この中に具体的製品が多数存在）
医薬品	薬効分類例は35ページ参照
	剤型分類（錠剤、カプセル剤、散剤・顆粒剤、注射液剤、軟膏など）
	薬事法上の分類（医療用医薬品、一般用医薬品（要指導医薬品、第１類、第２類、第３類）、配置用医薬品、医薬部外品
化粧品	香水類、仕上用化粧品（口唇用、目・眉・まつげ用、つめ用。、白粉、ほお紅、化粧下〈ファンデーションなど〉、化粧粉など、皮膚用化粧品（クリーム、乳液、化粧水、化粧液、洗顔料、パックなど）、頭髪用化粧品（洗髪料〈シャンプー、ヘアリンス〉、ヘアスプレー、整髪料、染毛料、養毛料など）、特殊化粧品（日焼け止め、日焼け、浴用、ひげそり用、デオドラント用など）
農薬	用途別分類（殺虫剤、殺菌剤、除草剤、植物生長調整剤、補助剤など）
	作物別分類（水稲用、果樹用、野菜・畑作用、林野用、家庭園芸用など）
	化学構造分類（塩素系、有機リン系、ピレスロイド系、ネオニコチノイド系など）
	作用機序分類（光合成阻害、細胞分裂阻害、神経情報阻害など）
	剤型分類（水和剤、乳剤、粒剤、燻蒸剤など）
香料	素材による分類（天然香料、合成香料）
	用途分類（食品香料＝フレーバー、香粧品香料＝フレグランス）
染料	染色法による分類（43ページ参照）
	化学構造分類（アゾ染料、アントラキノン染料、カーボニウム染料など）
顔料	化学種分類（無機顔料、有機顔料、レーキ）
食品添加物	甘味料、調味料、香料、酸味料、着色料、酸化防止剤、保存料、乳化剤、膨張剤、消泡剤、凝固剤など
樹脂添加剤	着色剤、発泡剤、安定剤、酸化防止剤、紫外線吸収剤、帯電防止剤、難燃剤、防かび・防菌剤、滑剤、離型剤、結晶核剤など
有機ゴム薬品	加硫剤、加硫促進剤、スコーチ防止剤、老化防止剤、滑剤、離型剤、カップリング剤、発泡剤など
触媒	自動車排ガス浄化用、石油精製用、石油化学用、重合用など
石油添加剤	潤滑油添加剤（清浄分散剤など）、燃料油添加剤（オクタン価向上剤など）
水処理薬品	ボイラー水薬品（清缶剤、脱酸素剤、軟水化剤など）、冷却水薬品（防食剤、分散剤、スライム防止剤、スライム洗浄剤など）、排水処理薬品（凝集剤など）

column

医療機器、再生医療等製品

医薬品や化粧品に関する規制法である薬事法が2013年法改正によって医薬品医療機器法（略称）に変更になり、医薬品とは別のものとして医療機器と体外診断薬に独自の規制体系が導入されました。また、この法改正によって再生医療等製品という規制対象区分が導入され、新たな規制体系が整備されました。これらも化学製品です。

医療機器というとX線装置、MRIなどの大型装置や臨床用分析装置を思い浮かべます。医療機器は法律によって一般医療機器・管理医療機器・高度管理医療機器に区分されています。一般医療機器は不具合が生じても人体へのリスクが極めて低いものです。臨床用分析装置、体外診断用機器が該当し、また注射器、X線フィルムのような化学製品も該当します。管理医療機器は不具合による人体へのリスクが比較的低いもので製品品目ごとの第三者認証が必要です。MRI装置、超音波診断装置、電子内視鏡が該当し、消化器用カテーテルのような化学製品も該当します。一方、高度医療機器は不具合によって人体へのリスクが高いものや生命の危険に直結するものです。これらは製品品目ごとに大臣承認が必要です。透析器、人工呼吸器、人工肺、心臓弁、縫合糸、心臓・脳脊髄カテーテルのような化学製品が多く、とくに人体内に埋め込んだり、血管、気管内に入れたりするプラスチック製品や血液を大量に体外に取りだして循環させるようなプラスチック製品がたくさん該当します。プラスチック製品は一般医療機器から高度医療機器まで幅広く使われています。

一方、再生医療等製品というと体性幹細胞、胚性幹細胞（ES細胞）、人工多能性幹細胞（iPS細胞）から作製した臓器移植が思い浮かびます。iPS細胞による再生医療が期待されていますが、実際に実用化されて治療に使われているのはもっぱら体性幹細胞です。急性骨髄性白血病の治療の一つとして骨髄移植（造血幹細胞移植）が使われていることはしばしば耳にします。脂肪由来幹細胞を用いた再生医療は変形性関節症をはじめとして多くの疾患の治療にすでに使われています。脂肪組織を採取し、その中から幹細胞を選別・培養して増やし、治療したい部位に戻します。脂肪だけでなく、骨、軟骨、心筋、血管、筋肉、神経など多様な細胞に分化する能力をもっているためです。

幹細胞とは異なるもう一つの再生医療等製品が遺伝子治療用製品です。2019年に国内初の遺伝子治療薬が承認されました。血管新生作用をもつタンパク質をつくる遺伝子を筋肉注射して慢性動脈閉塞症による潰瘍を改善する薬です。

第10章

化学業界の未来

今、目の前に見える化学会社の事業範囲だけで化学業界の未来を考えるならば、高齢化社会の中で需要が飽和し、新興国に追いつかれて縮小していく姿しか描けないでしょう。しかし、化学業界の過去の歴史が示すように、化学産業は常に新しい事業分野を生み出して成長してきたのです。化学業界は、古い衣を脱ぎ捨てて変身を繰り返す産業です。

東日本大震災、福島原発事故、新型コロナ蔓延という不幸を乗り越えて、日本の化学業界は変身を始めています。

1 「化ける」産業の本領発揮の時代に

経済のグローバル化、新興国の追い上げの中で、日本の産業構造は変わりつつあります。しかし、化学産業が日本からなくなることはありません。エネルギー問題、地球環境問題、高齢化問題、プラスチック廃棄物問題など課題山積の中で、「化ける」産業の本領を発揮する時代を迎えています。

変わる産業構造

日本の産業構造は常にダイナミックに変わってきました。この柔軟性、新しい産業を生み出していく力こそが重要なのです。化学産業はその中で、常に存在感のある位置を占めてきました。それは、一つの決まった化学製品の力ではありません。各時代に日本で必要とされる化学製品を次々と生み出し、提供してきたのです。その中には、**カーバイド・アセチレン工業**のように、石油化学工業に取って代わられた化学工業もあります。また、現在の化学肥料工業や合成繊維工業のように、新興国に生産が移り、輸入品に押されて衰退した化学工業もあります。最近では、**写真感光材料**工業のように、需要自体が急速に縮小した工業もあります。

しかし、ある化学工業分野が縮小しても、化学会社が一緒になくなっているわけではありません。化学会社は蓄積した力に、新たな化学技術を積み重ねて新しいニーズに対応した化学工業分野を生み出してきたのです。それが、日本の化学産業を支えてきた力の源です。

課題先進国日本

日本がエネルギー・資源に乏しいことは、今に始まったことではありません。逆に、それらをできる限り有効に使う努力が傾けられたことから、GDP当りのエネルギー消費量が世界の中でも抜群に高く世界中から注目されるようになったのです。

日本で高齢化が急速に進んでいることから、日本の将来性を危ぶむ声が高まっています。しかし、一〇年、二〇年先を見れば、アジアNIESも、中国も急速に高齢化が進展することは明らかです。

日本は今後世界が直面するさまざまな課題にいち早くぶつかっているだけなのです。それを悲観してはなりません。新しいニーズをまっ先に把握でき、それに対応して新しい産業を生み出すことができる、絶好のポジションにいると考えるべきです。日本の化学産業も、今やそれに応えられる力と経験を十分に蓄積しています。日本の化学会社は、一九七〇年代に欧米に追いつき、一九八〇年代からは日本や世界の新しいニーズをつかみ、自社内での研究開発、新事業開発努力の上に、**機能化学**工業を生み出すことに成功しました。それは欧米化学会社から**技術導入**したわけでもないし、お手本があったわけでもありません。このような経験は貴重な財産になっています。

本書の最後に日本の化学産業が生み出しつつある新しい事業分野や、今後が楽しみな分野について紹介しましょう。

アジア主要各国の65歳以上人口比率の推移

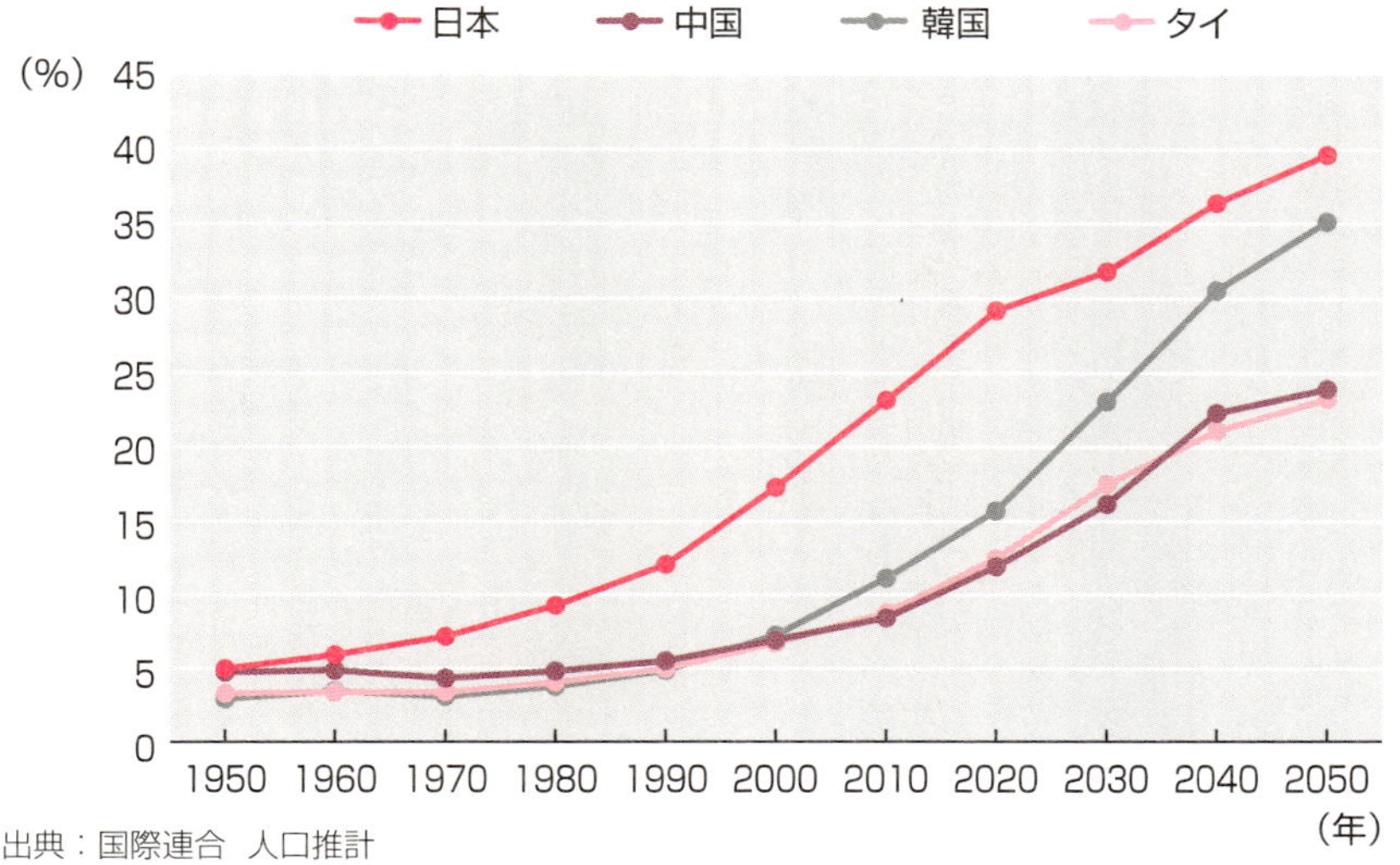

出典：国際連合　人口推計

2 エネルギー問題から飛躍を

エネルギー問題は、現在、日本はもちろん、世界が直面する最大の差し迫った課題です。すでに、さまざまなエネルギーの転換・利用の改善技術や、新エネルギー技術の開発が行われています。化学はそのカギとなる材料、技術を提供する重要な役割が期待されています。ここから大きな化学工業が生まれるでしょう。

石油生産のピークアウト

原油の**可採埋蔵量**を直近の生産量で割り算して、原油をあと何年で掘り尽くすという議論は乱暴です。可採埋蔵量は一種の在庫と見るべきもので、原油価格が上昇すれば、しばらくの時間遅れはあるものの増加するというのが、石油産業の歴史でした。しかし、近年、新興国の登場もあって、世界の石油需要は増加する一方なのに、大規模油田の発見が減少し、このままでは需要増加に生産が追いつかなくなる**ピークアウト**が二一世紀半ばに訪れることが真剣に懸念されています。石油に代わりうるクリーンなエネルギー源として、天然ガスに期待が高まり、新しい採掘法によってアメリカではシェールガス・シェールオイルが出現しました。しかし多くの課題もあります。

石炭液化、ガス化

石炭や**超重質油**は、今後増加するエネルギー需要を考慮しても、二一三百年分の資源はあるといわれます。しかし、石炭は固体で非常に使いにくいエネルギー資源です。このため、石炭から化学の力で石油を作ろうとする努力は、古くから行われてきました。第二次大戦前には、ドイツで工業化され、日本でも工業化研究が行われました。化学技術の上からは完成された技術といえますが、**地球温暖化問題**の視点からは多くの課題を抱えています。

燃料電池

燃料電池に期待が高まっています。燃料電池実用化のキーマテリアルは、**高分子電解質膜***や触媒です。また、燃料である水素を製造する技術、運搬貯蔵する技術の開発にも、化学が重要なカギを握ります。ただし、燃料電池はあくまでも**エネルギー転換**技術です。水素と空気中の酸素によって効率よく電気エネルギーを得る技術にすぎないのです。したがって、水素をどのように得るのかが、エネルギー問題解決の視点からは最大のポイントです。

太陽電池

太陽電池の技術開発や、化学の役割は後で述べます。太陽電池は、エネルギー問題解決のエースと期待されています。すでに、大きな化学工業が生まれようとしています。しかし、太陽光は**エネルギー密度**が低く天候に左右される不安定なエネルギー源であることを十分に踏まえた活用方法の選択が重要です。大容量で安価安全な蓄電池も必要です。

燃料電池と火力発電の比較

	燃料電池	火力発電
電気を得るまで	化学エネルギー ↓（燃料電池） 電気エネルギー	化学エネルギー ↓（ボイラー） 熱エネルギー ↓（タービン） 機械エネルギー ↓（発電機） 電気エネルギー
発電効率	35〜60%	30〜53%
総合効率 内訳	80% 電気利用　40% 熱利用　40% 廃熱　20%	35% 電気利用　35% 送電ロス　5% 廃熱　60%

出典：NEDO

用語解説

***高分子電解質膜**　燃料電池の内部で、陽極と陰極を隔てる部材。水素ガスと酸素ガスは通さずに、ヒドロン（水素の陽イオン）だけを伝導させる機能を担います。スルホン酸基を持ったフッ素系高分子が最も有望視されています。

3 照明革命

照明というと、一八八〇年代のエジソンによる電球の発明が有名です。一九九〇年代に、それに匹敵する新しい照明革命が化学の力で生まれました。新しい化学工業が照明革命の進行とともに次々と生まれます。

ライムライト

チャップリンの映画『ライムライト』は有名です。**ライムライト**とは何でしょうか。実は電球が登場する前には石炭ガスを使ったガス灯の時代がありました。劇場では「これは」という場面で、**酸化カルシウム**（ライム）をガスの炎に加えて白熱させライムライトを発生させて照明を一段と明るくさせていたのです。後にこの技術は、**セリウム**など別の材料を使ってガス灯を明るくさせることに応用されました。エジソンの電球の強力な競争相手でしたが、最後には敗れ去りました。

白熱灯全廃キャンペーン

経済産業省は、二〇一二年末までに家庭用白熱灯の生産を全廃させ、蛍光灯に切り替えようというキャンペーンを、二〇〇八年四月から始めました。照明用電力消費を大幅に削減しようとのねらいでした。電球もライムライトの運命をたどる時代になりました。しかし、このキャンペーンは意外な結果をもたらしました。LED電球の急速な普及です。福島原発事故による電力不足はこれに拍車をかけました。

白色LED

発光ダイオードは、赤色が早くから開発され実用化されていました。中村修二《なかむらしゅうじ》（日亜化学、現在はカリフォルニア大学）や赤崎勇《あかさきいさむ》（名古屋大学、現在は名城大学）に

用語解説

＊ **LEDと有機EL（有機エレクトロルミネッセンス）** 電界によって電子と正孔を材料に注入し、再結合によって発光させるもので、原理は同じです。

よって、**窒化ガリウム**系の**青色LED***が一九九〇年前後に開発されて、一気に市場が拡大しました。電子機器の表示灯や信号機です。最近は、クリスマスシーズンにさまざまな色のイルミネーションが夜の街を飾っています。青色LEDが開発されたことによって、LEDと蛍光体を組み合わせた明るい**白色LED**の開発も進みました。低消費電力、蛍光灯に比較しても圧倒的な長寿命など、LEDは多くの長所を持っています。

有機EL

有機金属錯体や共役系高分子（ポリフェニレンビニレン、ポリフルオレンなど）を発光層とする**有機EL***の開発も、急ピッチに進んでいます。ディスプレイ分野で液晶の次の材料として、すでに携帯電話、テレビなどの試作品や新製品が次々と発表されています。それとともに、照明としての応用可能性も現実化してきました。LEDと違って面発光であり、自由に形状を作ることができる長所が、早くから注目されてきました。最近では、明るさでも、LEDに匹敵する製品が生まれてきました。無機化学と有機化学の競争です。

有機ELの構造

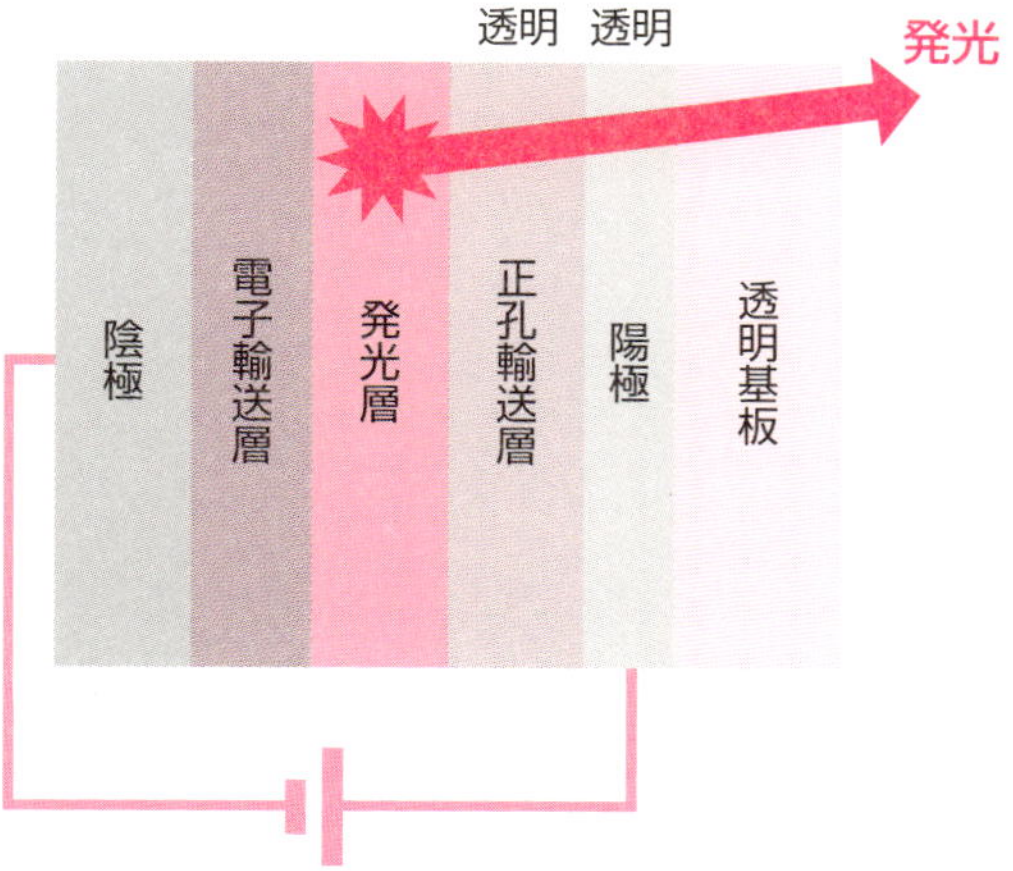

LEDの原理

ワンポイントコラム

【2014年ノーベル物理学賞】　青色発光ダイオードの発明により、赤崎勇、天野浩（名古屋大学）、中村修二の3氏が受賞しました。最近は、化学賞、物理学賞、生理学・医学賞の垣根が低くなり、区別できなくなっています。2015年生理学・医学賞受賞の大村智氏の研究も天然物有機化学であって化学賞でもおかしくありません。

4 ケミカルリサイクル産業

紙、アルミニウム、鉄などに比べて、化学製品のリサイクル率は長らく劣っていました。化学産業の中にリサイクルを組み込むことは残された課題でしたが、解決に向かっています。

GSCからSDGsへ

一九九〇年代後半から、持続可能性社会の実現を目指して、日本も世界の化学会社も**グリーンサステイナブルケミストリーGSC**に取り組んできました。GSCは環境汚染物質の排出削減を図るという公害対策の域を超えた取り組みです。化学産業の生産工程はもちろん、化学製品が生まれて、消費され、廃棄される全工程を考慮して新しい化学産業を作っていこうとしています。二〇一六年からはGSCを拡張して国連提唱の**SDGs**（**持続可能な開発目標**）に取り組んでいます。

プラスチック廃棄物問題

プラスチックが大量に生産され、廃棄されるようになった一九七〇年代にプラスチック廃棄物問題が起きました。人工高分子物質であるプラスチックが、**天然高分子**と違って自然循環系に入らないためです。

プラスチック業界は一九七〇年代から**リサイクル**問題に取り組んできました。しかし、廃棄物のリサイクルでは、紙、アルミニウムが優等生、鉄が次という順番で、プラスチックは常に落第生に近い状態でした。最近は、異業種間の連携が進んで、廃タイヤや家庭ごみがセメント工場に、廃プラスチックが**高炉**で石炭代わりに使われるようになりました。両者とも、廃棄物に含まれる塩素分の処理技術の開発が、実現のカギになりました。化学の力です。また自治体のごみ焼却場でも、**サーマルリサイクル**が普及しました。プラスチックは燃えるし、その発熱量は石油とほぼ同じです。プラ

ワンポイントコラム

【GSC】 アメリカ提案のグリーンケミストリー（副反応、廃棄物の出ない反応）と、欧州提案のサステイナブルケミストリー（リサイクルなど持続可能性を重視）を日本で合体させたのがGSCです。これが世界に広まりつつあります。

スチックを燃やした方が、ごみ焼却時に使う石油の削減になります。さらに熱回収も行われれば、石油から作られて一度プラスチックとしての役割を果たした廃棄物としては、十分に使われたというべきでしょう。

リサイクル産業

携帯電話やパソコンなどから金をはじめ、多くの有用金属が回収されるようになり、〝**都市鉱山**〟と呼ばれるようになりました。一方、プラスチックの**マテリアルリサイクル**は、コスト面から実現困難とされてきました。しかし、昭和電工は廃プラスチックをガス化し、**アンモニア**とドライアイス・液化炭酸を作る**ケミカルリサイクル**を生産工程に組み込みました。

リサイクル産業は今までは日陰の存在でした。しかし、地球環境問題、資源問題に世界が直面している現在は、化学産業の工程の中にいかに組み込んでいくかが重要課題であり、また新たな事業機会ともいえるでしょう。一八四ページに紹介したエフピコのようにリサイクルを原料調達の重要なルートとする会社の続出が望まれます。

2018年樹脂製品再資源化フロー

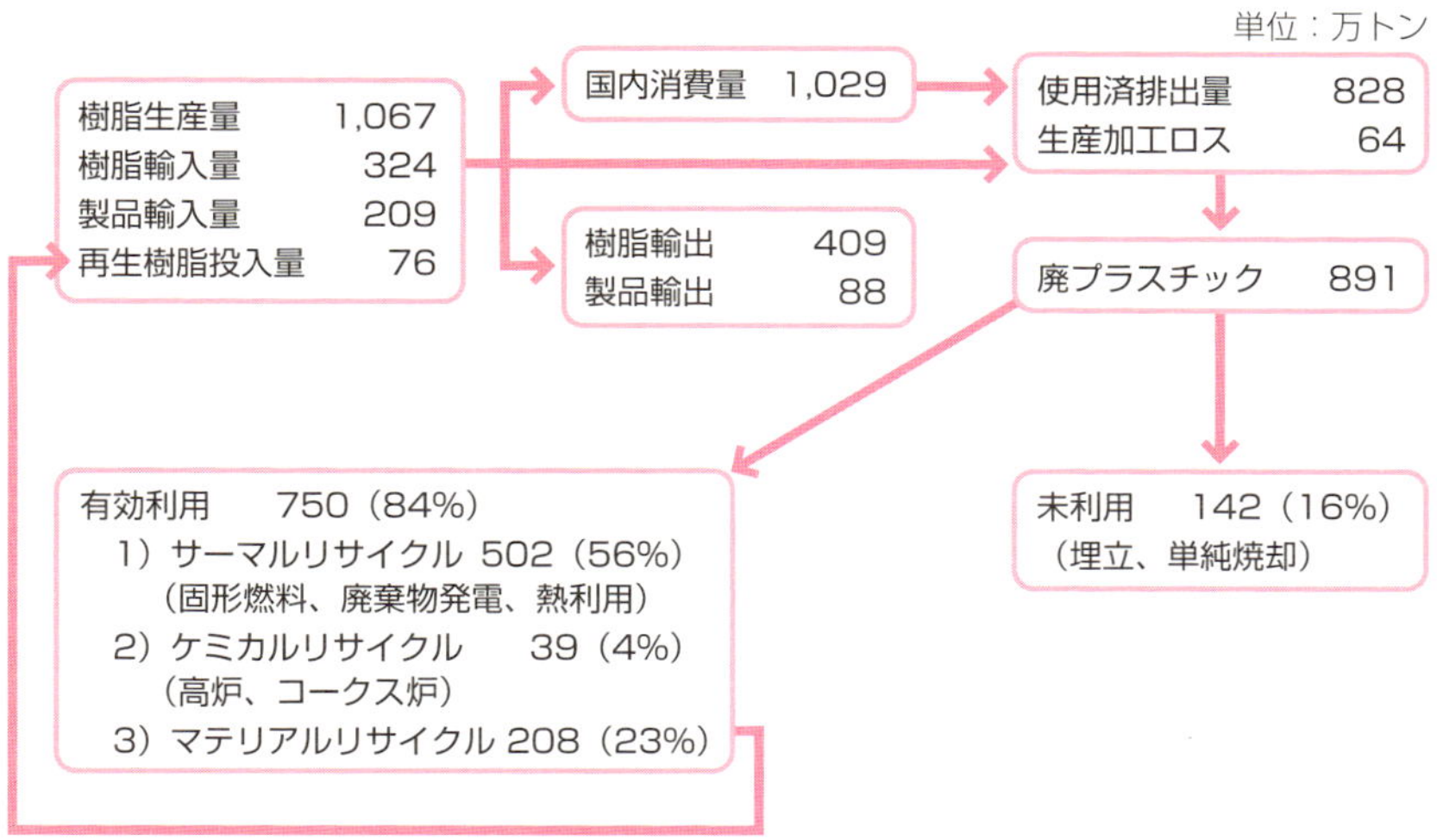

出典：プラスチック循環利用協会

ワンポイントコラム

【EUの使い捨てプラスチック包装規制】　2030年までに使い捨てプラスチック包装を域内でなくし、すべてリユース・リサイクル素材とする「プラスチック戦略」を2018年1月に発表しました。2008年6月からEUが始めたREACH規制（6-2の化学物質の安全関連）と同様に、世界に衝撃を与えるものと考えられます。

5 電池工業への夢

電池工業は不思議な産業です。その技術は〝電気化学〟です。化学産業では、電気化学はソーダ工業など重要な産業分野を生んでいます。また、電池は電極と電解質と容器を組み合わせた製品です。どう見ても、機械製品というより化学製品です。それなのに、世界の化学会社で、電池を事業とする会社はまれでした。

機能化学工業の次の展開

すでに本書で何度か述べましたが、一九八〇年代から日本の化学産業は、世界の先頭に立って**機能化学**に取り組んできました。初めは半導体関連材料、次にディスプレイ関連材料でした。そして、機能化学工業は、次の飛躍のために第三の展開が求められています。その有力候補の一つが**電池**とその周辺材料です。

さまざまな電池

一九九〇年代に生まれた**リチウムイオン二次電池**は、急成長して、電池工業を一挙に変えてしまいました。ポータブルな電子機器には、軽量で長寿命の電池が不可欠だったからです。新聞紙のような軽量ディスプレーが、**有機EL**によって実用化されることが期待されています。しかし、商品化されるには、それに適した電池が必要です。

一方、自動車や家庭用の新たな電源として、高出力の電池の出現も期待されています。電気自動車の実用化が各国の視野に入りました。石油や原子力のような**一次エネルギー**から、電気のような**二次エネルギー**を経て、何らかの仕事をして消費されるまでの**エネルギー総合効率**を考えた場合、電池が優れているからです。また、太陽電池のように、今まで十分に活用されてこなかった一次エネルギーを使えるようになるからです。

全固体電池などさまざまな電池が生まれ、身の回り

用語解説

＊**化合物半導体**　代表的な半導体であるケイ素やゲルマニウムは、Ⅳ族（現在の周期表では14族）の元素です。「Ⅲ族（13族）とⅤ族（15族）を組み合わせたら半導体ができるのでは」との期待をもって化合物半導体が開発されました。地上に到達する太陽光の波長領域に合ったバンドギャップを持つものが期待されています。

で使われることが予想されます。化学産業は、新しい電池が実用化されるためのカギとなる材料開発、材料供給を担うばかりでなく、電池製品自体を化学産業に取り込む、長年の夢に挑戦すべき時です。すでに韓国化学会社は先行しています。

太陽電池

さまざまな電池の中で、太陽電池がとくに注目されています。太陽電池は**結晶シリコン型**がすでに実用化され、中国、ドイツ、日本で普及競争が行われています。結晶シリコン型太陽電池は、半導体シリコンを使うので供給不足が心配されたり、**ライフサイクルアナリシス**（**LCA**）上、本当に有意義なのか疑問が出されたりすることもあります。結晶シリコン型に続いて、**アモルファスシリコン**を使う**薄膜太陽電池**も、実用化されました。

しかし、シリコンでは太陽光のエネルギーのごく一部しか使えないので、太陽光にマッチした利用領域を持つ化合物半導体*系や有機系色素増感型*など、さまざまな太陽電池の研究開発が進められています。

太陽電池の原理

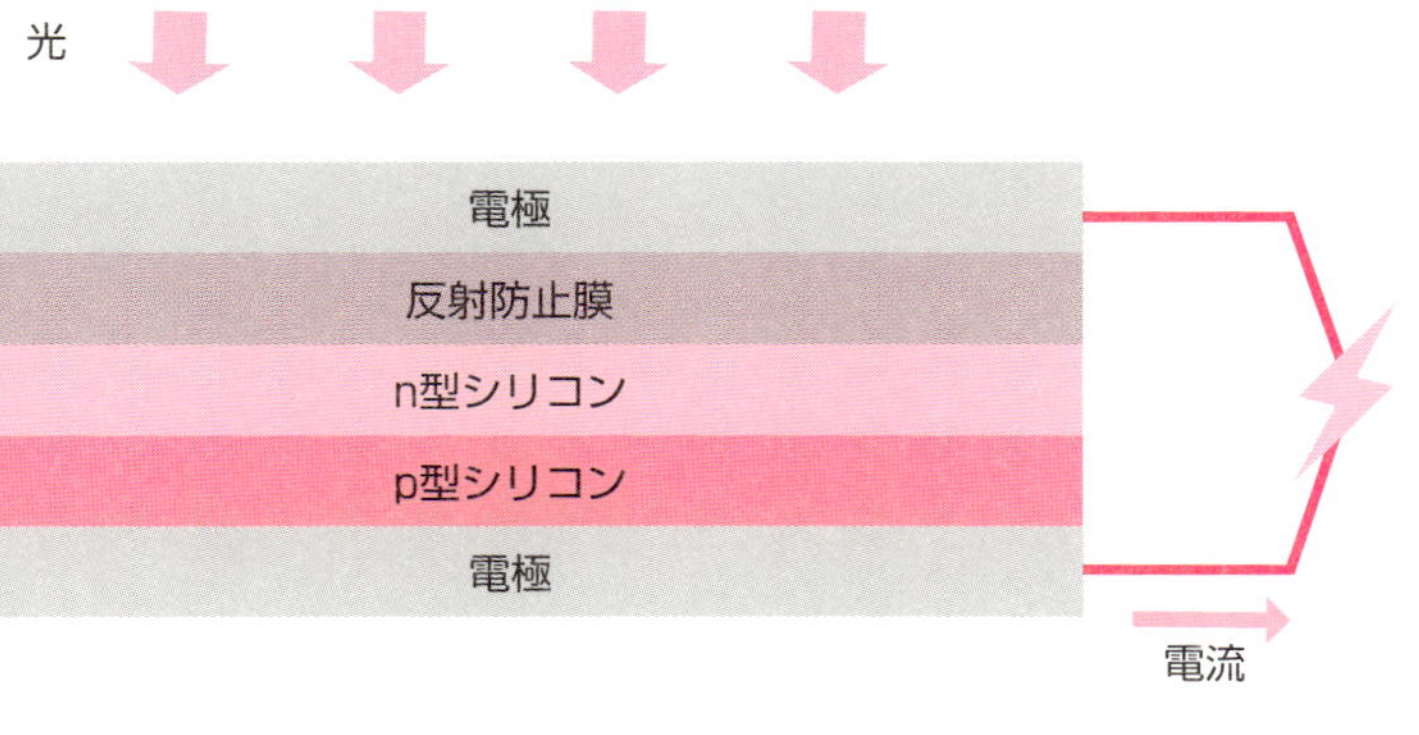

用語解説

*色素増感型　光励起された色素の電子を起電力として活用する太陽電池。太陽光の波長領域を持ったさまざまな色素を合成することが容易であり、太陽電池の構造も簡単なので期待されています。

6 ナノバイオテクノロジー

〝ナノバイオテクノロジー〟は、ナノ材料を作るのにバイオテクノロジーを使おうという技術です。今まで化学産業が作り出してきた機能材料や機能部材とはひと味違った材料が生み出される可能性があり、化学産業が広がる期待があります。

バイオテクノロジー

一九八〇年代に注目されたバイオテクノロジーの産業への応用競争は、現在までアメリカの一人勝ちに終わってきました。**バイオ医薬品**に代表される医薬品製造への応用と、遺伝子組み換え作物に代表される**アグリビジネス**への応用です。しかしこれで終わるほど、**バイオテクノロジー**は底の浅い技術ではありません。今後、第三、第四と応用分野が拡大していくでしょう。

ナノテクノロジー

二〇〇〇年ごろ、アメリカは日本の**ナノテクノロジー***の研究を調査し、その進展ぶりに危機感を抱いて、**国家ナノテクノロジーイニシアティブ**を大々的に打ち上げました。日本ではそれまであまり意識せずにナノテクノロジーの研究を各所で進めてきましたが、アメリカの国家研究プロジェクトの動きに触発されて、日本でも**ナノテクブーム**が起きました。二〇一六年ノーベル化学賞は分子マシンの設計と合成でした。

ナノバイオ材料

ナノレベルで材料加工を行おうとする時、半導体製造工程の**フォトマスク**利用に代表される**トップダウン型**の技術が考えられます。この方法は、ミクロンオーダーまでは非常に強力でした。今まで何回も、加工技術の限界が騒がれてきました。しかしそれを、新しい

用語解説

*ナノテクノロジー　原子、分子レベルの大きさであるナノメートル（10のマイナス9乗）レベルを操作する技術体系をいいます。今までの技術がミクロンオーダーまでであったとの意識が背景にあります。

光とそれに対応した**フォトレジスト**の開発で乗り越えてきました。しかし、ナノオーダーになると、さまざまな困難に直面します。

もう一つの技術が**ボトムアップ型**と呼ばれるものです。すでに走査型プローブ顕微鏡を使って原子を配列させる技術は完成しています。しかし、これでは量産化できません。そこで注目されているのが**自己組織化**です。自然界にある自己組織化の典型例が、ＲＮＡを中軸に、タンパク質分子がその周辺に整然と並んでウイルス構造ができていくことです。バイオ技術や化学技術を使って、タンパク質のアミノ酸配列を変えることは容易です。それによって、自己組織化で作られるナノ構造を変えることができます。これが**ナノバイオテクノロジー**の一例です。有機化学においてもナノ材料を合成するための基礎研究が急速に進展しています。

ナノバイオテクノロジーは、バイオテクノロジーの第三の道として、ナノ材料への展開を考える技術コンセプトです。化学技術とバイオテクノロジーを融合させて新しい化学工業が生まれる可能性が開けてきました。

ナノバイオテクノロジーの応用展開

ナノバイオマテリアル（ナノ構造形成など）

再生医療（細胞シートなど）

DDS（ドラッグデリバリーシステム）

バイオチップ（DNAチップなど）

バイオセンサ

マイクロ分析（Lab-on-Chipなど）

ナノマシン（バイオMEMSなど）

バイオエレクトロニクス素子

注：ナノバイオテクノロジーの応用展開のとらえ方はまだ各人各様です

ワンポイントコラム

【フォトマスク利用によるトップダウン型技術】　フォトマスク、フォトレジストの利用法は、41ページに示しました。露光の際にフォトマスクを少し離すと、写真の縮小技術と同じで原図より小さな図を描くことができます。

避けて通れない化学業界再編成

7

第三章、第八章で述べたように、過去二〇年間で欧米化学産業は、業界構造も、顔ぶれも大きく変わりました。平穏に来た日本の化学業界も、グローバル競争激化の中で、いよいよ再編成の時代に入りました。

二つの潮流

日本の化学業界の目の前には、二つの潮流が見えます。一つは新しい化学産業への流れです。戦後の高度成長をもたらした技術革新の流れは、すでに遠く過ぎ去りました。四〇年前から新しい化学への流れが始まっています。本章で述べたように、この流れは今後ますます加速します。古い化学産業のコンセプトにとらわれていては、岸辺に立ちすくむだけで、流れに乗ることはできません。

もう一つは、グローバル化の流れです。高齢化と人口減少時代を迎えた日本の化学業界にとって、グローバル化の流れは時代が与えてくれた幸運です。今までに蓄積した力や、今後研究開発で生み出す新しい力を十分に生かせる場は、もはや日本に限定されず、世界全体です。

欧米再編成の嵐とは

二〇〇八年秋に起こったアメリカ発の金融不況（**リーマンショック**）により二〇～三〇年間礼賛されてきた**アメリカ流経営法**が見直されるかもしれません。一九八〇年代にアメリカで始まり、九〇年代後半に欧州に飛び火した化学業界の再編成の嵐にも歯止めがかかるかもしれません。百年以上の歴史あるドイツ名門化学会社へキストが、アメリカ流経営法に染まった経営者によって、短期的視野の下に約二〇年前に消えてしまったことは、世界の化学産業にとって、大きな損失と思えてなりません。本書で述べた、信越化学工業の

ワンポイントコラム

【再編成と独占禁止法】 企業の合併、買収、事業提携などは、独占禁止法の企業結合に該当し、当事者の合意によって自由に行えるものではありません。公正取引委員会への届出義務や審査を受けなければなりません。日本の公正取引委員会の審査では、化学業界に対して競争市場のとらえ方が小さすぎることが大きな欠点です。

現在スポットライトを浴びている製品にしても、東レの炭素繊維にしても、実に長い時間をかけて育てられてきました。化学産業には、このような例はたくさんあります。事業を右から左に並べ直して、株価だけ上げようとする経営法では、なし得ないことです。

日本の化学業界の再編成

しかしながら、いくらアメリカ流経営法が破綻しても、日本の化学業界の再編成は避けられません。

化学業界大手の基礎化学品会社が過去四〇年間取ってきた経営戦略では、グローバル化にも、事業転換にも、スピードが遅すぎることが明らかとなりました。小回りの利く会社と同じ戦略では遅れてしまうのです。化学業界の専門店寄せ集め構造の壁も数箇所で崩れる可能性があります。医薬品工業のように、ある日突然黒船（海外企業による日本の化学会社の買収）が現れて、大きなショックを受けることも十分にありえます。グローバル化した、新しい化学産業の時代を迎えて、新たな企業アイデンティティを持った化学会社が必要になっています。

最近の化学業界の主要な企業結合事例（公正取引委員会）

年度	表題
2020	昭和電工による日立化成の株式公開買付買収
2017	三菱化学、三菱樹脂、三菱レイヨン合併（三菱ケミカル）
2014	三菱ケミカルHDによる大陽日酸の株式取得
2014	トクヤマとセントラル硝子のソーダ灰、塩化カルシウム事業の統合
2012	東ソーによる日本ポリウレタン工業の完全子会社化
2011	アース製薬によるバスクリン全株式取得
2010	旭化成ケミカルズと三菱化学の水島地区エチレン等製造事業の統合
2009	三菱ケミカルHDによる三菱レイヨンの株式取得
2008	キリングループと協和発酵グループの資本提携（協和キリン）
2007	三菱ウェルファーマと田辺製薬の合併（田辺三菱製薬）
2007	旭化成ケミカルズと日本化薬の産業用火薬の統合
2005	三共と第一製薬による共同持株会社設立（第一三共）
2004	山之内製薬と藤沢薬品工業の合併（アステラス製薬）

注：話題にならない案件でも、企業結合は幅広く独占禁止法で審査されます
出典：公正取引委員会、各社ニュースリリース

column

アメリカで始まったシェールガス革命

シェールは頁岩《けつがん》とも呼ばれます。植物が泥とともに地下で堆積し、圧力温度がかかってできた泥岩です。有機物が炭化水素に変わって、泥岩を構成する微小な粒子の隙間に閉じ込められています。しかし何らかの温度や圧力がかかって、地下でシェールから炭化水素が少しずつ移動し、ドーム状になったシール層の下にたまたま貯まったものが油田やガス田です。今までの技術では、油田やガス田を探査し、そこを垂直に掘って原油や天然ガスを得ていました。

しかし、最近、地下深部のシェール層を精確に探査する技術、垂直に掘り進んだあとシェール層に沿って横に掘り進む技術、さらにそこに砂と少量の化学薬品（ポリアクリルアミド、殺藻剤、希塩酸など）を含んだ大量の水を高圧で送り込んでシェール層にひび割れをつくる水圧破砕（フラクチャリング）技術が進歩し、1990年代になってシェール層から天然ガスや石油を取り出せるようになりました。なお、シェール（頁岩）以外に、砂岩や石灰岩からも同様の技術で石油や天然ガスを採取することができ、タイトオイルとか、タイトガスと呼ばれています。非在来型ガスとしてシェールガスと一緒に扱われています。

アメリカの在来型天然ガス生産量はすでに1990年代にピークに達しLNG輸入も本格化していました。しかし非在来型天然ガスの生産が急速に伸び2008年にはアメリカの天然ガス生産の50%を占め、シェールガス革命といわれるようになりました。

ほとんどメタンのみから成る日本の天然ガスと違って、アメリカの天然ガスには3～6%のエタンが含まれています。エタンはクラッカー（分解炉）に通すとエチレンが生成するので、石油化学原料になります。アメリカでは2000年代以後、新たなクラッカーの建設は行われなくなっていました。しかしシェールガス革命以後、ダウをはじめとして、内外の多くの化学会社が新規のエチレン計画に着手しており、単純合計すると1500万トンになります。半分実現しても日本の生産規模以上です。

これらの新設計画が実現すると、中東とともにアメリカも石油化学製品（ポリエチレンやエチレングリコールなど）の輸出国になると予想されています。それが日本市場を直撃するという議論は短絡的すぎますが、世界の石油化学製品需給の緩和要因となることは確実です。

資料

日本ビニル工業会　http://www.vinyl-ass.gr.jp/
日本肥料アンモニア協会　http://www.jaf.gr.jp/
日本プラスチック工業連盟　http://www.jpif.gr.jp/
日本芳香族工業会　http://www.jaia-aroma.com/
農薬工業会　https://www.jcpa.or.jp/
プラスチック循環利用協会　https://www.pwmi.or.jp/

主な化学関連会社

㈱ADEKA　https://www.adeka.co.jp/
AGC㈱　https://www.agc.com/
BASFジャパン㈱　https://www.basf.com/jp/ja.html
DIC㈱　https://www.dic-global.com/ja/
DSM㈱　https://www.dsm.com/japan/ja_JP/
ENEOSホールディングス㈱　https://www.hd.eneos.co.jp/
JNC㈱　https://www.jnc-corp.co.jp/
㈱JSP　https://www.co-jsp.co.jp/
JSR㈱　https://www.jsr.co.jp/
meiji seika ファルマ㈱　https://www.meiji-seika-pharma.co.jp/
MSD㈱　https://www.msd.co.jp/index.xhtml
P＆Gジャパン㈱　https://jp.pg.com/
TOYO TIRE㈱　https://www.toyotires.co.jp/
アイリスオーヤマ㈱　https://www.irisohyama.co.jp/
アキレス㈱　https://www.achilles.jp/
旭化成㈱　https://www.asahi-kasei.com/jp/
味の素㈱　https://www.ajinomoto.co.jp/
アース製薬㈱　https://corp.earth.jp/jp/
アステラス製薬㈱　https://www.astellas.com/jp/ja/
アストラゼネカ㈱　https://www.astrazeneca.co.jp/
荒川化学工業㈱　https://www.arakawachem.co.jp/jp/
石原産業㈱　https://www.iskweb.co.jp/
出光興産㈱　https://www.idss.co.jp/
イビデン㈱　https://www.ibiden.co.jp/

主な化学関連学会・協会

化学研究評価機構　https://www.jcii.or.jp/
化学工学会　http://www.scej.org/
化学物質評価研究機構　https://www.cerij.or.jp/
近畿化学協会　https://kinka.or.jp/
高分子学会　https://www.spsj.or.jp/
触媒学会　https://www.shokubai.org/
新化学技術推進協会　http://www.jaci.or.jp/
石油学会　https://www.sekiyu-gakkai.or.jp/
日本ゴム協会　https://www.srij.or.jp/
日本化学会　http://www.chemistry.or.jp/
日本農芸化学会　https://www.jsbba.or.jp/
日本分析化学会　https://www.jsac.jp/
日本薬学会　https://www.pharm.or.jp/
バイオインダストリー協会 https://www.jba.or.jp/
有機合成化学協会　https://www.ssocj.jp/

主な化学関連業界団体

印刷インキ工業連合会　https://www.ink-jpima.org/
塩ビ工業・環境協会　https://www.vec.gr.jp/
化成品工業協会　http://kaseikyo.jp/
関西化学工業協会　https://www.kankakyo.gr.jp/
石油化学工業協会　https://www.jpca.or.jp/
日本化学工業協会　https://www.nikkakyo.org/
日本化学繊維協会　https://www.jcfa.gr.jp/
日本化学品輸出入協会　https://www.jcta.or.jp/
日本化粧品工業連合会　https://www.jcia.org/user/
日本ゴム工業会　https://www.rubber.or.jp/
日本産業・医療ガス協会　https://www.jimga.or.jp/
日本自動車タイヤ協会　https://www.jatma.or.jp/
日本製薬工業協会　http://www.jpma.or.jp/
日本石鹸洗剤工業会　https://jsda.org/w/
日本接着剤工業会　https://www.jaia.gr.jp/
日本ソーダ工業会　https://www.jsia.gr.jp/
日本塗料工業会　https://www.toryo.or.jp/

㈱資生堂　https://www.shiseido.co.jp/
㈱島津製作所　https://www.shimadzu.co.jp/
昭和電工㈱　https://www.sdk.co.jp/
ジョンソン・エンド・ジョンソン㈱
https://www.jnj.co.jp/
信越化学工業㈱　https://www.shinetsu.co.jp/j/
ステラケミファ㈱
https://www.stella-chemifa.co.jp/
住友化学㈱　https://www.sumitomo-chem.co.jp/
住友ゴム工業㈱　https://www.srigroup.co.jp/
住友精化㈱　https://www.sumitomoseika.co.jp/
住友ベークライト㈱　https://www.sumibe.co.jp/
住友理工㈱　https://www.sumitomoriko.co.jp/
スリーエム ジャパン㈱　https://www.3mcompany.jp/3M/ja_JP/company-jp/
積水化学工業㈱　https://www.sekisui.co.jp/
積水化成品工業㈱
https://www.sekisuiplastics.co.jp/
第一三共㈱　https://www.daiichisankyo.co.jp/
ダイキョーニシカワ㈱
http://www.daikyonishikawa.co.jp/jp/
ダイキン工業㈱　https://www.daikin.co.jp/
大正製薬㈱　https://www.taisho.co.jp/
タキロンシーアイ㈱
https://www.takiron-ci.co.jp/
㈱ダイセル　https://www.daicel.com/
大日精化工業㈱　https://www.daicolor.co.jp/
大日本除虫菊㈱　https://www.kincho.co.jp/
大日本住友製薬㈱　https://www.ds-pharma.co.jp/
大陽日酸㈱　https://www.tn-sanso.co.jp/jp/
ダウ日本㈱　https://jp.dow.com/
高砂香料工業㈱　https://www.takasago.com/ja/
武田薬品工業㈱　https://www.takeda.co.jp/
田辺三菱製薬㈱　https://www.mt-pharma.co.jp/
チッソ㈱　https://www.chisso.co.jp/
㈱ツムラ　https://www.tsumura.co.jp/
中外製薬㈱　https://www.chugai-pharm.co.jp/
中国塗料㈱　https://www.cmp.co.jp/
帝人㈱　https://www.teijin.co.jp/
岩谷産業㈱　http://www.iwatani.co.jp/jpn/
宇部興産㈱　https://www.ube-ind.co.jp/ube/jp/
エア・ウォーター㈱　https://www.awi.co.jp/
エーザイ㈱　https://www.eisai.co.jp/
エスケー化研㈱　https://www.sk-kaken.co.jp/
エステー㈱　https://www.st-c.co.jp/
㈱エフピコ　https://www.fpco.jp/
エボニック ジャパン㈱
https://www.evonik.jp/region/japan/
オカモト㈱　https://www.okamoto-inc.jp/
㈱大阪ソーダ　http://www.osaka-soda.co.jp/ja/
大塚ホールディングス㈱　https://www.otsuka.com/jp/
小野薬品工業㈱　https://www.ono.co.jp/
花王㈱　https://www.kao.co.jp/
科研製薬㈱　https://www.kaken.co.jp/
㈱カネカ　https://www.kaneka.co.jp/
関西ペイント㈱　https://www.kansai.co.jp/
協和キリン㈱　https://www.kyowa-kirin.co.jp/
キョーリン製薬ホールディングス㈱
https://www.kyorin-gr.co.jp/
グラクソ・スミスクライン㈱
https://glaxosmithkline.co.jp
㈱クラレ　https://www.kuraray.co.jp/
㈱クレハ　https://www.kureha.co.jp/
㈱コーセー　https://www.kose.co.jp/jp/ja/
コスモエネルギーHD㈱
https://ceh.cosmo-oil.co.jp/
コニシ㈱　http://www.bond.co.jp/
小林製薬㈱　https://www.kobayashi.co.jp/
サカタインクス㈱　http://www.inx.co.jp/
サノフィ㈱　https://www.sanofi.co.jp/
沢井製薬㈱　https://www.sawai.co.jp/
サンスター㈱　https://jp.sunstar.com/
参天製薬㈱　https://www.santen.co.jp/
三洋化成工業㈱　https://www.sanyo-chemical.co.jp/
シェルケミカルズジャパン(株)
https://www.shell.co.jp/
塩野義製薬㈱　https://www.shionogi.co.jp/
塩野香料㈱　https://www.shiono-koryo.co.jp/

バンドー化学㈱　https://www.bandogrp.com/
久光製薬㈱　https://www.hisamitsu.co.jp/
ハリマ化成グループ㈱
https://www.harima.co.jp/
ファイザー㈱　https://www.pfizer.co.jp/pfizer/
㈱ファンケル　https://www.fancl.jp/
富士フイルムホールディングス㈱
https://www.fujifilmholdings.com/ja/
フマキラー㈱　https://www.fumakilla.co.jp/
㈱ブリヂストン　https://www.bridgestone.co.jp/
ヘンケルジャパン㈱　https://www.henkel.co.jp/
㈱ポーラ・オルビス ホールディングス
https://www.po-holdings.co.jp/
保土谷化学工業㈱　https://www.hodogaya.co.jp/
丸善石油化学㈱　https://www.chemiway.co.jp/
㈱マンダム　https://www.mandom.co.jp/
三井化学㈱　https://jp.mitsuichemicals.com/jp/
三菱ガス化学㈱　https://www.mgc.co.jp/
㈱三菱ケミカルホールディングス
https://www.mitsubishichem-hd.co.jp/
㈱ミルボン　https://www.milbon.co.jp/
持田製薬㈱　http://www.mochida.co.jp/
森田化学工業㈱
https://www.morita-kagaku.co.jp/
ユニ・チャーム㈱　http://www.unicharm.co.jp/
ユニチカ㈱　https://www.unitika.co.jp/
ユニリーバ・ジャパン㈱　https://www.unilever.co.jp/
横浜ゴム㈱　https://www.yrc.co.jp/
㈱吉野工業所　https://www.yoshinokogyosho.co.jp/
ライオン㈱　https://www.lion.co.jp/
ランクセス㈱　http://lanxess.co.jp/jp/home-japan/
リンテック㈱　https://www.lintec.co.jp/
ロート製薬㈱　https://www.rohto.co.jp/
デュポン㈱　https://www.dupont.co.jp/
デンカ㈱　https://www.denka.co.jp/
東亞合成㈱　https://www.toagosei.co.jp/
東海カーボン㈱
https://www.tokaicarbon.co.jp/
東京応化工業㈱　https://www.tok.co.jp/
東ソー㈱　https://www.tosoh.co.jp/
東邦化学工業　https://toho-chem.co.jp/
東洋インキSCホールディングス㈱
https://schd.toyoinkgroup.com/
東洋製罐㈱　https://www.toyo-seikan.co.jp/
東洋紡㈱　https://www.toyobo.co.jp/
東レ㈱　https://www.toray.co.jp/
東和薬品㈱　https://www.towayakuhin.co.jp/
㈱トクヤマ　https://www.tokuyama.co.jp/
豊田合成㈱　https://www.toyoda-gosei.co.jp/
日亜化学工業㈱　https://www.nichia.co.jp/
日医工㈱　https://www.nichiiko.co.jp/
日油㈱　https://www.nof.co.jp/
日産化学㈱　https://www.nissanchem.co.jp/
日鉄ケミカル＆マテリアル㈱
https://www.nscm.nipponsteel.com/
日東電工㈱　https://www.nitto.co.jp/
㈱ニフコ　https://www.nifco.com/
日本エア・リキード㈱
https://industry.airliquide.jp/
日本カーバイド工業㈱　https://www.carbide.co.jp/jp/
日本化学工業㈱　https://www.nippon-chem.co.jp/
日本化薬㈱　https://www.nipponkayaku.co.jp/
日本グッドイヤー㈱　https://www.goodyear.co.jp/
㈱日本触媒　https://www.shokubai.co.jp/
日本ゼオン㈱　http://www.zeon.co.jp/
日本曹達㈱　https://www.nippon-soda.co.jp/
日本ペイントホールディングス㈱
https://www.nipponpaint-holdings.com/
日本ミシュランタイヤ㈱　https://www.michelin.co.jp/
㈱ノエビア　https://www.noevir.co.jp/
ノバルティス ファーマ㈱　https://www.novartis.co.jp/
バイエル ホールディング㈱　https://www.bayer.jp/ja/

索 引

INDEX

カ行

サ行

タ行

ナ行

ハ行

資料 索引

マ行

ワ行

ヤ行

ラ行

●著者紹介

田島　慶三（たじま　けいぞう）

1948年東京築地生まれ。1974年東京大学大学院工学研究科修士課程（合成化学）修了、通商産業省に入省。1987年化学会社に転職、工場、本社勤務。2008年定年退職。

著書に『日本ソーダ工業百年史』（共著、日本ソーダ工業会、1982年9月）、『現代化学産業論への道』（化学工業日報社、2008年11月）、『「ケミカルビジネスエキスパート」養成講座　新「化学産業」入門』（化学工業日報社、2021年3月改訂2版）、『世界の化学企業　グローバル企業21社の強みを探る』（東京化学同人、2014年3月）、『石油化学技術の系統化調査』（国立科学博物館、2016年3月）、『コンパクト化合物命名法入門』（東京化学同人、2020年5月）ほか多数。編書に『元気な会社からの「企業だより」』（化学工業日報社、2008年8月）、訳書に『工業有機化学』（東京化学同人、上巻2015年10月、下巻2016年6月共訳）。

図解入門業界研究《ずかいにゅうもんぎょうかいけんきゅう》
最新《さいしん》化学業界《かがくぎょうかい》の動向《どうこう》とカラクリが
よ〜くわかる本《ほん》［第《だい》7版《はん》］

発行日　2021年　2月　5日　　第1版第1刷

著　者　田島《たじま》　慶三《けいぞう》

発行者　斉藤　和邦
発行所　株式会社　秀和システム
〒135-0016
東京都江東区東陽2-4-2　新宮ビル2F
Tel 03-6264-3105（販売）　Fax 03-6264-3094
印刷所　三松堂印刷株式会社　　Printed in Japan

ISBN978-4-7980-6403-1 C0033

定価はカバーに表示してあります。

乱丁本・落丁本はお取りかえいたします。

本書に関するご質問については、ご質問の内容と住所、氏名、電話番号を明記のうえ、当社編集部宛FAXまたは書面にてお送りください。お電話によるご質問は受け付けておりませんのであらかじめご了承ください。